Karsten Berr / Jürgen H. Franz (Hg.)
Prolegomena – Philosophie, Natur und Technik

Philosophie, Naturwissenschaft und Technik, Band 1

Karsten Berr / Jürgen H. Franz (Hg.)

Prolegomena –
Philosophie, Natur und Technik

Verlag für wissenschaftliche Literatur

Umschlagabbildung: Finding The Way © ktsdesign – Fotolia.com

ISBN 978-3-7329-0160-9
ISSN 2365-4074

© Frank & Timme GmbH   Verlag für wissenschaftliche Literatur
Berlin 2015. Alle Rechte vorbehalten.

Das Werk einschließlich aller Teile ist urheberrechtlich geschützt.
Jede Verwertung außerhalb der engen Grenzen des Urheberrechts-
gesetzes ist ohne Zustimmung des Verlags unzulässig und strafbar.
Das gilt insbesondere für Vervielfältigungen, Übersetzungen,
Mikroverfilmungen und die Einspeicherung und Verarbeitung in
elektronischen Systemen.

Herstellung durch Frank & Timme GmbH,
Wittelsbacherstraße 27a, 10707 Berlin.
Printed in Germany.
Gedruckt auf säurefreiem, alterungsbeständigem Papier.

www.frank-timme.de

Vorwort

Ingenieur- und Naturwissenschaften sind Knoten eines engen Beziehungsgeflechts, in dem Mensch und Gesellschaft, Natur und Kultur weitere Knoten sind. Entwicklungen in diesen beiden Bereichen haben somit stets Auswirkungen sowohl auf die anderen Knoten als auch auf das Beziehungsgeflecht als Ganzes. Ingenieur- und Naturwissenschaften sind als ars humana zudem stets eine Form menschlicher Handlung. Damit werden sie zu einem Schlüsselproblem der theoretischen und praktischen Philosophie. Denn der Mensch, seine Handlungen und seine Eingliederung in die Gesellschaft stehen ebenso wie die Natur und die Kultur seit jeher im Zentrum philosophischer Untersuchungen. Die Philosophie vermag daher diese beiden Wissenschaftsbereiche philosophisch zu fundieren und kritisch zu begleiten. Philosophie, Ingenieur- und Naturwissenschaften haben das Vermögen, sich gegenseitig zu befruchten. In Anbetracht der humanen, sozialen und ökologischen Probleme des 21. Jahrhunderts ist die fachbereichsübergreifende und partnerschaftliche Zusammenarbeit dieser drei Schlüsselbereiche sogar unabdingbar. Sie erfordert die Bereitschaft zum Perspektivenwechsel und die Offenheit für die Fragen und Probleme der jeweils anderen. Das Selbstverständnis des Arbeitskreises APHIN e.V. gründet auf dieser Offenheit.

APHIN wurde im Oktober 2013 als wissenschaftlicher, bildungsorientierter, interdisziplinärer und gemeinnütziger Verein gegründet und verzeichnet seitdem eine stetig wachsende Mitgliederanzahl. Er bewegt sich im Spannungsfeld von Philosophie, Ingenieur- und Naturwissenschaft und ist offen für alle, die mit Freude und Neugierde über ihren eigenen fachlichen Tellerrand hinausschauen und in der Philosophie die Möglichkeit entdeckt haben, dieser Freude und Neugierde einen adäquaten Raum zu geben. Seine wissenschaftlichen Mitglieder sind Philosophen, Ingenieure und Naturwissenschaftler, Mathematiker, Informatiker, Mediziner, Theologen, Wirtschaftswissenschaftler und andere.

Bereits ein Jahr nach seiner Gründung veranstaltete APHIN unter dem Titel *APHIN I 2014 – Prolegomena* im Geburtshaus des Cusanus in Bernkastel-Kues an der Mosel seine erste öffentliche wissenschaftliche Tagung. Als Auftaktveranstaltung fungierte sie als Vorwort – Prolegomena – zu der bereits in Planung befindlichen Folgetagung *APHIN II 2016 – Welt der Artefakte*.

Der vorliegende Tagungsband beinhaltet mit fünfzehn Beiträgen eine Auswahl der präsentierten Vorträge. Ganz im Sinne des Selbstverständnisses von APHIN umfasst der Band zwei Gruppen von Beiträgen: zum einen Aufsätze aus dem Schnittbereich von Philosophie, Ingenieur- und Naturwissenschaften und zum anderen Aufsätze, die diesen Bereich transzendieren. Mit der letztgenannten Gruppe möchte APHIN demonstrieren, dass Ingenieure nicht zwangsläufig über Technik reflektieren und Naturwissenschaftler über die Natur. Das philosophische Spektrum philosophierender Ingenieure und Naturwissenschaftler ist weitaus breiter, wie der Tagungsband zeigt.

Die Tagung wurde in partnerschaftlicher Kooperation mit der Kueser Akademie für europäische Geistesgeschichte und der Cusanus Hochschule durchgeführt. Wir danken in erster Linie unseren Sponsoren Dr. Ernst und Helga Kohlhage, die uns die Finanzierung dieses wissenschaftlichen Tagungsbandes ermöglichten, und all jenen, die zum Erfolg der ersten Tagung beitrugen und bei der Erstellung des Tagungsbandes mitwirkten: den Vortragenden, die uns ihre Beiträge zur Publikation zur Verfügung stellten und den beiden Studierenden Philipp Schulten und Marvin Sachs, die bei der Erstellung des Bandes halfen. Wir danken der Kuratorin des Cusanus-Geburtshauses Frau Anna Reuter für ihre freundliche und herzliche Unterstützung während unserer dreitägigen Tagung. Besonderer Dank gilt unseren Fördermitgliedern, die uns sowohl ideell als auch finanziell stärken und damit gleichfalls entscheidend zum Erfolg der Tagung beisteuerten.

Jürgen H. Franz und Karsten Berr   Sommer 2015
www.aphin.de

Inhalt

Vorwort | 5
Inhalt | 7
Einleitung | 9

Teil I: Cusanus: Leben, Philosophie, Technik

Anna Reuter
Einführung in das Leben des Nikolaus von Kues | 13

August Herbst
Cusanus und seine Philosophie. Eine Einführung | 25

Jürgen H. Franz
Posthume Ernennung von Cusanus zum Technikphilosophen:
Ein Beitrag zum Cusanusjahr 2014 | 37

Teil II: Philosophie und Ethik, Technik und Gestaltung

Torsten Nieland
Brauchen Ingenieure und Naturwissenschaftler Ethik
oder reicht es aus, wenn sie moralisch sind? | 49

Frieder Schwitzgebel
Philosophie als Veranlassung zur Selbstbesinnung des Ingenieurs auf seine Arbeit –
Eine von der Skepsis Adornos ausgehende Betrachtung
der Philosophie der Technik | 63

Manja Unger-Büttner; Kerstin Palatini
Vom Sitzen zwischen allen Stühlen – Philosophie in der Technikgestaltung | 79

Teil III: Von der Antike über Frühe Neuzeit und Aufklärung zur Moderne

Markus Dangl
Zur Deutung der Frage nach dem Wissen in Platons Theaitetos | **97**

Wolfgang Neuser
Metaphysik nach Descartes | **113**

Dagmar Berger
Visionär der Tiefenpsychologie und wegweisender Wissenschaftler für die Kultur- und Naturwissenschaft | **125**

Hartmut W. Mayer
Von David Hilberts ehrgeizigem Programm einer axiomatisch-mathematischen Formalisierung der Weltzusammenhänge zu den Gödelschen Unvollständigkeitssätzen | **141**

Miriam Ommeln
Ethik des Kopierens und die Philosophie des Transhumanismus | **153**

Rolf Abresch
Kausalität bei Kant – Der Mensch zwischen Naturnotwendigkeit und Freiheit | **169**

Teil IV: Philosophie und Ethik der Biologie, Natur und Landschaft

Spyridon Koutroufinis
Organismus-Constraint-Prozess | **187**

Karsten Berr
Landschaftsarchitektur und Philosophie | **203**

Sandro Gorgone
Philosophie der Landschaft. Versuch eines geophilosophischen Ansatzes | **219**

Einleitung

Markus Dangl[1]

Prolegomena ist der bewusst bescheiden gewählte Titel der ersten wissenschaftlichen Tagung des noch jungen interdisziplinären, wissenschaftlichen, bildungsorientierten und gemeinnützigen Arbeitskreises APHIN e.V. Denn die Veranstaltung stellte gleich in mehrerlei Hinsicht ein Wagnis dar: Würden sich genügend viele interessierte Teilnehmer gewinnen lassen – insbesondere da auf einen spezifischen Themenschwerpunkt verzichtet wurde? Würden die Beiträge der Tagung eine dreitägige Veranstaltung füllen können? Würden sich die Vorträge aufgrund des breiten abgedeckten Spektrums noch in ein kohärentes Ganzes einfügen lassen? Und last but not least, würde die Qualität der Beiträge dem wissenschaftlichen Anspruch des Vereins gerecht werden?

Dass dieses Wagnis mehr als geglückt ist, davon darf sich der geneigte Leser anhand des vorliegenden Tagungsbands selbst überzeugen. Die fünfzehn Beiträge spiegeln in ihrer fachlichen Breite das im Vorwort erwähnte Selbstverständnis des Vereins wider. Neben klassischen, typisch philosophischen Problemstellungen wie beispielsweise der Spannung zwischen Naturgesetzlichkeit und Freiheit werden auch philosophische, bereichsübergreifende Aspekte aus diversen Fachdisziplinen wie der Ethik, Technik, Gestaltung, Mathematik, Biologie und Landschaftsarchitektur thematisiert, diskutiert und kritisch reflektiert.

Die Tagungsbeiträge lassen sich in systematischer Hinsicht in vier Teilgebiete anordnen. Da die Tagung nicht nur in Kooperation mit der Kueser Akademie für europäische Geistesgeschichte und der Cusanus Hochschule durchgeführt wurde, sondern sogar im Cusanus-Geburtshaus stattfinden konnte, bot sich somit Anlass genug, um in **Teil I: Cusanus: Leben, Philosophie und Technik** die Person, das Wirken und die Werke des Nikolaus von Kues in drei Beiträgen zu würdigen.

Teil II: Philosophie und Ethik, Technik und Gestaltung widmet sich mit ebenfalls drei Beiträgen einem der zentralen Arbeits- und Forschungsgebiete von APHIN e.V., nämlich dem Spannungsfeld aus technikphilosophischen, technikethi-

---

[1] APHIN e.V.

schen und technikgestalterischen Fragen, in dem sich Ingenieure und Naturwissenschaftler bewegen.

Ein umfangreicher und breitgefächerter Ausgriff in die Philosophiegeschichte findet mit sechs Aufsätzen in **Teil III: Von der Antike über Frühe Neuzeit und Aufklärung zur Moderne** statt – gleichwohl bleibt dieser nicht reiner Selbstzweck, sondern erlaubt direkt Bezüge zu verschiedenen, aktuellen Fragestellungen.

In **Teil IV: Philosophie und Ethik der Biologie, Natur und Landschaft** werden in drei Beiträgen grundlegende philosophische Betrachtungen zu Organismen, der Landschaftsarchitektur und der Geophilosophie angestellt.

Im Folgenden werden die fünfzehn einzelnen Beiträge des Bandes kurz umrissen.

Anna Reuter gelingt in ihrem einführenden Vortrag eine sehr lebendige Schilderung des bewegten Lebens, erstaunlichen Wirkens und der bedeutenden Hinterlassenschaft des Nikolaus von Kues. Neben der Person selbst werden vor allem auch die historischen Hintergründe plastisch dargestellt.

August Herbst setzt sich in seinem Beitrag mit dem umfassenden philosophischen Werk des Cusanus auseinander. Übersichtlich und dennoch zugleich detailliert bringt er die Kerngedanken der cusanischen Philosophie zum Vorschein und ermöglichst so dem Leser, den Denkwegen des Nikolaus von Kues zu folgen.

Abgerundet wird Teil I des Bandes durch die Arbeit von **Jürgen H. Franz**, der sich mit dem Technikbegriff bei Cusanus und seiner Bedeutung für die Gegenwart auseinandersetzt und Cusanus posthum zum Technikphilosophen kürt.

Torsten Nieland wirft in Teil II des Bandes die interessante Frage auf, ob Ingenieure und Naturwissenschaftler Ethik brauchen oder ob es ausreicht, wenn sie moralisch sind. Anhand des komplexen Beziehungsgeflechts aus Handlung, Handlungssubjekten, Folgen, deren Abschätzung und Erkenntnismöglichkeit weist Nieland nach, dass diese Frage keine einfache Antwort zulässt.

Einen Anknüpfungspunkt an die eben genannte Thematik bietet der Beitrag von **Frieder Schwitzgebel**. Ausgehend von Adornos Skepsis arbeitet der Autor die Schwierigkeiten einer Anschlussfähigkeit technikphilosophischer Erwägungen in der Berufspraxis heraus, verdeutlicht aber zugleich das Potential von Philosophie als Triebfeder zur Selbstbesinnung des Ingenieurs auf seine Arbeit.

Manja Unger-Büttner und **Kerstin Palatini** tauschen sich im abschließenden Beitrag von Teil II in Dialogform über die Frage nach der Rolle der Philosophie in der Technikgestaltung aus. Die Autorinnen stellen eindrücklich dar, welche Kernprobleme im Überlappungsbereich zwischen Ästhetik, Emotion, Funktionalität und Ethik auftreten und warum interdiziplinäre Kommunikation gerade in diesem Bereich wichtig ist.

In Teil III untersucht **Markus Dangl** den platonischen Wissensbegriff in dessen Dialog „Theaitetos" und geht verschiedenen Interpretationen nach. Obwohl der Dialog in einer Aporie endet, plädiert der Autor für eine positive Lesart des Textes und zeigt auf, dass Platon im „Theaitetos" einen weiten Wissensbegriff ansetzt.

Mit der Frage nach dem Wissen setzt sich auch **Wolfgang Neuser** auseinander. Er weist nach, dass der Wissensbegriff einen Schlüsselbegriff der Kulturgeschichte darstellt und dass sich das Wissenskonzept nach Descartes entscheidend verändert hat und nicht mehr subjekttheoretisch begründbar ist.

Gänzlich andere Wege beschreitet hingegen **Dagmar Berger** in ihrem Vortrag über den Tiefenpsychologen C. G. Jung. Die Autorin hält ein flammendes Plädoyer für das Lebenswerk Jungs als Schlüssel zum Verständnis gegenwärtiger Gesellschaftsprobleme.

Hartmut W. Mayer gelingt in seinem Beitrag über das Hilbert Programm und die Gödelschen Unvollständigkeitssätze das Kunststück, ein sehr komplexes mathematisches Thema anschaulich und verständlich aufzubereiten. Der Autor fasst die Gödelschen Unvollständigkeitssätze als logische Unschärferelation und untersucht deren philosophische Implikationen.

Miriam Ommeln thematisiert die Frage nach der Integration von Technologie in den Leib des Menschen. Sie weist nach, dass das Menschenbild eines solchen Transhumanismus – im Gegensatz zur Behauptung von dessen Verfechtern – nicht mit dem Gedanken des Übermenschen bei Friedrich Nietzsche vereinbar ist.

Im Schlussbeitrag zu Teil III untersucht **Rolf Abresch** den Zusammenhang zwischen Naturnotwendigkeit und Freiheit unter Rückgriff auf Kants Kausalitätsbegriff. Der Autor stellt dabei die Bedeutung von Kants Konzeption in dieser Problematik für die moderne Debatte heraus.

In Teil IV begründet **Spyridon Koutroufinis**, warum das wesentliche Merkmal eines Organismus dessen Fähigkeit darstellt, die Bedingungen seiner Selbstkonstitution durch autonome Interaktion mit der Umwelt zu erzeugen. Der Autor zeigt damit, dass diese Form der Dynamik diejenige eines rein physikalischen Prozesses transzendiert.

Karsten Berr spürt dem Vorwurf des „Theoriedefizits" in landschaftsbezogenen Disziplinen nach. Er geht dabei auf den wissenschaftstheoretischen Charakter und die pragmatische Fundierung der Landschaftsarchitektur sowie auf die Chancen philosophisch vermittelter integrativer Theoriebildung und transdisziplinärer Forschung in landschaftsbezogenen Disziplinen ein.

Im abschließenden Beitrag von Teil IV entwirft **Sandro Gorgone** einen geophilosophischen Ansatz, um das Phänomen Landschaft in seiner Vielfalt besser erfassen zu können. Er schlägt einen semantischen Perspektivenwechsel vor, der anstelle der Begriffe „Natur" und „Umwelt" den Begriff „Erde" favorisiert.

Einführung in das Leben des Nikolaus von Kues

Anna Reuter[1]

Guten Tag, meine Damen und Herren, ich begrüße Sie ganz herzlich hier im ehrwürdigen Cusanus-Geburtshaus und freue mich, dass Sie so zahlreich erschienen sind. Ich freue mich sehr, dass Herr Franz so eine gute Sache organisiert hat und dass alles hier an historischer Stelle stattfindet.

Ja, dieser Cusanus: was war das für ein ungewöhnlicher, bedeutender Mensch. Hier in diesem Haus hat sein Geist den Anfang genommen, er ist in die Welt gezogen, hier aus diesem kleinen, unbedeutenden Tal, und hat eine unwahrscheinliche Karriere gemacht.

Wir fangen mit dem Haus an. Es ist natürlich nicht mehr das Gebäude, was es im 15. Jahrhundert war. Nur die Grundmauern im Erdgeschoß sind noch erhalten. Es wird jedes Jahr vom Hochwasser umspült und das seit 600 Jahren. Es mag auch etwas älter sein, denn die erste Urkunde, die es aus dem Leben des Nikolaus von Kues gibt, ist eine Kaufurkunde aus dem Jahr 1401. Johann Krebs der Ältere und seine Frau Katharina, geborene Römer aus Bernkastel, kaufen ein zweites Haus zu ihrem Haus. Das zweite Haus befand sich unmittelbar daneben und es wird immer das gemeine Haus genannt. Es befand sich da, wo heute die Kardinalsstraße ins Dorf hinauf führt. Der seitliche Schornstein, der noch heute steht, und in dem die Dohlen gerne nisten, hat die beiden Häuser geheizt. Der Turm ist sicher der älteste Teil des Hauses mit den 74 Stufen, die ich fast jeden Tag rauf und runter laufe, und führt in meine Wohnung unter dem Dach mit vielen alten dendrologisch untersuchten Balken. Es gibt auch noch Reste eines gotischen Dachstuhls und ganz tief im Keller gibt es einen historischen Fassgang, der heute leider oft mit Wasser gefüllt ist.

Die Familie Krebs war eine fleißige und wohlhabende Familie. Sie waren Winzer und Handeltreibende. Sie waren sehr vermögend und es gibt heute Forscher und Wissenschaftler, die meinen, Krebs Hennes war ein recht erfolgreicher Immobilienmakler. Er hat verschiedene Häuser und Grundstücke gekauft. Drei Geschwister hatte Nikolaus, zwei Schwestern und einen Bruder. Ja, und diese vier Kinder haben das alles geerbt und sie haben beschlossen, das ganze Vermögen den Armen im

---

[1] Kuratorin Cusanus-Geburtshaus.

Dorfe zu vermachen. Katharina, die Mutter, ist schon 1427 gestorben. 1447 hat Nikolaus mit seinem Vater beschlossen, dass das gesamte Vermögen der Familie für die Armen erhalten wird. Alle Geschwister haben verzichtet und im Jahre 1451, da war Nikolaus schon Kardinal und auf Legationsreise durch Deutschland, kam er in sein Heimatdorf, um das Vermögen der Familie zu regeln.

„Ich will einen köstlichen Bau errichten, dort an der Furt von Bernkastel nach Kues, wo eine alte St. Nikolaus Kapelle steht für die Fischer und Schiffer. Die soll niedergelegt werden und dort sollen 33 alte, abgearbeitete Männer eine Heimstatt finden." 33, weil sein Herr Jesus Christus 33 Jahre auf diesem Erdkreis gewandelt ist. Seinen Bruder Johann, der damals Pfarrer in Bernkastel war, den hat er als Bauherrn eingesetzt. Dort an der Furt, wo heute die Brücke ist, sollte es gebaut werden. Brücken gab es damals noch keine auf dem Fluss. Nur in Trier die Römerbrücke und in Koblenz gab es eine. Der Fluss wurde mit Furten und Fähren überquert. 10.000 rheinische Goldgulden darf das Unterfangen kosten, mit einem Raum für jeden Bewohner und mit Kapelle und Kreuzgang. Nikolaus hat alles sehr genau geregelt und dann ist er wieder abgezogen. Er ist nie wieder hier gewesen und hat sein Werk nie gesehen. Aber es funktioniert immer noch bis auf den heutigen Tag und wir wollen hoffen, dass es weiter bestehen bleibt. Es wurde sofort angefangen zu bauen und im Jahr 1458 war es fertig.

In der Zeit war unser Nikolaus schon in Rom tätig, als Stellvertreter des Papstes und Generalvikar von Rom. Es wurde ihm geschrieben, er möchte nun kommen und die Kapelle weihen und die ersten Bewohner aufnehmen. Aber das war ihm nicht vergönnt. Das St. Nikolaus Hospital, es steht hier am Fluss, ist nie zerstört worden oder abgebrannt und seit 600 Jahren werden hier die Menschen versorgt, wie es vorgesehen war. Es hat nie eine Unterbrechung gegeben, Kriege sind durchs Land gezogen, die Pest und die Cholera haben gewütet und was sonst noch alles über die Menschen hereinfällt im Laufe der Jahrhunderte. Es ist das älteste und erste Altenheim in Deutschland. Und nun befindet sich auch seine kostbare Handschriften-Bibliothek in dem Raum, den er dafür hat bauen lassen. Es gibt inzwischen in der ganzen Welt Cusanus-Gesellschaften und die Gelehrten und Wissenschaftler kommen hier her, um sich die Originale anzusehen und zu studieren und so lebt heute noch die ganze Mittelmosel von den Besuchern, die zu Cusanus kommen ins Cusanus Geburtshaus und in das St. Nikolaus Hospital.

Nun wollen wir von unserem Nikolaus reden. 1401 ist er geboren, hier in diesem Haus. Es gibt kein genaues Geburtsdatum. Seine Gebeine sind in Rom in seiner Titularkirche San Pietro in Vincoli bestattet und es gibt ein schönes Grabmal dort, und da steht, dass er im 63igsten Jahre verstorben ist und er ist 1464 gestorben. Über seine Kindheit wissen wir nicht viel. Wo er das Rechnen und Schreiben gelernt hat, ist nicht bekannt. Natürlich gibt es viele Geschichten und Vermutungen, aber die Forschung weiß nicht viel.

15 Jahre ist er alt, als er sich in Heidelberg auf der Universität zum Studieren einschreiben lässt. Von da an kann man sein Leben und seinen Werdegang bis zu seinem Tod genau verfolgen. Es gibt noch die Originalmatrikel, wo er als clericus eingetragen ist. Ein Jahr bleibt er in Heidelberg und geht anschließend als baccalaureus nach Italien, nach Padua, zum Studium. So ganz einfach war das ja damals sicher nicht, als junger bürgerlicher Student aus dem kleinen Moseltal in die Welt zu ziehen. Ohne Geld von Krebs Henne wäre das nicht gegangen. Sie sind übers Gebirge zu Fuß über die Alpen gegangen. Was waren das für Zeiten. Die jungen Burschen sind zu Fuß über die Berge gewandert, um in Padua die Rechtswissenschaft und die Philosophie zu erlernen und zu studieren.

Padua war im 15. Jahrhundert die beste Universität, um die Rechtswissenschaft zu studieren. Acht Jahre wird Nikolaus fleißig und schnell in Padua lernen und arbeiten. Er nimmt an vielen Angeboten Teil und ist ein schneller, strebsamer Student. Er lernt Cesarini kennen und viele bedeutende, einflussreiche Gelehrte, wie Capranica, mit dem er bis zu dessen Tod 1458 eng befreundet war. Cesarini, nicht viel älter als Nikolaus, hält Vorlesungen über Konziliarismus und Rechtswesen. Er stammt aus einer einflussreichen römischen Familie und hat Nikolaus stark beeinflusst. Nikolaus wird ihm dann sein erstes großes philosophisches Hauptwerk widmen und auch das nachfolgende „Über Mutmaßungen". Er hört in Padua die Predigten von Bernhardin von Siena. Der Prediger, der „Feuer im Geiste hat", so wird er sich später erinnern. Eine lebenslange Freundschaft mit dem bedeutenden Mathematiker und Astronomen Toskanelli beginnt in dieser Zeit.

Im Jahr 1423, nach Vollendung seines 22. Lebensjahres, wird er zum Doktor promoviert. Er reist nach Rom, um eine Sekretärstelle zu bekommen, ist aber 1425 wieder in Kues, um sich hier als Advokat niederzulassen. Er bekommt eine Stelle beim Erzbischof Otto von Ziegenhain in Trier. Dieser schickt ihn 1427 als Prokurator nach Rom.

Nikolaus will Karriere machen, aber als Nichtadliger ist das nicht so ganz einfach. Er wendet sich der Kirche zu und bekommt auch schon bald einige Pfründen vom Erzbischof zugesprochen. Er predigt schon in Trier und Koblenz, obwohl er noch kein Pfarrer ist. Er sammelt eifrig Pfründen und geht nach Köln zum Studium, um das germanische deutsche Recht zu studieren und macht dann seinen zweiten Doktor und ist jetzt Doktor beider Rechte. Er hat schon einiges Einkommen. Er ist inzwischen Dekan in St. Florin in Koblenz und hat ein Kanonikat in Karden. Er hält schon Vorlesungen in Köln über Rechtswissenschaft und hört Philosophie bei dem berühmten Heimerus de Campo, der ihn mit Raimundus Lullus bekannt macht. Er reitet nach Paris, um die geometrische Figuren-Symbolik des katalanischen Mystikers abzuschreiben.

Rastlos arbeitet er sich in der Universitätsbibliothek in Köln durch die Archive. Er ist der erste Rechtshistoriker. Er entdeckt zahlreiche alte germanische Rechtsquellen. Bis zurzeit Karl des Großen arbeitet er sich durch. Und dann entdeckt er in einer verstaubten Bibliothek unter Staub und Müll antike Schriften, von denen die Welt nichts wusste. Zwölf Pergamentrollen zieht er ans Licht. Es sind Zwölf Komödien von Plautus. Es waren nur vier Exemplare von dem berühmten antiken Komödienschreiber bekannt. Er bringt die Schätze nach Rom und die Humanisten sind sehr erfreut und er wird anfangen, Handschriften zu suchen und zu sammeln und betreibt einen schwunghaften Handel. Er reitet nach Laon und Paris und übergibt die gefundenen Schätze an Orsini, der in Rom die vatikanische Bibliothek begründet. Er bekommt einen Gunsterweis des Erzbischofs, wie er es nennt. Ein Pferd für den Doktor und ein Fuder Hafer für das Pferd, ein Fuder Wein, vier Malter Weizen und vierzig Goldgulden.

Der Erzbischof in Trier stirbt und der Graf von Manderscheid will nun Kurfürst und Erzbischof von Trier werden. Es gibt noch andere Bewerber und die Trierer können sich nicht entscheiden. Papst Martin V. ernennt den bisherigen Bischof von Speyer, Raban von Helmstatt. Ulrich von Manderscheid missachtet den Spruch des Papstes. Er will mit Gewalt und Druck sich durchsetzen. Nikolaus von Kues, schon ein recht anerkannter Advokat, wird zum persönlichen Berater des Grafen und die beiden Herren ziehen 1431 auf das Baseler Konzil, um sich durchzusetzen. Die Sache führt zu Krieg und Verwüstung im Land und zieht sich jahrelang hin. Die beiden verlieren den Prozess gegen den Papst und Ulrich verwüstet sein Land und Raban tritt nach fünfjährigem Kampf zurück. Nikolaus ist durch diese Geschichte auf das

Baseler Konzil gekommen, in die große Welt. Der große Cusanusforscher, Herr Meuthen aus Köln, schreibt, er schob sich sofort in die vordersten Reihen und man kann an den Aufgaben, die ihm übertragen werden, sehen, welchen Einfluss er bereits hat. Er soll sich um die Hussitensache kümmern und macht einen bemerkenswerten Kompromissplan, den die Böhmen zwar ablehnen. Es kommt dann aber zu einem Vorschlag, der die Grundlage zu einem abgeschlossenen Vergleich bietet, den die Hussiten akzeptieren.

Man kann noch einiges erzählen, was er auf dem Konzil alles gemacht hat. Er erarbeitete eine Kalenderreform. Der julianische Kalender, der damals gegolten hat, war recht ungenau. Wenn das Jahr um war, war immer ein Tag über. Nikolaus hat sich intensiv mit Mathematik beschäftigt und hat einen bemerkenswerten Briefwechsel mit Toscanelli viele Jahre geführt über Geometrie und Mathematik, über Astrologie und Astronomie. Die Kalenderreform wird damals nicht beachtet, aber wenn 130 Jahre später Papst Gregor XIII. den gregorianischen Kalender einführt, hier einführt, den wir heute noch haben, dann greift er auch auf die Aufzeichnungen des Nikolaus von Kues zurück. Nikolaus hat sich zeitlebens mit dem Problem des Kalenders beschäftigt.

Nikolaus hält große Reden und macht Vorschläge zur Verbesserung der Kirche und beginnt sein erstes, großes Buch zu schreiben: die „De concordantia catholica" – das Buch von der „Allgemeinen Eintracht". Er widmet es dem Kaiser, der auf dem Konzil erscheint. Man kann noch Einiges aufzählen, was Nikolaus alles auf dem Konzil vorgetragen hat, aber der Höhepunkt ist dann die Reise nach Konstantinopel. Sie wissen es, die griechische Kirche in Konstantinopel und die römische in Rom, sie waren etwas uneins. Die Türken standen in Konstantinopel vor der Tür und wollten den letzten Rest des großen byzantinischen Reiches erobern. Die Griechen brauchten Hilfe von den Römern und es sollte ein Bündnis entworfen werden. Aus diesem Grund sollte der Kaiser von Konstantinopel nach Italien geholt werden, um sich zu einigen.

Nikolaus von Kues wird mit zwei Bischöfen und dem Neffen des Papstes losgeschickt, um das Morgenland in das Abendland zu holen. Eugen IV., der Papst, erteilt den Segen und in Venedig besteigen sie ihre Schiffe. Sie segeln zunächst nach Kreta, um 300 Armbruster mitzunehmen, die zum Schutz der Stadt Konstantinopel, wenn der Kaiser im Abendland weilte, eingesetzt werden. Für Nikolaus ist das eine ganz wichtige Zeit in seinem Leben. Er hat sich schon während seines Studiums in Padua mit fremden Religionen beschäftigt und hat sich den Koran ins Lateinische übersetzt. Aber jetzt kommt er mit dem Orient direkt in Berührung. Er trifft Araber und Moslems und wird später aufzeichnen und predigen, wie unsinnig die Religionskriege sind. Wir sind alle Kinder Gottes und wir sind alle gleich, aber es gibt niemanden, der dem Anderen hundertprozentig gleicht und mit den Religionen ist das auch so. Die Riten sind so verschieden, wie die Menschen, aber wir beten doch wohl alle zu demselben Gott.

Am 27. November 1437 brachen Kaiser und Patriarchen mit achtundzwanzig großen Würdenträgern und mit ihren Mohren und Mongolen nach Westen auf. Große Gelehrte, wie der Erzbischof von Nicaea, Bessarion, der Platoniker Plethon, die Erzbischöfe von Ephesus und Nikomedia und Trapezunt. Siebenhundert Menschen und elf Schiffe wurden benötigt, um die große, hochgelehrte Gesellschaft zu befördern. Es war eine stürmische Seereise, die am 8. Februar 1438 in Venedig endete. Nikolaus hat uns geschildert, wie sie auf der langen Reise so wunderschöne Gespräche geführt haben und wie der Kaiser erkrankt und zum Teil in Griechenland an Land transportiert wird und wie unter den Seeleuten eine Seuche ausbricht und viele der Mohren und Mongolen sterben. Nikolaus beginnt auf der Seereise sein erstes großes philosophisches Hauptwerk zu schreiben. Er widmet es seinem Lehrer aus Padua, Giuliano Cesarini, und erzählt im Vorwort, wie der Vater des Lichtes, von dem alle guten Gaben kommen, ihm die Gedanken auf See eingegeben hat. „Nimm es hin, geliebter Vater, was ich aufgeschrieben habe auf hoher See" und nicht ohne Stolz bemerkt er, zur Demonstration des Zusammenfalls der Gegensätze, „Kues und Konstantinopel".

Das Konzil ist inzwischen nach Ferrara verlegt worden, weil in Basel die Pest wütet und die Franzosen einen neuen Gegenpapst ausgerufen haben. Aber in Ferrara konnten sie auch nicht bleiben. Cosimo Medici, der große Mann aus Florenz und der Mann, der diese ganze Stadt finanziert, sieht wohl, was da Neues und Großes an Kultur und Schriften aus dem Morgenland kommt und das Konzil wird dann nach Florenz verlegt. Die Stadt Florenz hat große Vorteile erworben. Cosimo Medici war nicht nur ein reicher Mann, sondern auch hochgebildet. Eine Platonische Akademie wird eingerichtet und eine Universität gegründet.

Nikolaus wird vom Papst sehr gelobt und bekommt eine neue Pfründe. Er wird Probst von Magdeburg. Aber Nikolaus verlässt die große Welt und reitet nach Hause. Nikolaus war eigentlich immer unterwegs in seinem Leben. Er hat ein Reiterleben geführt und viele Stunden seines Lebens auf dem Rücken seines Pferdes verbracht. Er hatte auf dem Pferd eine Schiefertafel befestigt, um sich unterwegs Notizen zu machen. Nikolaus reitet nach Hause und hier, in seinem Elternhaus, hier hat er sein erstes großes philosophisches Werk „De docta ignorantia" vollendet. Es ist ein dreibändiges Werk und die Forschung hat herausgefunden, dass er den ersten Band auf dem Schiff verfasst hat, den zweiten auf seiner Reise von Italien nach Kues. Er handelt auch überwiegend vom Universum. Und den dritten Band hier in seiner Heimat – Complevi in Cusa XIIa Februarii 1440: vollendet in Kues am 12. Februar 1440. Nun ist er 40 Jahre alt und sitzt in Kues und es dauert nicht lange, da wird er vom Papst und Kaiser nach Italien beordert.

Wir haben einen neuen Kaiser. Sigismund von Luxemburg ist 1437 gestorben und nun kommen die Habsburger. König Albrecht war nach einjähriger Herrschaft gestorben. Friedrich III., Herzog von Österreich wird der neue Kaiser, und dessen über fünfzig Jahre währende Regierung ist in die deutsche Geschichte eingegangen als eine Zeit eines weithin abwesenden Königtums. Nikolaus wird zum Legaten ernannt und wird acht Jahre lang durch Deutschland ziehen, um die deutschen Fürsten aus ihrer Neutralität zu ziehen und den Kaiser und den Papst anzuerkennen. Es sind natürlich noch mehr Legaten unterwegs, aber Nikolaus ist der einzige Deutsche. Der spanische Kardinal Carvajal und Nikolaus haben es dann zu dem im Juli 1447 bedeutenden Tag in Aschaffenburg gebracht, wo das Wiener Konkordat veröffentlicht wurde und wo alles deutlich wurde, was der neue Kaiser und was des Papstes ist. Diese Abmachungen haben bis zum Ende des Heiligen Römischen Reiches im Jahre 1806 gegolten.

Wegen seiner außerordentlichen Verdienste um die Einheit der Kirche erwählt Papst Eugen IV. kurz vor seinem Tode Nikolaus von Kues zum Kardinal. Im gleichen Jahr wird der ehemalige Mitstreiter des Cusaners, der Legat Thomas Parentucelli, zum Papst gewählt: Nikolaus V., ein feinsinniger Gelehrter, der sich vom Hauslehrer bis zum Papst durchgearbeitet hat. Er ist der Begründer der vatikanischen Bibliothek und es wird schön berichtet, wie er den neuen Kardinal, unseren Fischersohn von der Mosel, in Rom empfängt. Er legt ihm den Purpur um und setzt ihm den Roten Hut auf, vermacht ihm die Kirche „St. Pietro in Vincoli" als Titelkirche. Der Papst sagt, dass dieser Nikolaus von Kues hier nichts an der Kurie bezahlen muss. „Er bezahlt mit seinem Geist und ich brauche ihn, er ist meine Umsichtigkeit aus Deutschland. Er ist so selten, wie eine weiße Amsel." Er wird auf Legationsreise geschickt, aber vorher wird ihm eine noch recht außergewöhnliche Auszeichnung zuteil. Er darf am Papstaltar in St. Maria Maggiore die Messe lesen. Nur fünfmal im ganzen Jahrhundert wurde diese Ehrung gewährt.

Man kann es kaum glauben, was dieser Mensch alles gemacht hat in seinem arbeitsreichen Leben. Was man hier nur am Rande bemerken kann, er hat sozusagen nebenbei seine großen philosophischen Werke verfasst, die heute noch die Wissenschaft in Atem halten. Er ist nun Kardinal, er ist fünfzig Jahre alt und auf der Höhe seiner Karriere.

Ja, und nun kommen die schlimmen Zeiten, die Sie auch hören wollen und die ihm viel zu schaffen machten. Nun wird er nämlich auch noch Bischof zwischen Rom und Kues. Sie kennen das schöne Land Tirol? Heute ist es zerstückelt und es gibt Südtirol und Nordtirol. Im Herzogtum Tirol war der Bischof verstorben und der Papst setzt Nikolaus von Kues ein. Das Herzogtum wird von Sigismund von Habsburg und seiner Frau Eleonore von Stuart aus Schottland regiert. Es ist Einiges im Argen in Brixen und Umgebung. Sie haben damals noch nicht vom Tourismus gelebt, die Menschen in Tirol, sondern die Salz- und Silberbergwerke mussten bearbeitet werden. Die Menschen waren unwissend und arm. Niemand konnte lesen oder schreiben. Sie waren abergläubisch, haben an Hexen und Teufel geglaubt. Die Herren auf den Burgen, die wir heute bewundern, wenn wir durch das schöne Eisacktal fahren, hatten das Sagen. Sie haben sich im Laufe der Jahrhunderte Land angeeignet, welches im 12. Jahrhundert von Kaiser Barbarossa der Kirche vermacht wurde. Der neue Bischof, unser Nikolaus, hat die alten Traditionsbücher und Unterlagen studiert und wollte die alte Ordnung wieder herstellen. Herzog Sigismund und die adligen Herren hatten Angst um ihre Liegenschaften und Einkünfte. Die Wolkensteiner, die Gufidauner, die Katzelhuber und Rodenecker, um nur ein paar der Aufständischen zu nennen, haben Widerstand geleistet und es kam zu einigen Reibereien. Auch die Klöster im Bistum hat Nikolaus kontrolliert und Einiges hat ihm nicht gefallen. Die Klöster waren zum größten Teil nur noch Versorgungsanstalten. Die Frauenklöster, die Klarissinnen in Brixen und die Benediktinerinnen im Pustertal hat er sich vorgenommen, um sie zu reformieren.

Nikolaus ist durch sein Bistum gezogen, zu Pferde über Berg und Tal und hat sich um die Menschen gekümmert. Er war ein großer Prediger und hat jeden Tag Gottesdienst gehalten, was man nur von ganz wenigen Bischöfen sagen kann. Er hat eindringlich und lange gepredigt. Es sind über dreihundert Predigtentwürfe erhalten.

Die schönsten und längsten hat er in Tirol gehalten. Er hat Kirchen und Altäre geweiht. Er ist streng mit seinen Pfarrern gewesen. Er hat sie angeleitet, ordentliche Kleidung zum Gottesdienst anzulegen und die Konkubinen auf den Pfarrhöfen zu verbieten.

Ja, und die Klöster, als Beispiel wird meist die Sonnenburg im Pustertal erwähnt, wo es ja auch zu ganz schlimmen Auseinandersetzungen kam. Nikolaus musste um sein Leben fürchten. Der Herzog und die Adligen sahen ihre Güter und Besitzungen in Gefahr und Nikolaus, immer unterwegs durch sein Bistum, wurde bedroht. Er konnte seine Stadt nicht mehr betreten. Er musste flüchten und ist in das südlichste Gebiet seines Bistums geritten. Über die Berge, über die Dolomiten, bis nach Andras, seine südlichste Burg, dicht bei Venedig. Dort hat er sich für die nächste Zeit niedergelassen.

Aber die Frauen auf der Sonnenburg im Pustertal waren ungehorsam und er hat sie noch vor seiner Reise ins Gebirge in den Bann geworfen. Das bedeutet, dass niemand mit ihnen verkehren durfte und dass sie aus dem Gottesdienst ausgeschlossen waren. Lange Verhandlungen fanden statt und die Äbtissin, Verena von Stuben, sollte abtreten, was sie nicht tat und sie hat sich hinter den Herzog gestellt. Nun hat der Bischof angeordnet, dass die Frauen auf der Sonnenburg keine Abgaben von den tributpflichtigen Bauern erhalten sollten. Er verbot unter Androhung großer Strafen, irgendetwas zu liefern. Die Frauen sollten fasten und beten, um sich zu besinnen. Die Frauen beschwerten sich beim Herzog und beim Kaiser, sie hatten ihre reichen Familien im Hintergrund und es herrschte große Aufregung. Sie sollen Soldaten anfordern, sagte der Herzog, die mit Gewalt das Deputat bei den Bauern eintreiben sollten. Und nun kommt es zu einer schlimmen, großen Schlacht, die uns gut überliefert ist. Söldner wurden von den Frauen aufgefordert. Auch der Bischof hatte Soldaten und Helfer. Von denen wurden durch die Klamm, durch die die Söldner der Frauen kommen wollten, Steinlawinen aufgebaut und so wurde die ganze Schar, es waren 54 und ein Hauptmann, in der Klamm auf dem Enneberg erschlagen. Nur der Hauptmann konnte sich retten, er hatte ein Pferd. Es geschehen noch tagelang schlimme Gewalttaten und die Sonnenburg wird besetzt. Niemand kümmert sich um die Leichen, die wie verendetes Vieh nackt den Geiern zum Fraß überlassen werden. Es ist viel darüber berichtet und geschrieben worden. Auch in der Sagenwelt Ladiniens lebt die Geschichte weiter und die Kinder im Gadertal können die Mordtat am Crëp de Santa Grazia in ihren Geschichtsbüchern lesen. Ein Kreuz steht heute noch und die Wanderer werden um ein stilles Gebet für die Seelen der Erschlagenen gebeten.

Wir sind jetzt im Jahr 1458 und ein neuer Papst wird gewählt. Enea Solvio Piccolomini wird zum Pius II. gewählt. Enea Silvio ist ein gebildeter, angesehener Zeitgenosse. Die Türken haben, wie wir wissen, 1453 Konstantinopel erobert und sie sind weitergezogen nach Norden und im Jahr 1458 waren sie schon in Ungarn. Der ganze Balkan war erobert. Dem neuen Papst gefällt das gar nicht. Sein großes Lebensziel war die Zurückeroberung Konstantinopels. Deshalb erstrebt er mit aller Macht einen Kreuzzug gegen die Türken. Er will alle europäischen Fürsten zu einem Kreuzzug gewinnen. Er ist mit Cusanus befreundet. Sie kennen sich vom Baseler Konzil, wo Enea Silvio eine Zeit lang für den Gegenpapst Felix IV. gearbeitet hat. Er schreibt schöne Geschichten und führt einen Briefwechsel mit Cusanus. Er will, dass Nikolaus nach Rom kommt. Der Papst will den Streit mit Nikolaus und dem Herzog von Tirol beenden. Er braucht für seinen Feldzug gegen die Türken auch die Tiroler und die Zustimmung des Herzogs Sigismund. Der Bischof sitzt auf seiner Burg in den Dolomiten, er schreibt viele Briefe und schreibt eines seiner philosophischen Werke (De beryllo). Der Papst bittet ihn, nach Rom zu kommen. „Was machst Du da in den schwarzen, tiefen Schneetälern?" schreibt er ihm. „Du bist ein Kardinal und ein Kardinal gehört nach Rom. Ich kann nichts entscheiden, wenn ich Dich nicht um Rat fragen kann."

Nikolaus kommt nach Rom. Wie ein Dieb in der Nacht, verkleidet als Bettler, verlässt der Bischof sein Bistum. Seine ganze Habe, seine Bücher und Wertsachen, hatte er schon vorher in Sicherheit bringen lassen, zu seinem Freund, dem Erzbischof von Vicenza. In Rom wird er liebevoll aufgenommen. Der Papst stellt ihm einen Palast als Wohnung zur Verfügung und ernennt ihn zu seinem Stellvertreter und zum Generalvikar für Rom.

Sechs Jahre hat Cusanus noch zu leben und es ist ein arbeitsreiches Leben. Auch in Rom predigt er viel und verfasst mehrere philosophische Schriften: „Vom Gipfel der Betrachtung", „Vom Nicht-Anderen", „Vom Globusspiel" und er setzt sich mit dem Papst auseinander. Er will auch die Kurie reformieren. „Wenn Du die Wahrheit hören kannst", sagt er zum Papst, „nichts von dem, was hier an der Kurie geschieht, gefällt mir. Weder Du, noch die Kardinäle kümmern sich um die Kirche. Alle haben nur ihre Karriere und Habsucht im Sinn. Ich kann das nicht ertragen und will in die Einsamkeit, weil ich diesen Zustand hier nicht ertragen kann." Der Papst selber hat uns das aufgeschrieben. Er kann Nikolaus umstimmen und bittet ihn, zu bleiben und zu reformieren. Der Papst begibt sich nämlich nach Mantua in die norditalienische Stadt. Dorthin hat er alle europäischen Fürsten geladen, um den Feldzug gegen die Türken zu organisieren. In Ancona, in der Hafenstadt an der Adria, sollte die Kreuzfahrerflotte gegen die Türken ziehen. Viele tausend Menschen waren unterwegs, um in Ancona eingeschifft zu werden. Venedig sollte die Galeeren und die Bombarden bringen und die ganze Welt ist unterwegs und es ist Sommer und es ist ein heißer Sommer. Es war keine Versorgung für die vielen Menschen vorhanden. Kein Wasser, keine Medikamente. Die Menschen sterben in der italienischen Sommerhitze wie die Fliegen auf den Straßen. So steht es aufgeschrieben. Auch der Papst war unterwegs und er war schon recht krank, aber er wollte noch erleben, wie die venezianische Flotte gegen die Türken zieht. Er musste in einer Sänfte getragen werden und er ließ Cusanus in Rom wissen, dass er auch kommen soll. Er soll die Nebenwege nehmen, weil die großen Straßen von dem vielen Volk verstopft waren. Nikolaus zieht durch Umbrien von Rom nach Ancona. Es ist das Jahr 1464 und in Todi, einem Ort in Umbrien auf halbem Weg, wird er auch krank. Am 27. Juli muss er seine Reise unterbrechen und er weiß wohl, dass seine Stunde nicht mehr weit ist. Er will sein Testament ändern, das er schon in Rom gemacht hat. Aber nun will er es ändern, dahingehend, dass alles, was ihm gehört, das St. Nikolaus Hospital in Kues haben soll. Denn das war ja schon seit 1458 in Betrieb. Er lässt aufschreiben, dass der Koch ein Landgut haben soll und der Bartscherer 200 Gulden. Das Silber wird gewogen und unter der Dienerschaft verteilt. Der Eine bekommt die Stiefel und der Andere den Pelzmantel. Die Fuhrknechte, die wichtigen Männer, sollen die Pferde haben. Aber erst sollen sie seine bewegliche Habe von Vicenza nach Kues schaffen. Denn alles, was ihm gehört, gehört dem St. Nikolaus Hospital in Kues. Am 11. August hat Nikolaus diesen Erdkreis verlassen. Ein Läufer läuft nach Ancona, um dem Papst zu berichten, dass sein bester Freund verstorben ist. Auch der Papst stirbt am 14. August und diese ganze Geschichte bricht zusammen. Venedig bringt seine Galeeren und Bombarden wieder zurück. Und diese vielen hungernden und mittellosen Menschen auf den Straßen kommen um.

Die Männer in Todi um Cusanus haben alles so ausgeführt, wie er es haben wollte. Sein Herz sollte seinem Leib entnommen werden und nach Kues in seine Heimat gebracht und in seiner erbauten Kapelle bestattet werden. Sein Freund Paolo Toscanelli, ein Arzt und Mathematiker aus Florenz und ein guter Freund von Cusanus, hat das mit dem Herzen gemacht und es ruht heute noch in seiner Kapelle hier in Kues. Seine Gebeine werden in Rom in seiner Kirche San Pietro in Vincoli bestattet. Es gibt ein schönes Grabmal in der Kirche. Wir haben hier eine Nachbildung davon.

Ja, und die Fuhrknechte, die wichtigen Männer von der Praxis. Sie warten den Winter ab und im Frühjahr 1465 machen sie sich auf, um die bewegliche Habe des Nikolaus von Kues nach Kues zu schaffen. Das war eine große Anstrengung und man muss das immer wieder loben, was die Männer geleistet haben. Die kostbaren Handschriften, 314 Codices, und all die anderen Kostbarkeiten. Sie werden lange unterwegs sein mit ihrer kostbaren Fracht und es waren unruhige Zeiten und sie hätten überfallen werden und sie hätten was verlieren können. Aber sie müssen ihren Herren sehr geliebt haben, denn sie haben alles hier abgeliefert. Und es ist heute fast alles noch da. Was ja das nächste Wunder ist.

600 Jahre sind durchs Land gezogen. Kriege und Hungersnöte hat es gegeben und was sonst noch alles über die Menschen hereinfällt. Die Pest und die Cholera hat es gegeben. Aber das St. Nikolaus Hospital hat das alles gut überstanden. Von den Büchern sind ein paar verschwunden. Es ziehen ja immer Leute um, die so was kaufen wollen und ein Rektor hat einige Bände verkauft. Es hat einen Prozess gegeben und der Rektor musste das Institut verlassen. Die Forschung weiß, wo sich die verkauften Bücher befinden. In London und Brüssel und Rom in den Museen. Aber diese kostbare kleine Bibliothek, die es hier in seinem Geburtsort gibt, ist ein Kleinod und einmalig in der Welt.

Das soziale Vermächtnis funktioniert auch immer noch gut. Cusanus trifft genaue Bestimmungen über Einzelheiten. Es sollen sechs Geistliche unter den 33 Bewohnern sein. Es soll regelmäßig die Messe gelesen werden und wenn einer alt und krank ist und nicht mehr in die Kapelle gehen kann, soll einer der Geistlichen an seinem Bett die Messe lesen. Jeder soll einen Raum für sich haben. Es wird heute noch in dem Refektorium, mit den schönen Fresken an der Wand, gegessen. Nikolaus hat sich um jede Kleinigkeit gekümmert. Sie sollen es warm haben, wenn sie es warm haben wollen und sie sollen gespeist werden, wenn sie hungrig sind und es soll auch jeden Tag ein Schoppen Wein auf dem Tisch stehen, damit was bleibt bis ans Ende.

Cusanus und seine Philosophie. Eine Einleitung

August Herbst[1]

„Da ich das einundsechzigste Lebensjahr bereits überschritten habe und nicht weiß, ob mir noch eine längere und bessere Zeit der Besinnung gegönnt ist, habe ich die Absicht, meine Jagdzüge nach Weisheit, die ich bis zu diesem Alter durch geistiges Betrachten für immer richtiger hielt, kurz zusammengefaßt der Nachwelt zu überliefern. Vor langer Zeit habe ich die Grundgedanken über das Suchen nach Gott ausgeführt. Daraufhin forschte ich weiter und habe noch andere Mutmaßungen niedergeschrieben."[2]

Mit diesen Sätzen leitet Nikolaus von Kues in sein Spätwerk von 1463: *Die Jagd nach Weisheit / De venatione sapientiae* ein. Seit 1461 litt er öfter an zum Teil schweren Erkrankungen, so dass er sein Testament machte und seinen Freund, den Arzt Toscanelli aus Florenz zu sich nach Rom rufen ließ.[3] Zudem hatte er im Herbst 1462 die lateinische Übersetzung der griechischen Philosophiegeschichte des Diogenes Laërtius erhalten, die Ambrogio Traversari 1433 verfasst hatte. Cusanus' erhaltenes Handexemplar[4] zeigt durch seine Anmerkungen die Beschäftigung mit diesem Werk. Daher kann man *De venatione sapientiae* als (wenn auch vorläufiges) philosophisches Testament des Nikolaus von Kues sehen.[5]

Hierin greift er die von Platon entlehnte Metapher der Jagd auf, die der Philosoph betreibt, um die Weisheit zu erbeuten. Cusanus reflektiert die Jagdzüge seines philosophischen Denkweges und klärt dazu zunächst die Voraussetzungen, die für eine erfolgreiche Jagd gegeben sein müssen, um dann einige philosophische Jagdzüge, insbesondere die des Platon und des Aristoteles, kritisch zu beleuchten. Schließlich stellt Cusanus zehn Felder vor, in denen der philosophische Jäger tätig zu werden

---

[1] Kueser Akademie für Europäische Geistesgeschichte.
[2] De venatione sapientiae, n. 1.
[3] Vgl. Meuthen 1958, S. 110.
[4] Das ist der Cod. Harleianus 1347 der British Library.
[5] Vgl. dazu Senger 2014, S. 250; auch Flasch 1998, S. 603-622.

hat. Alle zehn Felder sind unmittelbar mit zentralen Themen der cusanischen Philosophie verknüpft[6]. Die Lektüre von *De venatione sapientiae* bietet deshalb eine gute Gelegenheit, sich mit ihm wichtigen Themen seiner Philosophie vertraut zu machen, anfangend mit dem ersten Feld, der „wissenden Unwissenheit", des „belehrten Nichtwissens", der *docta ignorantia*.

Das erste Feld: das belehrte Nicht-Wissen

In den beiden ersten Büchern von *De docta ignorantia* legt Cusanus seine Lehre der (Nicht-)Erkenntnis des unendlichen Gottes und seine metaphysische Kosmologie dar. Er stellt fest, dass es in der Welt immer ein Mehr und ein Weniger, immer ein Größeres und ein Kleineres gibt. Niemals ist das absolut Größte oder das absolut Kleinste zu finden. Die Dinge in der Welt befinden sich immer in Proportion zueinander, sie sind veränderlich und vergänglich. Um sich in der endlichen Welt zurechtzufinden, misst, vergleicht, beurteilt und wägt der Verstand des Menschen die endlichen Dinge. Damit sie zu einer Erkenntnis der endlichen Welt kommen kann, ist die menschliche *ratio* folglich auf Begrenzungen in der Welt angewiesen. Sie denkt immer in bestimmten Kategorien und Regeln wie z.B. dem Satz des Widerspruches: Würde dieser für die *ratio* nicht gelten, könnte der Mensch keine Unterscheidungen treffen und sich in der Welt nicht orientieren. Das Vermögen der endlichen *ratio*, endliche Dinge zu erkennen, ist somit ein wichtiges und für den Menschen in seiner Lebenswelt sinnvolles Vermögen.

Als das Unendliche bleibt Gott an sich unerreichbar und unerkennbar, da der menschliche Verstand endlicher Verstand ist: Unendlichkeit kann vom Menschen nicht gedacht werden, da er immer in einem kategorialen, widerspruchsfreien Denken in Gegensätzen denken muss. Gott als ein Unendliches steht jedoch in unüberbrückbarem Abstand zur Endlichkeit der Welt und zum menschlichen Verstand. In Gott kann es keine kategoriale Unterschiedenheit der Dinge mehr geben und seine Unendlichkeit kann demnach von der menschlichen *ratio* nicht begriffen werden als ein von anderem Begrenztes. In Gott fallen die Gegensätze vielmehr zusammen.

---

[6] De venatione sapientiae, n. 30: „Zehn Felder aber halte ich für die Jagd nach Weisheit besonders geeignet. Das erste nenne ich wissende Unwissenheit; das zweite Können-Ist; das dritte das Nicht-Andere; das vierte bezeichne ich als Feld des Lichtes; das fünfte als Feld des Lobes; das sechste als Feld der Einheit; das siebente als Feld der Gleichheit; das achte als Feld der Verknüpfung; das neunte als Feld der Ziel-Grenze und das zehnte als Feld der Ordnung."

Diese Koinzidenz der Gegensätze (*coincidentia oppositorum*) ist aber nicht als ein bloßes Nebeneinander der noch unterscheidbaren Dinge wie in einem „Pool" aller in der Welt möglichen Dinge gedacht, sondern vielmehr im Sinne eines Zusammenfalls kontradiktorischer Gegensätze. So kann zum einen Unendlichkeit nicht gedacht werden, da die menschliche *ratio* sich immer an Endlichem orientieren muss, zum anderen kann Gott als *coincidentia oppositorum* nicht gedacht werden, da das für die am Satz des Widerspruches orientierte *ratio* ein Paradox bedeuten würde: Die in der Welt bestehenden Gegensätze fallen in ihm in eins und bedeuten so gleichsam die Unendlichkeit vor aller begrifflichen Vielheit.

In Gott ist demnach kein Mehr oder Weniger, kein Größer oder Kleiner, er ist das *maximum absolutum* schlechthin: als *complicative coincidentia oppositorum* geht Gott über jede Bestimmung hinaus. Gott ist demnach zwar Ursprung aller Gegensätze, in dem Sinne, dass er wesenhaft allem vorausgeht, er selbst ist jedoch als „Gegensätzlichkeit der Gegensätze Gegensätzlichkeit ohne Gegensätze".[7]

„Es koinzidieren also dort Maß und Gemessenes. Das Unendliche wird demnach nicht durch das Endliche gemessen, und zwischen beiden gibt es kein Bezugverhältnis. Das Unendliche ist vielmehr das Maß seiner selbst. Gott ist dementsprechend sein eigenes Maß. Es ergab sich schon, daß er das Maß aller Dinge ist. Also ist Gott das Maß aller Dinge und seiner selbst. Er ist demnach für jedes Geschöpf unmeßbar und unbegreiflich, da er selbst das Maß seiner selbst und aller Dinge ist. Für das Maß aber gibt es kein Maß, so wie es für den Begriff keinen Begriff gibt."[8]

Das menschliche rationale Erkenntnisvermögen, angewiesen auf sein Denken in Kategorien, muss an dem undenkbaren, unendlichen Gott als Zusammenfall aller Gegensätze scheitern. In seinen Werken geht Cusanus immer mehr der Frage nach, ob nicht der menschliche Geist die Fähigkeit hat, sich einer Erkenntnis Gottes anzunähern, also sich denkerisch einer unserer Ratio paradoxen Koinzidenz der Gegensätze erkennend anzunähern.

In immer neuen Anläufen versucht der Geist sich zu erheben, um zu einem Einblick in die Koinzidenz zu gelangen: Die *ratio*, welche für die Erkenntnis des Endlichen zuständig ist, muss dazu überschritten werden zu einem höheren Vermögen des

---

[7] De visione Dei, n. 54: „oppositio oppositorum est oppositio sine oppositione".
[8] De theologicis complementis, n. 13.

menschlichen Geistes hin, dem *intellectus*. Alle endlichen Begrifflichkeiten sollen dazu überstiegen werden, um zu einer Unwissenheit zu gelangen, welche jedoch ein Wissen darum ist, dass dieses Unwissen ist.

Der Blick in die Sonne führt in ein Dunkel, je näher und intensiver, desto dunkler. So wird die Sonne nicht erkannt, aber es wird um die Sonne gewusst. Wenn also über das Unwissen hinaus nichts erkannt werden kann, bedeutet es dennoch, dass darüber hinaus etwas ist, um das gewusst werden kann, ohne dass es erkannt werden kann. Diese Unwissenheit, welche Cusanus anstrebt, nennt er belehrte Unwissenheit, *docta ignorantia*. In der Erkenntnis des Nicht-Erkennens der Unendlichkeit Gottes ist der Zusammenfall der Gegensätze berührt, da im Nicht-Erkennen alles Erkannte überstiegen ist, d.h. alle inhaltlichen endlichen Gegensätze überstiegen sind.

Mit sogenannten *aenigmata* (Sinnbilder) versucht Cusanus, den denkenden Überstieg in die Koinzidenz zu erläutern. Dabei benutzt er sehr oft die Mathematik als eine aenigmatische Wissenschaft, um den menschlichen Geist zu einer nichterkennenden Schau der *coincidentia oppositorum* zu führen.

Zunächst ist die Mathematik das Gebiet, wo die Vernunft zu den sichersten Beweisen gelangt und weil man dort nichts wissen kann, was „eine andere Wurzel hätte".

> „Aus einer anderen Wurzel läßt sich in der Mathematik nichts wissen. Alles, was als wahr erwiesen wird, stammt aus ihr; denn, wäre es nicht so, würde die Koinzidenz der Gegensätze eingeführt, und das hieße die Grenzen des Verstandes überschreiten. Alles, von dem sich zeigt, daß es vom Verstand nicht erreicht werden kann, kann auf Grund dessen nicht erreicht werden, weil das Wissen von ihm die Koinzidenz der Gegensätze mit sich brächte. Weil jenes Prinzip in der Mathematik widerstrahlt, sind ihre Beweise und Darstellungen rein verstandesmäßig und dem Verstand entsprechend wahr."[9]

> „Daß man alles auf dieses Prinzip der zu vermeidenden Koinzidenz der Gegensätze zurückführen muß, bedeutet das hinreichende Begründetsein aller durch den Verstand erforschlichen Künste."[10]

---

[9] De coniecturis, n. 77.
[10] De coniecturis, n. 81.

Nickel macht darauf aufmerksam, dass Cusanus etwa in *De circuli quadratura* und *De Caesarea circuli quadratura* behauptet, die Richtigkeit eines jeden mathematischen Satzes A könne daraus erkannt werden, dass aus non A die Möglichkeit der Kreisquadratur folgen würde.[11]

> „Die Wahrheit nämlich ist nicht mehr noch weniger. Sie besteht in einem Unteilbaren und nichts, das nicht selbst als Wahres besteht, kann sie in genauer Abgrenzung messen; so wie der Nicht-Kreis den Kreis, dessen Sein in etwas Unteilbarem besteht, nicht messen kann."[12]

De Coniecturis / Mutmaßungen 1441/42

Die docta ignorantia belehrt uns darüber, dass wir nichts in seinem unmittelbaren Wesen erkennen können, Aussagen sind nur in negativer Form oder durch die *coincidentia oppositorum* zulässig. Für den Menschen gibt es eine genaue Erkenntnis nur bei dem, was er in seinem Geiste erzeugt, die Mathematik; dagegen ist alle positive Aussage über konkrete Dinge und ihre wirklichen Verhältnisse Mutmaßung, d.h. „die nach Möglichkeit bessere Weise der Annäherung an die Wahrheit gemäß der jeweiligen Erkenntnisstufe"[13]. So formuliert Cusanus in seinem Werk von 1441/42 über die Mutmaßungen (*De coniecturis*):

> „Eine Mut-Maßung ist also eine positive Aussage, die in Andersheit an der Wahrheit, so wie sie ist, teilhat."[14]

Letztlich bedeutet dies, dass die Mutmaßung mit der auf menschliche Weise positiven Feststellung identisch ist. Cusanus hebt den Bruch zwischen Mutmaßung und Wahrheit immer wieder ins Bewusstsein durch die unüberbrückbare Differenz zwischen dem Unendlichen und dem Endlichen. Um dies zu verdeutlichen, bedient er sich der Mathematik durch seine wiederholten Hinweise auf das Verhältnis zwischen Kreis und Vieleck. Die Anzahl der Ecken ist immer weiter vergrößerbar, aber das Vieleck wird nicht zum Kreis.

Cusanus untersucht in den ersten beiden Kapiteln dieser Schrift die verschiedenen Erkenntnisstufen des Geistes: *sensus, ratio, intellectus*. Mit seiner Feststellung, dass in

---

[11] Vgl. Nickel 2005, S. 11, Anm. 8.
[12] De docta ignorantia, n. 10.
[13] Yamaki 2014.
[14] De coniecturis, n. 57.

der göttlichen Einfaltung alles ohne Unterschied zusammenfällt, in der vernunftmäßigen Einfaltung (*intellectus*) kontradiktorische Gegensätze sich vertragen, in der verstandesmäßigen Einfaltung (*ratio*) nur konträre, wie sich die Artgegensätze in der Gattung vertragen, macht er die Grenze der verstandesmäßigen Wissenschaften deutlich.[15]

> „Jede Einheit besteht als nicht-partizipierbare, unteilbare und unvergängliche. Die absolute Einheit kann also nur in vernunfthafter Andersheit partizipiert werden, die vernunfthafte nur in verständiger und die verständige nur in sinnlicher Andersheit. Gott, der die absolute Einheit ist, wird nur in der Weise der Vernunft-Einsicht erfaßt, diese nur nach dem Verstand und dieser nur in der Weise des Sinnlichen."[16]

Zudem wird diese Grenze noch von einer anderen Seite deutlich, wenn Cusanus feststellt:

> „Da aber die geschaffene Einsicht, [...], im Anderen nur nach Art des Anderen besteht und infolgedessen eine Differenz bleibt zwischen allen, die Mut-Maßungen anstellen, kann es nur die dauernde und endgültige Gewißheit geben, daß die verschiedenen Mut-Maßungen der verschiedenen Menschen über ein und dasselbe unbegreifliche Wahre gestuft, aber dennoch gegenseitig unvergleichbar sind, und zwar so, daß keiner den Sinn des einen, obwohl dieser dem andern vielleicht sehr nahe ist, jemals ohne Fehl begreift."[17]

Trotzdem bedeutet das nicht, dass der Sinn dieser Wissenschaften geleugnet wird. Vielmehr soll nach Cusanus jede Wissenschaft nach den drei Stufen von Vernunft, Verstand und Sinn betrieben werden, die ja aufeinander aufbauen.

Die Laien-Dialoge

Das Bild vom Gelehrten und von seiner Rolle ändert sich im 15. Jahrhundert, die Dominanz der Universitäten als zentrale Einrichtungen der Wissensvermittlung wird infrage gestellt durch den auftreten Humanismus als einer neuen Bildungsbewegung

---

[15] De coniecturis, n. 78.
[16] De coniecturis, n. 106.
[17] De coniecturis, n. 3.

in Opposition zu Scholastik und Aristotelismus.[18] Und genau in der Mitte dieses Jahrhunderts, im Sommer 1450, schreibt Cusanus seine drei Laien-Dialoge, die aber in einem größeren Zusammenhang gesehen werden müssen.

Cusanus befindet sich auf dem Höhepunkt seiner Karriere: Am 20. Dezember 1448 wurde er zum Kardinal ernannt. Am 9. Oktober 1449 beendet er seine Verteidigungsschrift gegen die Angriffe gegen sein Werk *De docta ignorantia* und seiner Entdeckung der *Coincidentia oppositorum*. In seiner Entgegnung schreibt Cusanus:

> „Jetzt hat vor allem die aristotelische Richtung Geltung, die die Koinzidenz der Gegensätze, welche man anerkennen muß, um den Anfang des Aufstiegs zur mystischen Theologie zu finden, für eine Häresie hält. Den in dieser Schule Ausgebildeten scheint dieser Weg vollkommen unsinnig zu sein. Er wird als ein ihren Absichten entgegengesetzter völlig abgelehnt. Daher käme es einem Wunder gleich – ebenso wie es eine Umwandlung der Schule wäre –, wenn sie von Aristoteles abließen und höher gelangten."[19]

Am 11. Januar 1450 erfolgt die offizielle Erhebung zum Kardinal, im März die Ernennung zum Bischof von Brixen, im April die Bischofsweihe, am 12. Juli beendet er seine Schrift *De circuli quadratura*, in welcher er im Zusammenhang mit der Frage der Kreisquadratur behauptet, es ginge „nicht um die Lösbarkeit des Problems der Sache nach. Vielmehr müsse man sagen, die Aufgabe sei lösbar oder nicht, je nachdem wie man die mathematischen Ausgangsbedingungen formuliere."[20] Damit beschreibt Cusanus die Mathematik als abhängig von Prämissen – und das heißt: funktional – und nicht mehr ontologisch von ewigen Wahrheitswerten.

Es folgen dann am 12. Juli 1450 *Idiota de sapientia*, im August *Idiota de mente* und im September *Idiota de staticis experimentis*. In seiner Idiota-Trilogie ist der Laie die Hauptfigur, die in ihrer Angewiesenheit auf das eigene Denken und den eigenen Geist gelehrte Redner und Philosophen in Fragen um die Wahrheit belehrt. Anstatt sich auf angelesenes Bücherwissen zu beziehen, welches von Autoritäten fraglos übernommen wird, beruft der Laie sich auf sein eigenes Selbstdenken und liest in Gottes Buch, um die Weisheit zu finden. „Die Wahrheit ruft auf den Straßen und Gassen"[21]. Zwar macht der Laie deutlich, dass alles Messen und Wiegen, welches auf dem

---

[18] Siehe zum Folgenden: de Boer 2003, vgl. auch Bocken 2013, passim.
[19] Apologia dectae ignorantiae, n. 7.
[20] Schwaetzer 2003, 18.
[21] Idiota de sapientia, n. 3.

Marktplatz, auf welchem Cusanus die Szene sich abspielen lässt, zu beobachten ist, sich allein auf Erkenntnisse in der Welt beziehen und niemals zu eigentlicher Weisheit führen. Trotzdem aber ist in allem, was es auf der Welt zu erforschen gibt, eine Spur der absoluten Weisheit Gottes.

Im zweiten Buch *Idiota de mente* vergleicht der Laie den menschlichen Geist mit dem göttlichen Geist und macht am Beispiel des Löffelschnitzens klar, dass er selbst als Laie dem göttlichen Geist und damit der absoluten Wahrheit und Weisheit sehr nahe ist, quasi höchstes Abbild Gottes ist, da er durch die Schulung seiner selbstständigen Kreativität Gottes unendliche Kreativität nachahmt. Hier kommt Cusanus (der Laie) auch zu der Überzeugung, dass es keine überindividuelle gleiche Vernunft in allen Menschen gibt:

„Ich behaupte, wie du vorhin gehört hast, daß der Geist Vernunft ist. Aber ich begreife nicht, wie ein Geist in allen Menschen sein soll. Da der Geist eine Tätigkeit hat, um derentwillen er Seele genannt wird, fordert er einen entsprechenden Zustand des ihm treffend angeglichenen Körpers, der niemals in einem anderen so zu finden ist wie er sich in diesem einen findet. Genauso wie aber die Selbigkeit dieses Verhältnisses nicht vervielfältigt werden kann, so kann auch nicht die Selbigkeit des Geistes, der ohne das entsprechende Verhältnis den Körper nicht beseelen kann, vervielfältigt werden. Wie das Sehen deines Auges nicht das Sehen irgendeines beliebigen Anderen sein könnte – würde es auch von deinem Auge getrennt und mit einem anderen verbunden – da es sein Verhältnis, das es in deinem Auge findet, in dem Auge eines anderen nicht zu finden vermag, so kann auch die Urteils-Unterscheidung in deinem Sehen nicht die im Sehen eines anderen sein. Genausowenig kann die Vernunft-Unterscheidung eines Menschen die Vernunft-Unterscheidung eines anderen Menschen sein."[22]

Dem Laien ist bewusst, dass das Wesen der Dinge („letzte Genauigkeit") in „dieser Welt" nicht erreicht werden kann, aber dennoch kommt dem mit der Waage gewonnenen Urteil „größere Wahrheit zu, weshalb es allgemein angenommen wird."[23] Der

---

[22] Idiota de mente, n. 142.
[23] Idiota de staticis experimentis, n. 161.

Laie also ist es, der im dritten Buch dem Vertreter der scholastischen Schulphilosophie aufzeigt, wie er durch Experimente mit der Waage die Verhältnisse zwischen den Dingen genauer erfassen kann.

Ein Mediziner „verstünde dann auf Grund der Gewichtstabellen der Kräuter im Verhältnis zum Gewicht von Blut oder Urin je nach Übereinstimmung und Unterschied die Dosis der anzuwendenden Medizin zu bereiten und bewundernswerte Prognosen zu stellen. Und so würde er sich auf Grund der Experimente mit der Waage allem Wißbaren in genauerer Mutmaßung nähern."[24] Er „könnte sogar zu einer Mut-Maßung über den Verlauf der Krankheit gelangen."[25]

Die Jagdbeute

Diese Jagd nach Weisheit hat kein Ende: Sie besteht in der Erkenntnis der Unerkennbarkeit der Weisheit, wie das Bild der Speise noch einmal verdeutlicht, welches Cusanus in *De visione Dei / Das Sehen Gottes* 1453 wie folgt entwickelt:

„Wer an unersättlichem Hunger leidet, den vermag weder ein wenig Speise, die er hinunterschlucken kann, noch Speise, die gar nicht zu ihm hingelangt, zu sättigen, sondern allein jene Speise, die zu ihm kommt, und die, auch wenn er ständig von ihr zehrt, doch nie völlig verzehrt werden kann, da sie von solcher Art ist, daß sie sich durch das Verzehrtwerden nicht verringert, weil sie unendlich ist."[26]

Der Ertrag der Jagd, auf den Cusanus dann blickt[27], ist also die Einsicht, dass ihr höchstes Ziel unerreichbar ist und gleichzeitig, dass dies genau der Art von Weisheit entspricht, die der Mensch sucht.

„Diese Betrachtungsart wird, wenn es auch schwierig ist, das Gewohnte aufzugeben, ohne Zweifel alle Arten des Schlußfolgerns sämtlicher Philosophen überwinden."[28]

„Es ist etwas Großes, an der Verbindung der Gegensätze beständig festzuhalten."[29]

---

[24] Idiota de staticis experimentis, n. 164.
[25] Idiota de staticis experimentis, n. 166.
[26] De visione Dei, n. 70.
[27] Vgl. De venatione sapientiae, n. 101-107.
[28] Apologia doctae ignorantiae, n. 55.
[29] De beryllo, n. 32.

Fortschritt und Verfehlung bedingen bei Cusanus einander: Jedes Wissen belehrt mich mehr über mein Nicht-Wissen.

Gleichzeitig ist die Jagd nach der Weisheit auch etwas Spielerisches und Erfreuliches. „Es freut sich der Geist bei diesem hoffnungsfrohen Suchen. Denn diese Jagd ist gut, groß, wahr, schön, schmackhaft, erfreulich, vollkommen, klar, angemessen und hinlänglich."[30]

Diesen scheinbar in sich widersprüchlichen, gleichsam torkelnden Verlauf veranschaulicht Cusanus in *De ludo globi* / *Das Kugel-Spiel* von 1462/3, einem Spiel, welches die Situation des Menschen symbolisiert. Eine Kugel aus Holz muss auf einem Spielfeld mit neun konzentrischen Kreisen so geworfen werden, dass sie möglichst nahe dem Zentrum, das den unendlichen Gott symbolisiert, zur Ruhe kommt. Nun ist diese hölzerne Kugel aber zum Teil kugelförmig ausgehöhlt, so dass der Scheitelpunkt der Aushöhlung nahe dem Mittelpunkt der Kugel liegt. Die dadurch in ihrem Lauf torkelnde Kugel verbildlicht die schwankende Suchbewegung des nach Erkenntnis strebenden Menschen. Und das Spiel zeigt, dass der Mensch immer wieder einen neuen Wurf machen kann, sich im Werfen der Kugel üben kann, ohne jedoch diese ihm eigentümliche Bewegung ablegen zu können.

Cusanus und das naturwissenschaftliche Denken

Für die weitere Diskussion offen bleiben zumindest die Fragen des Gegenübers von Quantität und Qualität sowie die Frage des Metaphysikverzichts. Trotz vieler modern anmutender Gedanken hat Cusanus das mittelalterliche Weltbild nicht in Zweifel gezogen und wird schon deswegen für viele nicht als Vordenker der Wissenschaften in Betracht kommen. Der kurze Dialogauszug zeigt, dass Cusanus die Grenzen der erfassbaren Genauigkeit ebenso reflektiert wie den Gewinn an Wissen und Weisheit durch quantitative Wege.

„**Laie:** Obwohl nichts in dieser Welt letzte Genauigkeit erreichen kann, erfahren wir doch, daß dem Urteil, das mit der Waage gewonnen wurde, größere Wahrheit zukommt, weshalb es allgemein angenommen wird. Doch sage mir bitte, ob nicht jemand die durch Erfahrung bestätigten Gewichtsunterschiede zusammengestellt hat, da es nicht möglich ist, daß Dinge von der selben Größe,

---

[30] De venatione sapientiae, n. 46. Für den Hinweis auf das Freudige und Spielerische des Jagd-Bildes danke ich Prof. K. Yamaki (Yamaki 2015).

welche verschiedenen Ursprungs sind, das selbe Gewicht haben. **Rhetor:** Darüber habe ich weder gelesen, noch habe ich etwas gehört. [...] **Laie:** Ich bin der Meinung, daß man sich mittels des Gewichtsunterschiedes in größerer Wahrheit zu den Geheimnissen der Dinge herantasten und vieles mit Hilfe wahrscheinlicher Mutmaßungen wissen kann. **Rhetor:** Sehr gut. Der Prophet sagt nämlich, daß Gewicht und Waage das Urteil jenes Herren sind, der alles in Zahl, Gewicht und Maß geschaffen hat, und der, wie der Weise schreibt, die Wasserquellen gewogen und die Masse der Erde zugemessen hat."[31]

Cusanus hebt, wie oben beschrieben, die platonische Identität von Welt und Zahl zwar auf, behält aber die Anwendbarkeit der Mathematik auf Welt als sicheres Verfahren bei, da der Mensch die Mathematik selbst geschaffen hat. Darauf baut die neuzeitliche Wissenschaft auf.

Horn nennt in seinem Aufsatz noch einige Aspekte, die ich nur kurz erwähnen möchte: Für Nikolaus von Kues „existieren nur Individuen wirklich, während Allgemeinbegriffe lediglich auf den Weg der Abstraktion zustande kommen" (vgl. De docta ignorantia, n. 125). „Cusanus vertritt einen Perspektivismus und sogar Relativismus, nämlich die These von der Mittelpunktlosigkeit des Universums und der Beobachterrelativität aller Aussagen über die Welt" (vgl. a.a.O., n. 161f). [...] Er verteidigt einen radikalen Individualismus (vgl. a.a.O., n. 94 und n. 188) [...], also die These, kein Individuum habe exakt dieselben Eigenschaften wie ein anderes Individuum. Er vertritt [...] den Schöpferwillen Gottes, nicht die mataphysische Notwendigkeit als Erklärungsgrund für die Weltentstehung."[32]

Es gibt sicher noch viele Aspekte, die gerade in der Reflexion und Selbstreflexion von Natur- und Ingenieurswissenschaft anregende Impulse geben können, aber darüber an anderer Stelle mehr.

---

[31] Idiota de staticis experimentis, n. 161f.
[32] Horn 2007, S. 9f.

Quellen

Nikolaus von Kues: Philosophisch-theologische Schriften. Herausgegeben und eingeführt von Leo Gabriel, übersetzt und kommentiert von Dietlind und Wilhelm Dupré. Sonderausgabe zum Jubiläum. Lateinisch-Deutsch. 2. Nachdruck der 1964 erschienenen 1. Auflage. 3 Bände. Wien: Verlag Herder, 1989.

Literatur

Blum 2015: Paul Richard Blum: Nikolaus von Kues und die italienische Renaissance. [Trierer Cusanus Lecture Heft 18], Trier 2015.
Bocken 2013: Iñigo Bocken: Die Kunst des Sammelns. Philosophie der konjekturalen Interaktion nach Nikolaus Cusanus. [Texte und Studien zur europäischen Geistesgeschichte. Reihe B. Band 6] Münster 2013.
Bredow 1999: Gerde von Bredow: Ars coniecturalis. In: Historisches Wörterbuch der Philosophie, Bd. 1, S. 522 ff.
Flasch 1998: Kurt Flasch, Nikolaus von Kues, Geschichte einer Entwicklung. Vorlesungen zur Einführung in seine Philosophie, Frankfurt/M. 1998.
Herold 1975: Norbert Herold: Menschliche Perspektive und Wahrheit. Zur Deutung der Subjektivität in den philosophischen Schriften des Nikolaus von Kues. [Buchreihe der Cusanus-Gesellschaft Band VI], Münster 1975.
Horn 2007: Christoph Horn: Cusanus über Platon und dessen Pythagoreismus. In: Klaus Reinhardt und Harald Schwaetzer (Hg.): Nikolaus von Kues in der Geschichte des Platonismus. [Philosophie interdisziplinär Band 19] Regensburg 2007, S. 9-31.
Meuthen 1958: Erich Meuthen: Die letzten Jahre des Nikolaus von Kues. Biographische Untersuchungen nach neuen Quellen. Köln 1958.
Nickel 2005: Gregor Nickel: Nikolaus von Kues: Zur Möglichkeit mathematischer Theologie und theologischer Mathematik. In: Iñigo Bocken und Harald Schwaetzer (Hrsg.): Spiegel und Porträt. Zur Bedeutung zweier zentraler Metaphern im Denken des Nicolaus Cusanus. Maastricht 2005, S. 9-27.
Reinhardt/Schwaetzer 2003: Klaus Reinhardt u. Harald Schwaetzer (Hrsg.): Nikolaus von Kues - Vordenker moderner Naturwissenschaft? [Philosophie interdisziplinär Band 7] Regensburg 2003.
Schwaetzer 2003: Harald Schwaetzer: Änigmatische Naturwissenschaft. In: Klaus Reinhardt u. Harald Schwaetzer (Hrsg.): Nikolaus von Kues - Vordenker moderner Naturwissenschaft? Regensburg 2003, S. 9-23.
Schwaetzer 2009: Harald Schwaetzer: Einleitung. In: Nikolaus von Kues: Textauswahl in deutscher Sprache. Heft 8. De quaerendo Deum / Gott suchen. Eingeleitet und übersetzt von Harald Schwaetzer. Paulinus, Trier 2009.
Senger 2014: Hans Gerhard Senger: De venatione sapientiae. In: Brösch / Euler / Geissler / Ranff (Hrsg.): Handbuch Nikolaus von Kues. Leben und Werk. Darmstadt 2014, S. 250-255.
Vollet 2010: Matthias Vollet: Die unvollendbaren Jagdzüge des Nikolaus von Kues zwischen Weisheit und Wissen. In: COINCIDENTIA, Band 1/2 - 2010, S. 369-382.
Yamaki 2008: Kazuhiko Yamaki: Universalität der Vernunft und Pluralität der Philosophie in „De pace fidei" des Nikolaus von Kues. In: Universalität der Vernunft und Pluralität der Erkenntnis bei Nicolaus Cusanus. Hg. v. Klaus Reinhardt u. Harald Schwaetzer. Regensburg 2008. S. 9-19.
Yamaki 2014: Kazuhiko Yamaki: De Coniecturis. In: Brösch / Euler / Geissler / Ranff (Hrsg.): Handbuch Nikolaus von Kues. Leben und Werk. Darmstadt 2014, S. 153-159.
Yamaki 2015: Kazuhiko Yamaki: Idiota Ludens – ein Gedanke aus den späten Jahres des Kardinals. Vortragsmanuskript – im Druck.

Posthume Ernennung von Cusanus zum Technikphilosophen: Ein Beitrag zum Cusanusjahr 2014

Jürgen H. Franz[1]

1 Einleitung

Was ist Technik? Wer diese ontologische Frage stellt, denkt vermutlich zunächst an Martin Heidegger und an seinen 1954 publizierten und inzwischen berühmten Aufsatz mit dem Titel *Die Frage nach der Technik*, in dem Heidegger den Versuch unternimmt, das Wesen der Technik zu ergründen und damit die zentrale Frage der Technikphilosophie zu beantworten.[2] Vielleicht denkt man auch an Ernst Kapp, der in seinem 1877 publizierten Werk *Grundlagen einer Philosophie der Technik* den Begriff der Technikphilosophie erstmals verwendete,[3] oder an die zunehmend technikkritischen Auseinandersetzungen zu Beginn des Industriezeitalters im 19. Jahrhundert oder an die inzwischen nahezu unüberschaubare große Vielfalt technikphilosophischer Publikationen der Gegenwart, insbesondere seit der zweiten Hälfte des 20. Jahrhunderts.[4] An Nikolaus von Kues (Cusanus), der 1401 in Bernkastel-Kues an der Mosel geboren wurde, wird man sicherlich bei der Frage nach der Technik zunächst nicht denken. Diese Frage im Hinblick auf Cusanus zu stellen, ist ein Wagnis. Denn was kann man von einem mittelalterlichen Philosophen am Übergang zur Renaissance, der vor allem durch seine philosophisch-theologischen Schriften bekannt ist und als Kardinal, Bischof und Legat des Papstes umfangreiche Aufgaben im Dienste der Kirche zu leisten hatte, in puncto Technik schon erwarten? Das Wagnis vergrößert sich noch dadurch, dass der Begriff der Technik in seinen Werken an keiner Stelle vorkommt, sondern allein der Begriff der Kunst (ars) in seinen unterschiedlichen Facetten. Dennoch wird im Folgenden auf dieses Wagnis eingegangen.

---

[1] APHIN e.V.
[2] Heidegger, Martin (1953): *Die Frage nach der Technik*. Vortrag in der Reihe „Die Künste im technischen Zeitalter" der Bayerischen Akademie der schönen Künste. Technische Universität München. 1953. Wieder abgedruckt u.a. in ders.: *Die Technik und die Kehre*. 12. Auflage. Stuttgart, Klett-Cotta, 2012, S. 5–36.
[3] Kapp, Ernst (1877): *Grundlinien einer Philosophie der Technik*. Braunschweig, Georg Westermann.
[4] Siehe hierzu: Hubig, Christoph; Huning, Alois; Ropohl, Günter (Hrsg.) (2013): *Nachdenken über Technik: Die Klassiker der Technikphilosophie und neuere Entwicklungen*. 3., neu bearbeitete und erweiterte Auflage/Darmstädter Ausgabe. Berlin, edition sigma.

Zielführend sind dabei zwei Fragen: (1) Welchen Begriff der Technik oder welches Technikverständnis hat Cusanus? (2) Welche Bedeutung hat sein Technikbegriff für die Gegenwart? Es sind zwei Fragenkomplexe, mit denen sich der *Arbeitskreis Philosophie und Technik* der Kueser Akademie für Europäische Geistesgeschichte in Zusammenarbeit mit dem *Arbeitskreis philosophierender Ingenieure und Naturwissenschaftler* (APHIN e.V.) auseinandersetzt.

2 Der Arbeitskreis Philosophie und Technik

Der Arbeitskreis *Philosophie und Technik* wurde im Sommer 2010 gegründet. Seine ursprüngliche Intention war, klassische und aktuelle Texte zur Philosophie der Technik bzw. zur Technikphilosophie zu diskutieren. Da der Kreis in der Kueser Akademie sein Zuhause hat, lag es nahe, mit Cusanus zu beginnen, obgleich Cusanus kein technikphilosophisches Werk geschrieben hat und der Begriff der Technik als solcher in seinem Werk kein einziges Mal vorkommt. Technik ist nach Cusanus eine menschliche Kunst und fällt daher bei Cusanus unter den Begriff der *ars humana*. Die Hoffnung, dennoch bei Cusanus das eine oder andere zur Philosophie der Technik zu entdecken, wurde durch ein kleines Buch von Peter Fischer mit dem Titel *Technikphilosophie* gestärkt. In diesem Buch geht Fischer auf die Suche nach dem ersten Technikphilosophen und stößt dabei auf das cusanische Werk *Idiota de mente - der Laie und der Geist*, in dem ein Löffelschnitzer über die technische Kunst des Löffelschnitzens berichtet und dabei, modern gesprochen, auch technikphilosophische Reflexionen anstellt. Für Fischer steht damit fest: „Der Kardinal Nikolaus von Kues war der erste Technikphilosoph."[5] Fischer forscht allerdings weiter und kommt dann sukzessive zum Schluss, dass die ersten Technikphilosophen bereits in der Antike zu finden sind. Wie auch immer, für den Arbeitkreis *Philosophie und Technik* war die Aussage von Fischer Anlass genug, dem Werk des Cusanus wenigstens ein oder maximal zwei Treffen zu widmen. Lange Rede, kurzer Sinn: Der Arbeitskreis veranstaltete vor kurzem sein zwanzigstes Treffen und ist immer noch bei Cusanus, was seinen Grund darin hat, dass im Gesamtwerk des Cusanus weitaus mehr technikphilosophisches Gedankengut schlummert, als vorab zu ahnen war. Der Arbeitskreis hat inzwischen

---

[5] Fischer, Peter (Hrsg.) (1996): *Technikphilosophie. Von der Antike bis zur Gegenwart*. Leipzig, Reclam, S. 8f.

nicht nur die Technikphilosophie des Cusanus rekonstruiert,[6] sondern auch eine cusanische Technikethik[7] und eine cusanische Philosophie der Nachhaltigkeit[8], aus denen sodann ein cusanischer Ethikkodex für Ingenieure und Techniker und ein cusanischer Ethikkodex der Nachhaltigkeit abgeleitet wurde.[9] Im Folgenden werden wir unseren Blick allerdings allein auf die Technikphilosophie richten, da sie letztendlich die Grundlage für alle soeben aufgeführten Ergebnisse bildet.

3 Die Technikphilosophie des Cusanus

Es gibt mindestens zwei Zugänge zum Technikverständnis des Cusanus: der ingenieurmäßige und der philosophische. Beim ingenieurmäßigen Zugang werden die vielfältigen technischen Artefakte und Experimente, die im Werk des Cusanus zu finden sind – beispielsweise in seinem Werk *Der Laie und die Experimente mit der Waage - Idiota de staticis experimentis* – im Hinblick auf ihre jeweilige Funktion, ihre Realisierung und ihren Nutzen untersucht. Beim philosophischen Zugang sucht man nach der Einheit, welche diese Vielfalt an Techniken verbindet. Im Fokus steht also das verbindende Allgemeine und nicht das jeweils Besondere. Es geht folglich um die technikphilosophische Frage: Welchen Wesensbegriff von Technik hat Cusanus? Um diese Frage zu beantworten hat der Arbeitskreis – da es kein eigenständiges Werk zur Technik bei Cusanus gibt, geschweige denn zur Technikphilosophie – sein Gesamtwerk studiert und etwa sechzig technikphilosophisch relevante Zitate zusammengetragen. Aus diesen sehr unterschiedlichen Puzzleteilen wurde dann sukzessive ein Gesamtbild erstellt, das erstmals die cusanische Technikphilosophie offen legte, obgleich der

---

[6] Siehe hierzu u.a.: Franz, Jürgen H. (2012): *Der Technikbegriff des Nikolaus von Kues und seine Bedeutung für die Gegenwart.* In: Schwaetzer, Harald; Vannier, Marie-Anne (Hrsg.): *Zum Intellektverständnis bei Meister Eckhart und Nikolaus von Kues. Texte und Studien zur europäischen Geistesgeschichte,* Reihe B, Band 4, Münster, Aschendorff, S. 123-156.

[7] Franz, Jürgen H.: (2013): *Die Technikphilosophie und Technikethik des Nikolaus von Kues.* Vortrag im Rahmen der gemeinsamen Tagung *Ethikkodizes - nach Cusanus, dem VDI und anderen* des Arbeitskreises Philosophie und Technik der Kueser Akademie für Europäische Geistesgeschichte und des Ethik-Beirats des VDI-Ruhrbezirksvereins e.V.; Cusanus-Geburtshaus, Bernkastel-Kues, 13. Dezember.

[8] Franz, Jürgen H.: (2014): *Cusanus: Ein Wegbereiter der Nachhaltigkeit?* In: Franz, Jürgen H.: *Nachhaltigkeit, Menschlichkeit, Scheinheiligkeit. Philosophische Reflexionen zur nachhaltigen Entwicklung.* München, Oekom, S. 255-300; ders.: *Die Technikphilosophie des Nikolaus von Kues und ihre Bedeutung für eine nachhaltige Entwicklung.* Vortrag im Rahmen des Third Dutch/German Workshop in the Philosophy of Technology - Technikphilosophie im Dialog. Darmstadt, 12. - 14. Juni.

[9] Franz, Jürgen H. (2014): *Ein Cusanischer Ethikkodex der Nachhaltigkeit.* In: Franz, Jürgen H.: *Nachhaltigkeit, Menschlichkeit, Scheinheiligkeit. Philosophische Reflexionen zur nachhaltigen Entwicklung.* München, Oekom, S. 301-322.

Begriff der Technikphilosophie erst mehr als 400 Jahre später durch Ernst Kapp geprägt wurde (siehe oben). Es ist eine Technikphilosophie, die eine Antwort auf die zentrale technikphilosophische Frage nach dem Wesen von Technik gibt. Sie rechtfertigt damit, wie im Folgenden nun näher zu begründen ist, die posthume Ernennung des Nikolaus von Kues zum Technikphilosophen.

4 Technik als Handlung

Zunächst wird bei Cusanus in Bezug auf Technik eines deutlich: Sie ist immer eine Form von Handlung. Der Handwerker oder Techniker (heute käme noch der Ingenieur dazu), denkt sich etwas aus, hat eine Idee, entscheidet und realisiert dann ggf. seine Idee. Technik ist damit eine Weise von Handlung, die mentale Akte und körperliche Handlungen gleichermaßen einschließt. Zu den mentalen Akten gehören nach Cusanus das Ausdenken, Überlegen und Beschließen, die Cusanus in seinem Dialog über das Globusspiel (*Dialogus de ludo globi*) unter dem Begriff des Erfindens (inventione novi) zusammenfasst.

Typische technikbezogene körperliche Handlungen sind nach Cusanus das Hervorbringen, Zustandebringen, Sinnenfällig machen, Herausschnitzen, Polieren, Gestalten, Erschaffen, Schmieden, Drehen, Weben, Drechseln und Schmelzen. Cusanus begründet Technik also nicht primär als ein Ding oder Objekt, sondern als eine Tätigkeit bzw. Handlung. Cusanus ist hier bereits sehr modern. In ähnlicher Weise beschreibt heute der Verband Deutscher Ingenieure – der VDI – den Begriff der Technik und zwar in seiner 1991 publizierten Richtlinie *Technikbewertung - Begriffe und Grundlagen*. Diese Richtlinie hebt sowohl den dinglichen Charakter als auch den Handlungscharakter der Technik hervor:

„Die Technik umfasst:
- die Menge der nutzorientierten, künstlichen, gegenständlichen Gebilde (Artefakte oder Sachsysteme);
- die Menge menschlicher Handlungen und Einrichtungen, in denen Sachsysteme entstehen;
- die Menge menschlicher Handlungen, in denen Sachsysteme verwendet werden."[10]

---

[10] VDI (1991): *Richtlinie 3780: Technikbewertung. Begriffe und Grundlagen*. Berlin, Beuth, S. 2.

Die Konsequenz daraus ist: Wenn Technik eine Handlungsweise ist, dann gibt es keinen Grund, technische Handlungen nicht ebenso moralischen Regeln zu unterstellen, wie jede Alltagshandlung. Technische Sachsysteme und Artefakte sind moralisch neutral, technische Handlungen nicht. Der Bereich der Technik ist nicht wertneutral oder wertfrei. Technik wird damit zum Gegenstand der Ethik im Allgemeinen und der Technikethik im Besonderen. Dieser Weg der ethischen Behandlung von Technik wird also bei Cusanus bereits vorbereitet, auch wenn er ihn als Kind seiner Zeit und aufgrund höherer theologischer und philosophischer Interessen nicht geht. Dennoch können aus seinem Werk einige Wesensmerkmale technischer Handlungen abgeleitet werden, die zum Teil bereits ethische Schlüsse ermöglichen.

5 Die Wesensmerkmale technischen Handelns

Welche Wesensmerkmale schreibt Cusanus dem technischen Handeln zu? Da ist zunächst – sicherlich nicht überraschend – das Merkmal des Nutzens, den Cusanus besonders anschaulich in seinem *Compendium* beschreibt:

> „[D]er Mensch hat entdeckt, wie eine brennende Kerze das Fehlen des Lichtes ausgleicht, so daß er sieht, und wie man bei schlechtem Sehen durch eine Brille abhilft, wie man optische Täuschungen durch die Kunst der Perspektive korrigiert, wie man rohe Speise dem Geschmack durch das Kochen anpaßt, üble Gerüche durch duftendes Räucherwerk vertreibt, die Kälte durch Kleider, Feuer und ein Haus, die Langsamkeit durch Fahrzeuge und Schiffe, die Verteidigung durch Waffen, das Gedächtnis durch Schriften und die Kunst der Erinnerung unterstützt."[11]

Interessant ist in diesem Zusammenhang ein Vergleich mit einem verblüffend ähnlichen Zitat von Kenneth Alpern aus dem 20. Jahrhundert, in dem aber bereits eine ironische Technikkritik mitschwingt:

> „Es gibt eine Vorstellung vom Ingenieur, die bis vor kurzem sehr verbreitet war. In dieser Vorstellung erscheint der Ingenieur als Zauberer. Wenn Menschen einsam sind, erfinden die Ingenieure Telefone, Autos und Flugzeuge, um sie einander näher zu bringen. Wenn Menschen Hunger haben, produzieren

---

[11] Nikolaus von Kues: *Compendium*. Cap. VI, n. 18 (hier übers. von Wilhelm Dupré).

Ingenieure Mähdrescher, Düngemittel und Pestizide, um ihnen zu essen zu geben. Wenn es Menschen an Behaglichkeit fehlt, entwickeln die Ingenieure Heizungen, Klimaanlagen und Schaumstoffe, um ihnen Komfort zu verschaffen. Wenn sich Menschen langweilen, erfinden die Ingenieure Kino, Fernsehen und Videospiele, um sie zu unterhalten. Kurz: Immer wenn Menschen ein Problem haben, werden es Ingenieure lösen."[12]

Das technische Handeln hat bei Cusanus noch weitere Wesensmerkmale. Es ist nach Cusanus nicht nur nützlich, sondern vor allem frei, kreativ, schöpferisch und erfinderisch.[13] Der Mensch verhält sich nämlich nicht wie ein Stein, der bloß den Naturgesetzen folgt.

„So sehen wir, daß [...] alle, die derselben Eigengestalt angehören, gleichsam auf Grund eines eingegebenen Naturgesetzes gezwungen und bewegt werden. Durch keinen solchen Zwang wird unser königlicher und herrscherlicher Geist in Zaum gehalten. Ansonsten würde er nichts erfinden, sondern nur den Anstoß der Natur ausführen."[14]

Der Mensch ist also frei. Und der Mensch hat einen Geist. Sein „Geist hat Freiheit, weil er als Abbild Gottes geschaffen ist".[15] Beides zusammen ist die notwendige Bedingung dafür, dass der Mensch erfinderisch tätig werden und etwas Neues schaffen kann. Da der Mensch von Natur aus einen freien Geist hat, gehört notwendig auch das beständige Entwickeln neuer Ideen und das Erfinden und Hervorbringen von Neuem zu seiner Natur. Oder anders gesagt: Das Wesen des Menschen ist es, Erfinder zu sein. Dies gilt auch für die Erfindung eines Spiels, wie die des cusanischen Globusspiels:

„Denn als ich dieses Spiel erfand, dachte ich nach, überlegte und beschloß ich, was ein anderer nicht ausdachte, überlegte und beschloß, weil jeder Mensch frei ist, nachzudenken über was immer er wollen mag, entsprechend zu überlegen und zu beschließen. Deshalb denken nicht alle sich dasselbe aus, da jedermann seinen eigenen freien Geist hat."[16]

---

[12] Alpern, Kenneth D. (1993): *Ingenieure als moralische Helden.* In Ropohl, Günter; Lenk, Hans (Hrsg.): *Technik und Ethik*, 2. Auflage. Stuttgart, Reclam, 1993, S. 177.
[13] Eine detaillierte Begründung dieser Wesensmerkmale gibt: Franz (2012), S. 127-140.
[14] Nikolaus von Kues: *Dialogus de ludo globi.* Liber primus, n. 35 (übers. von Wilhelm Dupré).
[15] Nikolaus von Kues: *Sermo CCLI*, n. 15.
[16] A.a.O., liber primus, n. 34 (übers. durch Gerda von Bredow).

Freiheit ist aber nicht nur eine Grundbedingung menschlicher Erfindungen, sondern auch die moralischer Handlungen. Denn eine Person kann nur für Handlungen zur moralischen Verantwortung gezogen werden, für die sie sich frei entschieden hat. Auch hier öffnet Cusanus also den Weg zu einer ethischen Auseinandersetzung mit technischen Handlungen.

Es gibt noch ein letztes Wesensmerkmal technischer Handlungen, das für Cusanus jedoch über allen anderen steht: Es ist das Merkmal des Symbolischen. Denn technische, schöpferische Handlungen sind ein Symbol oder Zeichen der göttlichen Schöpfungskraft. Wenn der Mensch mittels seiner Freiheit und seines Geistes Artefakte hervorbringt, die es in der Natur nicht gibt, dann ist er ebenso ein Schöpfer wie Gott. Gott ist Schöpfer des Natürlichen, wozu auch der Mensch gehört, und der Mensch ist Schöpfer des Künstlichen. Der Mensch ist damit im Hervorbringen neuer Dinge, so Cusanus, eine Art zweiter Gott. Sobald der Mensch seine schöpferische Tätigkeit als sinnliches Zeichen der göttlichen Schöpfung erkannt hat, kann er sich davon ausgehend auf den Weg zur Erkenntnis Gottes machen. Cusanus wird in seinem Werk nicht müde, die wichtigsten Etappen dieses Weges immer wieder darzulegen. Die erste ist die der Sinneserkenntnis, es folgen die der Verstandes- und Vernunfterkenntnis, die beide noch begrifflicher Natur sind, und schließlich die letzte Etappe, bei der alle Begriffe überstiegen werden und damit in der reinen Schau Gottes – visione Dei – besteht. Dieser theologische Aspekt der Technik spielt heute keine Rolle mehr, was einer multikulturellen Gesellschaft vielleicht auch angemessen ist. Aber dass Technik nicht nur einen nützlichen, ökonomischen Aspekt hat, sondern auch den der Freiheit, des Schöpferischen, Kreativen und Erfinderischen, daran lohnt zu erinnern. Denn es scheint, dass diese Attribute technischen Handelns, die einen guten Ingenieur auszeichnen, in vielen technischen Studiengängen heute nicht mehr angemessen gefördert werden, obgleich sie gerade in puncto nachhaltiger technischer Entwicklungen, die moralisch geboten sind, unerlässlich sind.

6 Der natürliche, anthropologische Grund unerwünschter Technikfolgen

Das Werk des Cusanus gibt auch einen Grund dafür, dass Technik notwendig ambivalent ist und damit jedes technische Produkt neben seinen erwünschten Folgen notwendig auch unerwünschte Nebenfolgen hat. Dieser Grund besteht darin, dass der menschliche Geist nach Cusanus ein Abbild – genauer: *nur* ein Abbild – des göttlichen Geistes ist. Im Einklang mit dieser Urbild-Abbild-These urteilt Cusanus: „alle menschlichen Künste sind gewisse Abbilder der unendlichen und göttlichen Kunst".[17] Die menschliche Kunst – die ars humana – ist folglich der göttlichen Schöpfungskunst – der ars divina – ähnlich. Dies gilt für die Handwerkskunst im ausgehenden Mittelalter ebenso wie für die Kunst des Ingenieurs im 21. Jahrhundert. In diesem Sinne kann Cusanus behaupten, „der Mensch sei ein zweiter Gott. Denn wie Gott Schöpfer der realen Seienden und natürlichen Formen ist, so ist der Mensch Schöpfer der Verstandesseienden und der künstlichen Formen".[18] Die göttliche Kunst ist das Urbild, die menschliche ihr Abbild. Oder platonisch paraphrasiert: Die menschliche Kunst ist nicht identisch der göttlichen, sie hat an ihr Teil. Als Abbild entbehrt der menschliche Geist der Vollkommenheit, Unendlichkeit und Genauigkeit des göttlichen Geistes. Die Unvollkommenheit, Endlichkeit und Ungenauigkeit des menschlichen Geistes gehören zum Wesen oder zur Natur des Menschen und bilden damit eine anthropologische Konstante.

„Laie: [...] Es ist nämlich offenbar, daß keine menschliche Kunst die Genauigkeit der Vollkommenheit erreicht hat und daß jede endlich und begrenzt ist. Denn die eine Kunst wird in ihren Grenzen eingegrenzt, die andere in anderen, die die ihrigen sind, und jede ist von den anderen verschieden, und keine umfaßt alle.
Philosoph: Was willst du daraus folgern?
Laie: Daß alle menschliche Kunst endlich ist".[19]

Diese inhärente, natürliche Endlichkeit der ars humana ist der Urgrund aller unvollkommenen und ungenauen technischen Artefakte und somit aller unerwünschten und kontranachhaltigen Technikfolgen. Bei genauer Betrachtung erweist sich dieser Urgrund als dreifacher: (i) Der Mensch vermag erstens grundsätzlich nicht in Vollkommenheit zu erkennen und vorherzusehen, wie sich seine Artefakte in die nähere Umwelt oder gar ins Weltganze einfügen und welche Wechselwirkungen sie mit der Umwelt oder dem Weltganzen eingehen. (ii) Er vermag zweitens per se nicht in Vollkommenheit zu erkennen, wie sich sein Artefakt in das Ganze aller anderen Artefakte einfügt und welche Wechselwirkungen es mit den anderen Artefakten eingeht. Die unerwünschte Wechselwirkung verschiedener Medikamente ist hierfür ein Beispiel.

---

[17] Nikolaus von Kues: *Idiota de mente*, c. 2, n. 59.
[18] Nikolaus von Kues: *De beryllo*, c. 6, n. 7.
[19] Nikolaus von Kues: *Idiota de mente*, c. 2, n. 60.

Dem Menschen ist in beiden Fällen (i und ii) eine natürliche, epistemische Grenze gesetzt. (iii) Drittens vermag der Mensch aufgrund seiner Endlichkeit seine Ideen niemals in vollkommener Weise zu realisieren oder sinnfällig zu machen. Denn er hat „die mechanische Kunst und die Gestalten der Kunst wahrer in seinem geistigen Begriff, als sie nach außen hin gestaltbar sind, wie ein Haus, das auf Grund der Kunst entsteht, eine wahrere Gestalt im Geist als in den Hölzern hat".[20] Ähnlich lässt Cusanus auch seinen Löffelschnitzer argumentieren:

> „Angenommen also, ich wollte die Kunst entfalten und die Form des Löffelseins, die einen Löffel zum Löffel macht, sinnenfällig machen. [...] So siehst du die einfache und mit den Sinnen nicht wahrnehmbare Form des Löffelseins im Gestaltverhältnis dieses Holzes gleichsam in ihrem Abbild widerstrahlen. Daher kann die Wahrheit und Genauigkeit des Löffelseins, die nicht vervielfacht und nicht mitgeteilt werden kann, auf keine Weise, auch nicht durch irgendwelche Werkzeuge und durch irgendeinen Menschen vollkommen sinnfällig gemacht werden, und in allen Löffeln strahlt nur die einfachste Form selbst in verschiedener Weise wider, mehr im einen und weniger im andern und in keinem genau."[21]

Alle menschlichen Schöpfungsprodukte sind somit per se im höheren oder geringeren Grade unvollkommen. In Anlehnung an Aristoteles kann die damit verbundene Grenze als poietische Grenze bezeichnet werden, wobei Poiesis für die Kunst des Menschen steht, Dinge herzustellen. Der Mensch vermag grundsätzlich nicht einmal ein Artefakt in genau der gleichen Weise zu reproduzieren, wie ein bereits vorhandenes Muster, da nach Cusanus die Attribute Gleichheit und Genauigkeit in ihrer Absolutheit nur Gott zukommen, oder sakral übersetzt, eine platonische Idee sind. Auf der Erde gleicht daher kein Artefakt vollkommen dem anderen. Die Unvollkommenheit und Ungenauigkeit der Artefakte mögen in den meisten Fällen marginal sein. Sie vermögen aber auch – wie die Geschichte der Technik lehrt – die Quelle unerwünschter und gar katastrophaler Auswirkungen für Mensch und Natur sein.[22] Aufgrund der Tatsache, dass die Unvollkommenheit und Endlichkeit zum Wesen des

---

[20] Nikolaus von Kues: *De beryllo*, c. 33, n. 56.
[21] Nikolaus von Kues: *Idiota de mente*, c. 2, n. 63.
[22] Hier nur ein paar wenige Beispiele zur Erinnerung: Untergang der Titanic (1912), Explosion der Hindenburg (1937), Chemieunfall in Bitterfeld (1968), Brückeneinsturz in Koblenz (1971), Chemieunfall in Bhopal (1984), Explosion der Challenger (1986), Reaktorunglück

Menschen gehört, sind Fehler im technischen Handeln und daher unerwünschte Technikfolgen grundsätzlich nicht auszuschließen. Es scheint, dass dies bei technischen Entwicklungen hin und wieder vergessen wird. Technische Entwicklungen erfordern ein Bewusstsein für ihre epistemische und poietische Grenze. Diese Forderung gilt erst recht, wenn sie den Anspruch auf Nachhaltigkeit erheben.

7 Docta ignorantia

Die dreibändige *docta ignorantia* ist das bekannteste Werk des Cusanus. Cusanus begreift die docta ignorantia – die belehrte Unwissenheit – als eine Wissenschaft bzw. als einen sicheren Ausgangspunkt für einen Erkenntnisfortschritt, der mit der Erkenntnis mittels der Sinne beginnt, um sich sodann schrittweise über die Verstandes- und Vernunfterkenntnis der Erkenntnis des Weltganzen zu nähern, wohlwissend, dass die vollkommene Erkenntnis des Weltganzen für den Menschen unerreichbar und Gott vorbehalten bleibt. Aus technikphilosophischer Sicht kann die docta ignorantia als Forderung verstanden werden, sich bei allen technischen Entwicklungen der grundsätzlichen Unwissenheit bezüglich des Weltganzen zu belehren und die daraus resultierenden praktischen Konsequenzen zu ziehen. Sie ist somit für technische Entwicklungen eine wertvolle praktische Orientierungshilfe. Denn sie mahnt zur Bescheidenheit und warnt vor Überheblichkeit. Dies spricht keineswegs gegen einen Fortschritt, weder im Bereich der Technik noch in allen anderen Bereichen. Dies wäre auch keinesfalls im cusanischen Sinne. Im Gegenteil: Es spricht für einen Fortschritt, der seinen Namen verdient, nämlich für einen Fortschritt, der sich seiner Irrtumsmöglichkeit bewusst ist und sich daher Grenzen setzt. Der Gegenpol dieses bescheidenen Fortschritts ist der zügellose Fortschritt, der keine Grenzen kennt, vor möglichen Folgen die Augen verschließt, gegenüber Kritik taub ist, Selbstkritik ablehnt und dem Motto folgt: Was technisch möglich ist, das soll auch verwirklicht werden. Ein derartiger Fortschritt ist, modern gesprochen, kontranachhaltig. Nachhaltige Entwicklungen erfordern einen bescheidenen und maßvollen Fortschritt, sowie eine beständige kritische, selbstkritische und ethische Begleitung. Es ist ein Fortschritt, der sich der Bedeutung der Nachhaltigkeit für eine humane, soziale und

---

von Tschernobyl (1986), Unglück bei Flugvorführung in Ramstein (1988), Untergang der Estonia (1994), ICE-Unglück bei Eschede (1998), Brand im Mont-Blanc-Tunnel (1999), Absturz der Concorde auf dem Pariser Flughafen Charles de Gaulle (2000), Reaktorunglück in Fukushima (2011).

ökologisch intakte Welt bewusst ist. Es ist ein Fortschritt in der Mitte zwischen zwei Extremen – dem zügellosen Fortschritt und dem Stillstand. Er ist damit ganz im Sinne des Cusanus, der – ebenso wie bereits Aristoteles – den Weg der Mitte als den richtigen begründet.[23] Die Belehrung über die eigene Unwissenheit – die docta ignorantia – ist ein wesentliches Kennzeichen dieses Weges und damit eines Fortschritts, der zurecht als nachhaltig bezeichnet werden kann – nicht nur im Bereich der modernen Technik.

8 Fazit

Cusanus begründet eine frühe Technikphilosophie, die von erstaunlicher Aktualität ist. Er begründet Technik als ars humana und damit als eine Weise menschlicher Handlung. Damit eröffnet er zugleich den Weg zu einer ethischen Auseinandersetzung mit Technik, auch wenn Cusanus, als Kind seiner Zeit und aufgrund seiner primär theologisch-philosophischen Erkenntnisinteressen, diesen Weg noch nicht gegangen ist. Technisches Handeln ist nach Cusanus nicht auf den Nutzen begrenzt, sondern wesentlich durch Freiheit, Kreativität, Erfindungs- und Schöpfungsreichtum sowie eine theologische Symbolik prädiziert. Die durch Cusanus begründete natürliche Endlichkeit und Unvollkommenheit des menschlichen Geistes implizieren die prinzipielle Unvermeidbarkeit unerwünschter Technikfolgen und damit die moralische Forderung, sich bei allen seinen Schöpfungsakten – ganz im Sinne der docta ignorantia – seiner natürlichen Unwissenheit stets aufs Neue zu belehren.

Indem das Werk des Cusanus sowohl eine Antwort auf die technikphilosophische Grundfrage nach dem Wesen von Technik ermöglicht – Technik ist ein freier, kreativer und schöpferischer Prozess, der mentale Akte und physische Handlungen gleichermaßen einschließt –, als auch Gründe für die Ambivalenz von Technik erschließt, kann Cusanus zurecht als ein früher Technikphilosoph tituliert werden. Einer Ernennung zum Technikphilosophen steht also 550 Jahre nach seinem Tod nichts mehr im Wege.

---

[23] Aristoteles: *Nikomachische Ethik*, 2. Buch, Kap. 6, 1107a.

Literatur

Alpern, Kenneth D. (1993): Ingenieure als moralische Helden. In: Ropohl, Günter; Lenk, Hans (Hrsg.): Technik und Ethik, 2. Auflage. Stuttgart, Reclam, S. 177–193.

Aristoteles: Nikomachische Ethik, 2. Buch, Kap. 6, 1107a.

Fischer, Peter (Hrsg.) (1996): Technikphilosophie. Von der Antike bis zur Gegenwart. Leipzig, Reclam.

Franz, Jürgen H. (2012): Der Technikbegriff des Nikolaus von Kues und seine Bedeutung für die Gegenwart. In: Schwaetzer, Harald; Vannier, Marie-Anne (Hrsg.): Zum Intellektverständnis bei Meister Eckhart und Nikolaus von Kues. Texte und Studien zur europäischen Geistesgeschichte, Reihe B, Bd. 4. Münster, Aschendorff, S. 123-156.

- (2013): Die Technikphilosophie und Technikethik des Nikolaus von Kues. Vortrag im Rahmen der gemeinsamen Tagung *Ethikkodizes - nach Cusanus, dem VDI und anderen* des Arbeitskreises Philosophie und Technik der Kueser Akademie für Europäische Geistesgeschichte und des Ethik-Beirats des VDI-Ruhrbezirksvereins e.V.; Cusanus-Geburtshaus, Bernkastel-Kues, 13. Dezember.
- (2014): Nachhaltigkeit, Menschlichkeit, Scheinheiligkeit. Philosophische Reflexion zur nachhaltigen Entwicklung. München, Oekom.
- (2014): Die Technikphilosophie des Nikolaus von Kues und ihre Bedeutung für eine nachhaltige Entwicklung. Vortrag im Rahmen des Third Dutch/German Workshop in the Philosophy of Technology - Technikphilosophie im Dialog. Darmstadt, 12. - 14. Juni.

Heidegger, Martin (1953): Die Frage nach der Technik. Vortrag in der Reihe *Die Künste im technischen Zeitalter* der Bayerischen Akademie der schönen Künste. Techn. Univ. München. 1953. Wieder abgedruckt u.a. in ders.: Die Technik und die Kehre. 12. Auflage. Stuttgart, Klett-Cotta, 2012, S. 5–36.

Kapp, Ernst (1877): Grundlinien einer Philosophie der Technik. Braunschweig, Georg Westermann.

Mandrella, Isabelle (2011): Vivo imago. Die praktische Philosophie des Nikolaus Cusanus. Münster, Aschendorff.

Nikolaus von Kues: *Compendium*. Zitiert nach den Übersetzungen von Bruno Decker und Karl Bormann (1996) in ders.: Philosophisch-theologische Werke. Bd. 4. Hamburg, Meiner, 2002 und Wilhelm Dupré in www.cusanus-portal.de (Stand: April 2015).

- *De Beryllo*. Zitiert nach der Übersetzung von Karl Bormann (2002) in ders.: Philosophisch-theologische Werke. Bd 3. Hamburg, Meiner, 2002.
- *Dialogus de ludo globi*. Zitiert nach den Übersetzungen von Gerda von Bredow (1999) in ders.: Philosophisch-theologische Werke. Bd 3. Hamburg, Meiner, 2002 und Wilhelm Dupré in www.cusanus-portal.de (Stand: April 2015).
- *Idiota de mente*. Zitiert nach der Übersetzung von Renate Steiger (1995) in ders.: Philosophisch-theologische Werke. Bd 2. Hamburg, Meiner, 2002.
- *Sermo* CCLI. Zitiert nach der Übersetzung von Isabelle Mandrella.

VDI (1991): Richtlinie 3780: Technikbewertung. Begriffe und Grundlagen. Berlin, Beuth, S. 2

Brauchen Ingenieure und Naturwissenschaftler Ethik oder reicht es aus, wenn sie moralisch sind?

Torsten Nieland[1]

Die erste Person, der ich die Titelfrage dieses Vortrags nannte, hielt das Thema für langweilig, denn die Antwort sei klar: Selbstverständlich brauchten Ingenieure und Naturwissenschaftler Ethik, Moral allein sei ungenügend. Die zweite Person, der ich die Titelfrage nannte, vermutete hingegen, die meisten Ingenieure und Naturwissenschaftler seien wohl der Meinung, sie benötigten keine Ethik, moralisch zu sein sei völlig ausreichend. Diese beiden Personen sind heute hier anwesend. Um eine dritte spontane Reaktion zu nennen: Als ich in dieser Woche in einer Göttinger Kneipe zwecks Vorbereitung auf diesen Vortrag in einem Buch las, sprach mich ein neugieriger promovierter Wirtschaftsmathematiker an. Als ich auch ihm die Titelfrage nannte, schaute er verdutzt und meinte, er verstehe gar nicht, wovon denn da die Rede, was denn da der Unterschied sei.

Ganz bewußt ist der Titel als Frage formuliert, und ich verspreche Ihnen gleich jetzt, daß ich darauf keine Antwort geben werde, im Gegenteil, ich werde weitere Fragen aufwerfen, und auch diese gedenke ich in der Mehrzahl nicht zu beantworten. Je länger ich über das Thema nachgedacht habe, umso klarer wurde mir, daß ich nicht einmal für mich selbst eine ausreichend klare und feste Position vertreten kann, umso weniger kann ich das in einer allgemeingültigen Weise tun.

Ich bin mir sicher, Eulen nach Athen zu tragen, doch möchte ich mit der Unterscheidung von Moral und Ethik beginnen, die bei der genannten dritten spontanen Reaktion auf meine Titelfrage zu solcher Ratlosigkeit geführt hatte. Es gibt hier komplizierte Modelle, ich möchte es heute aber einfach halten und unter Moral die Regeln und Normen verstehen, nach denen wir handeln oder handeln sollen, unter Ethik aber die Begründung dieser Regeln und Normen.

Es ist nicht schwierig, sich Beispiele zu überlegen, die anschaulich machen, daß sich Moral immer in einem synchronen und diachronen Wandel befindet: „Andere Länder, andere Sitten", heißt ein Sprichwort, das seine Berechtigung hat. Genauso hat es in der Vergangenheit andere Regeln und Normen gegeben als heute, und wer

---

[1] Georg-August-Universität Göttingen.

meint, daß „wir es nun geschafft haben" und unser Status Quo auch für die Zukunft ja wohl gelte, der kann sich nur irren.[2]

Technik und Naturwissenschaft durchziehen inzwischen alle Lebensbereiche, und zwar weltweit; moderne Kommunikationsmedien sind dafür vielleicht das beste Beispiel. Wir erleben geradezu einen Rausch der Neuerungen, der es manchen Menschen schwierig macht, Schritt zu halten, auch weil über die Regeln und Normen im Handhaben dieser Neuerungen gelegentlich große Unsicherheit herrscht.

Warum aber überhaupt sollen Regeln und Normen befolgt werden? Es gibt hierauf drei grobe Antworten:

· aus Gewohnheit, Erziehung oder schlicht Gedankenlosigkeit,
· wegen zu befürchtender Sanktionen oder zu erhoffender Belohnung,
· aus Überzeugung.

Es scheint so zu sein, daß die erste dieser drei Antworten für die meisten Handlungen der meisten Menschen die adäquate ist, und daß wir damit im Leben auch ganz gut zurechtkommen. Doch allein die dritte Antwort entspricht einer ethisch-reflektierten Einstellung. Moralisch ist, wer sich an die gegebenen Regeln und Normen hält, egal aus welchem Grund. Die Ethik aber hinterfragt die Moral kritisch und oft skeptisch.

Dabei ist Ethik immer auf der Suche nach Grundprinzipien, die für sich zweierlei beanspruchen können: Allgemeingültigkeit und Verbindlichkeit. Damit wird deutlich, daß Ethik eben nicht im gleichen Maße einem synchronen und diachronen Wandel unterworfen sein kann, wie dies die Moral ist, erst recht, daß Ethik keine Frage situativer Abwägung sein kann.

Kehren wir zur Titelfrage zurück: Brauchen Ingenieure und Naturwissenschaftler Ethik?[3] Eine mögliche Antwort wäre, daß Ingenieure und Naturwissenschaftler Menschen wie alle anderen auch sind und folglich im gleichen Maße wie alle anderen auch Ethik brauchen oder eben nicht brauchen. Diese Antwort hieße aber, diese Frage an diesem Ort mißzuverstehen. Offensichtlich ist gemeint, ob Ingenieure und Naturwissenschaftler in einer wie auch immer gearteten Form in besonderer Weise Ethik brauchen, *weil* sie Ingenieure und Naturwissenschaftler sind.

---

[2] Daß sich auf einer babylonischen Tontafel, die etwa ein halbes Jahrtausend älter ist als Sokrates und Platon, bereits die Klage findet, die Jugend von heute sei dumm, faul und respektlos, dürfte die Unabschließbarkeit des Wandels der Moral veranschaulichen.

[3] Das Wort „brauchen" kommt hier etwas salopp daher. Gemeint ist natürlich, ob sich Ingenieure und Naturwissenschaftler mit Ethik auseinandersetzen, d.i. aus Überzeugung moralisch sein sollten.

Damit betreten wir das weite Feld der sogenannten Bereichsethiken. Wie aber läßt sich überhaupt begründen, daß unterschiedliche Bereiche unterschiedliche Forderungen an ethische Reflexion der im betreffenden Bereich Handelnden stellen oder stellen dürfen oder stellen sollen? Auch hier habe ich drei mögliche Antworten, die aber selbst wieder Fragen sind:

- Kann in einem bestimmten und abgegrenzten Bereich eine eigene Ethik gültig sein, also eine eigene Begründung von Regeln und Normen, die gleichwohl innerhalb des Bereichs Allgemeingültigkeit und Verbindlichkeit für sich beanspruchen kann?
- Sind in einem bestimmten und abgegrenzten Bereich Menschen handelnd, die sich, weil diesem Bereich zugehörig, einem ganz bestimmten Selbst- und Weltbild verpflichtet fühlen? Sind, um bei unserem Beispiel zu bleiben, Ingenieure und Naturwissenschaftler also doch „andere Menschen", *weil* sie Ingenieure und Naturwissenschaftler sind und sich als solche verstehen?
- Gelten in einem bestimmten und abgegrenzten Bereich besondere Forderungen der ethisch reflektierten Vergewisserung von Begründungen für moralische Regeln und Normen?

Der erste Punkt zielt hier also auf die ethische Begründung selbst, der zweite auf das handelnde Subjekt und sein ethisches Selbstverständnis, der dritte auf die Forderung nach ethischer Reflexion. Letztere aufzustellen, also zu fordern, daß sich heteronomem moralischen äußeren Handeln eine autonome Verinnerlichung der Moralbegründung beigeselle oder diese ablöse, heißt, sich auf eine Metaebene zu begeben.[4] Es ist sehr umstritten, ob eine dieser drei Fragen mit „Ja" beantwortet werden muß und ob ergo die oder jedenfalls einige Bereichsethiken Berechtigung für sich beanspruchen können. Es sei darauf hingewiesen, daß die meisten Befürworter von Bereichsethiken nicht den Standpunkt vertreten, in bestimmten und abgegrenzten Handlungsbereichen gelte eine andere Ethik, sondern diese habe lediglich in Bezug auf die für den Bereich spezifischen Handlungen eine andere Bedeutung, andere Anwendungen oder andere Konsequenzen.

Heute ist es gängige Praxis, daß in vielen Bereichen für die dort Handelnden Gültigkeit beanspruchende Ethikrichtlinien aufgestellt sind. Für die hier heute zur Diskussion stehenden Bereiche habe ich beispielhaft für Ingenieurinnen und Ingenieure

---

[4] Ich vermeide hier das Wort „Metaethik", da es in anderen Kontexten anders besetzt ist.

die vom *Verein Deutscher Ingenieure e.V. (VDI)* verabschiedeten Richtlinien „Bekenntnis des Ingenieurs" von 1950[5] und „Ethische Grundsätze des Ingenieurberufs" von 2002[6] mitgebracht und beispielhaft für Naturwissenschaftlerinnen und Naturwissenschaftler die Satzung der *Deutschen Physikalischen Gesellschaft e.V. (DPG)* von 2007.[7]

Der Begriff „Ethikrichtlinien" ist in aller Regel ausgesprochen irreführend, denn diese enthalten beinahe ausschließlich Regeln und Normen für das meistens berufliche Handeln im angesprochenen Bereich, nicht aber deren allgemeingültige und verbindliche Begründungen. Daher wäre der treffende Begriff der der „Moralkodizes"[8], nur scheint dieser heutigen Autoren wohl zu altbacken anzumuten. Daß diese Moralkodizes immer einem Aktualitätsvorbehalt und Aktualisierungsprozeß unterworfen sind, erhellt schon daraus, daß sie eben moralische Regeln und Normen enthalten, nicht ethische Prinzipien, aber auch daraus, daß die wissenschaftlich-technische Fortentwicklung immer neue Handlungsfelder erschließt und sich damit ständig neue Fragestellungen ergeben, was moralisch-ethischen Handlungsbedarf mit sich bringt. Zudem sei an dieser Stelle ein bescheidener Optimismus erlaubt: Die historische Entwicklung der Moralkodizes in verschiedenen Bereichen zeugt durchaus von einem gegebenen moralischen Lernprozeß,[9] der gleichwohl niemals ganz abgeschlossen sein kann.

Am „Bekenntnis des Ingenieurs" wird unter den mitgebrachten Beispielen der Bedarf an ständiger Erneuerung besonders deutlich: Für unser heutiges Verständnis ist es zum einen viel zu allgemein und unpräzise gefaßt, um realisierbare Verbindlichkeiten zu erzeugen, zum anderen aber enthält es geradezu mehrheitlich Punkte, die der Privatsphäre eines jeden Menschen überlassen sein sollten, wie etwa „die Ehrfurcht vor der Allmacht, die über seinem Erdendasein waltet", „Grundsätze der Ehrenhaftigkeit" oder die „treue Mitarbeit an der menschlichen Gesittung und Kultur".

---

[5] http://kvitt.eu/ (letzter Aufruf: 21. Februar 2015).
[6] http://www.vdi.de/fileadmin/media/content/hg/16.pdf (letzter Aufruf: 21. Februar 2015). Nicht im Gepäck habe ich die VDI-Richtlinie 3780 von 1991, die sich vornehmlich mit Technikfolgenabschätzung befaßt. Daß mein Nachfolgeredner Frieder Schwitzgebel sich dann mit diesem Papier beschäftigte, war ausgesprochen erfreulich, jedoch nicht abgesprochen.
[7] http://www.dpg-physik.de/dpg/statuten/satzung.html (letzter Aufruf: 21. Februar 2015).
[8] Vgl. auch: Jürgen H. Franz: *Nachhaltigkeit, Menschlichkeit, Scheinheiligkeit*. München 2014, S. 239.
[9] Vgl. Konrad Ott: *Technik und Ethik*. In: Julian Nida-Rümelin: *Angewandte Ethik. Die Bereichsethiken und ihre theoretische Fundierung*. Stuttgart 1996, S. 685.

Daß „der Ingenieur" seine Berufsarbeit in den Dienst der Menschheit stelle, schließlich, scheint doch eine allzu hehre Forderung zu sein.

Es eröffnen sich nun weitere Fragen: Wer stellt eigentlich diese Moralkodizes auf?[10] Die VDI-Richtlinie von 2002 nennt hier als Autoren die „VDI-Philosophen", läßt aber offen, wer sie sind und was sie auszeichnet. In den meisten Fällen treten als Urheber der Richtlinien lediglich die Vereine und Dachverbände auf, für deren Mitglieder sie gültig sein sollen.

Die nächste Frage, die sich stellt, ist, welchen ethischen Grundprinzipien oder Normierungsverfahren sich die jeweiligen Autoren verpflichtet fühlen. In der Regel ist dies heute eine Form der Diskursethik, manchmal auch die abgeschwächte Form einer schlichten demokratischen Meinungsbildung. Auf die generellen Probleme einer jeden Diskursethik möchte ich heute nicht eingehen, nur lediglich darauf hinweisen, daß die Fragen nach den zugelassenen Diskursteilnehmern und den für den Diskurs selbst geltenden Regeln und Normen immer nur unter Rückgriff auf eine andere, nicht diskursive Ethik oder auf behauptete Evidenz möglich ist.

Nun ergibt sich folgendes Bild: Ein kleiner Kreis moralisch-ethisch und bereichsbezogen fachlich kompetenter Experten stellt in einem in der Regel diskursethischen Verfahren Moralkodizes auf, die ein Bindeglied zwischen Ethik und Moral bilden. Diese Experten übernehmen damit die Aufgabe und Verantwortung, Ethik zu (ge)brauchen. Gültigkeit können die aufgestellten Regeln und Normen für die am ethischen Prozeß nicht Beteiligten in dem Maße beanspruchen, in dem letztere ihnen in irgendeiner Art und Weise zugestimmt haben. In dieser Zustimmung – im Falle des VDI einfach durch Mitgliedschaft, wobei sich fragt, wie viele Ingenieurinnen und Ingenieure diese Richtlinien überhaupt zur Kenntnis nehmen und tatsächlich zustimmen; im Falle der DPG immerhin durch briefliche Abstimmung der Mitglieder – besteht der „ethische Rest", den alle Betroffenen (ge)brauchen sollten. Im Übrigen, so das Konzept der Richtlinien, reicht es dann aus, wenn sie gemäß dieser Richtlinien moralisch sind.

---

[10] Im Vortrag hatte ich hier die „moral community" genannt. Spyridon Koutroufinis wies mich allerdings zurecht darauf hin, daß Konrad Ott, von dem ich den Begriff übernommen hatte, diesen mit einer anderen Bedeutung belegt. Die begriffliche Ähnlichkeit zur „scientific community" als Gemeinschaft der Experten für wissenschaftliche Fragen hatte mich hier wohl auf eine falsche Fährte gebracht.

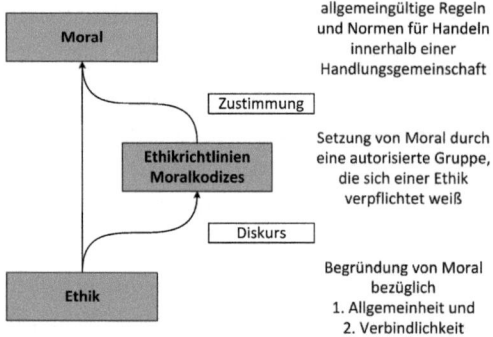

Abbildung 1: Zusammenhang von Richtlinien mit Moral und Ethik

Zwecke der Richtlinien sind, den im jeweiligen Bereich Agierenden Orientierung zu geben, unmoralische bereichsspezifische Handlungen nach Möglichkeit zu verhindern, aber auch den meistens beruflich im Bereich Tätigen ein Gegengewicht versus Weisungen von Vorgesetzten und Auftraggebern zur Verfügung zu stellen, wenn diese unmoralisches Handeln immanent fordern. Die Richtlinien bedeuten also keineswegs immer nur Einschränkungen für betroffene Akteure.

Ich möchte mich nun der Frage zuwenden, ob es gute Gründe gibt, für Ingenieure und Naturwissenschaftler eigene Bereichsethiken zu entwerfen und aufzustellen, und werde vier Aspekte nennen, die dies zumindest nahelegen. Wenn oben von bestimmten und abgegrenzten Bereichen die Rede war, so bestehen diese Bestimmung und diese Abgrenzung zweifellos in den für den jeweiligen Bereich spezifischen Handlungen. Handlungen eben sind ja auch der Gegenstand moralischer und ethischer Betrachtungen. Gemäß einem Handlungsmodell, das ich wegen der Anklänge an Aristoteles' Naturphilosophie als „klassisch" bezeichnen möchte, lassen sich fünf „Bestandteile" von Handlungen herausstellen:

- Güter: Ressourcen, die dem Akteur eine Handlung (d.i. den Einsatz eines Mittels) allererst ermöglichen,[11]
- Mittel: Handlungen, die der Akteur durchführt, indem er Güter einsetzt (d.i. als Mittel gebraucht), um Zwecke zu erreichen,
- Folgen: Zustände (der Welt), die durch Handlungen herbeigeführt werden,

---

[11] Hiermit sind nicht nur materielle Ressourcen gemeint, sondern ebenso Wissen und Fähigkeiten, Institutionen und anderes. Das ist zu bedenken, wenn im Folgenden gelegentlich von „technischen und naturwissenschaftlichen Gütern" die Rede ist.

- Zwecke: Zustände (der Welt), die als Folgen von Handlungen durch den Akteur erstrebt sind,
- Ziele: Attribute von Zuständen, die vom Akteur erwünscht sind und die er in Zwecken zu finden erhofft.

Demnach geschieht das Wollen in Form von Zwecken, das Handeln in Form von Mitteln.

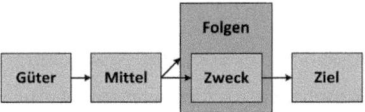

Abbildung 2: Zusammenhang von Gütern, Mitteln, Folgen, Zwecken und Zielen[12]

Nun stehen einzelne Handlungen selten isoliert da, sondern bilden Mittel-Zweck-Reihen, bei denen die durch eine Handlung erreichten Zwecke zu Mitteln für die Folgehandlung werden.

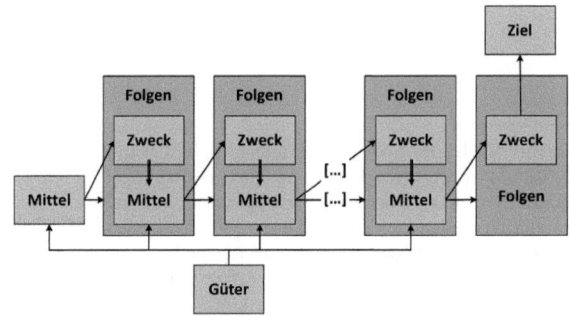

Abbildung 3: Mittel-Zweck-Reihe als „klassisches Handlungsmodell"

Technik und Naturwissenschaft sind gemäß der Kategorien dieses Modells niemals nur Zwecke (an sich selbst), sie und ihre Errungenschaften sind immer auch und in

---

[12] Der Einfachheit halber vernachlässige ich hier und im Folgenden, daß Handlungen auch miß- oder nur teilweise gelingen können, Zwecke also nicht immer eine Teilmenge von Folgen sind. Die Darstellung ist ausgesprochen optimistisch.

erster Linie Güter.[13] Dem widerspricht der sogenannte „Technische Imperativ"[14], den schon Goethe aufstellt:

> *Es ist nicht genug, zu wissen, man muß auch anwenden.*[15]

Er besagt also, daß ein Können auch ein Sollen impliziere. Konrad Ott bezeichnet diesen Imperativ zurecht als eine *reductio ad absurdum*[16], was umso deutlicher wird, wenn wir uns den Beginn der Aristotelischen Metaphysik vor Augen stellen:

> *Alle Menschen streben von Natur nach Wissen.*[17]

Gälte für all unser Wissen, daß wir es auch zur Anwendung bringen müssen, so bedürfte es gar keiner Ethik mehr, denn alles wäre nicht nur erlaubt, wie Iwan Karamasow sagt, sondern sogar geboten. So erweist sich also eines von beiden als absurd: entweder der „Technische Imperativ" oder die Ethik, in der nach Kant eben genau das Umgekehrte gilt: Sollen impliziert Können.[18]

Der scharfsichtige Soziologe Georg Simmel hat sich Anfang des Zwanzigsten Jahrhunderts in seinen kulturpessimistischen Schriften mit Mittel-Zweck-Reihen auseinandergesetzt, wie sie für die moderne Gesellschaft charakteristisch sind.[19] Er stellt unter anderem drei miteinander verzahnte Effekte der Moderne fest:

---

[13] Eine Bereichsethik für Ingenieure und Naturwissenschaftler muß also ein scharfes Augenmerk auf Güter und ihre Verfügbarkeit sowie deren Bedingungen haben. Ein solcher Fokus findet sich allerdings in eher wenigen Ansätzen, gar nicht beispielsweise in der gängigen Folgenabschätzung. Ein prominenter Vertreter einer güterbezogenen Ethik ist, das bedarf wohl keiner Erläuterung, Karl Marx, der dabei gleichzeitig die Folgen nicht aus dem Blick verliert. So schreibt auch Konrad Ott (leider ohne selbst dem Güterbezug besondere Beachtung zu schenken): *Marx greift dabei die berühmte Frage von J.S. Mill auf:* »It is questionable, if all the mechanical invention yet made have lightened the day's toil of any human being«. *Marx kommentiert diese Frage:* »Mill hätte sagen sollen, ›of any human beeing, not fed by other people's labor‹« (Ott 1996, S. 662). Für das Zitat im Zitat: Karl Marx: *Das Kapital.* MEW Band 23, Berlin 1979, S. 391.

[14] Der Begriff „Technischer Imperativ" findet sich auch bei Kant, allerdings in gänzlich anderer Bedeutung; vgl.: Immanuel Kant: *Grundlegung zur Metaphysik der Sitten.* Hamburg 1999, AA IV 416f.

[15] Johann Wolfgang Goethe: *Wilhelm Meisters Wanderjahre.* Frankfurt am Main 1982, S. 476.

[16] Ott 1996, S. 656.

[17] Aristoteles: *Metaphysik.* Berlin 1990, 980a.

[18] Vgl.: Immanuel Kant: *Kritik der reinen Vernunft.* Hamburg 1998, A 807 / B 835; ders.: *Kritik der praktischen Vernunft.* Hamburg 2003, AA V 30, 95f, 159 und andernorts.

[19] So exemplarisch: Georg Simmel: *Der Begriff und die Tragödie der Kultur.* In: GSG Band 14, Frankfurt am Main 1996, S. 385-416; ders.: *Die Krisis der Kultur.* In: GSG Band 16, Frankfurt am Main 1999, S. 37-53.

- stetige Verlängerung der Handlungsketten,
- Zunahme der Arbeitsteiligkeit und Spezialisierung,
- Wuchern der Objektivationen.

Alle drei Effekte führen dazu, daß für den Einzelnen die Gefahr des Verlustes des Zielbezuges immer größer wird, ja, daß er womöglich Zwecke verfolgt, ohne sich die Frage nach Zielen überhaupt bewußt zu stellen. Erst so wird, wenn wir Hannah Arendt glauben, die „Banalität des Bösen" beispielsweise eines Adolf Eichmann möglich.[20]

Die Güter der Technik und Naturwissenschaft nun erweitern unsere Handlungsoptionen in beschleunigter und vervielfachter Weise, so daß die von Simmel festgestellten Effekte ebenfalls in gewaltig verstärkter Form auftreten. Wo aber der Zielbezug verlorenzugehen droht, dort bedarf es eines speziellen und überindividuellen Regulativs. Dies ist der erste Aspekt, der die Berechtigung einer Bereichsethik für Ingenieure und Naturwissenschaftler nahelegen könnte.

Schauen wir nun einmal auf die Folgen von Handlungen. Diese gehen immer über unsere gesetzten Zwecke hinaus. Doch nicht nur das, sie übersteigen auch unser vorheriges Erkenntnisvermögen. Bei Kant heißt es:

Die Vernunft ist nicht erleuchtet genug, die Reihe der vorherbestimmenden Ursachen zu übersehen, die den glücklichen oder schlimmen Erfolg aus dem Tun und Lassen der Menschen nach dem Mechanismus der Natur mit [genügender] Sicherheit vorherverkünden.[21]

Christian Berg spricht davon, daß wir geradezu einem permanenten Zwang zum Handeln unter Unwissen unterworfen sind.[22] Mit der Verlängerung der Handlungsketten, mit der Spezialisierung der Handelnden, die auch eine Spezialisierung ihrer Einsichtsfähigkeit ist, und mit der wirkmächtigen Einsatzbereitschaft von Technik und Naturwissenschaft ist diese Erkenntnislücke, die gleichwohl immer schon existierte, erheblich größer geworden. Erfahrung hilft uns im Umgang mit Technik und Naturwissenschaft nicht mehr in genügender Weise weiter, eine ebenfalls wissenschaftlich betriebene Folgenabschätzung ist gefordert.[23]

---

[20] Hannah Arendt: *Eichmann in Jerusalem*. München 2011.
[21] Immanuel Kant: *Zum ewigen Frieden*. Hamburg 1992, AA VIII 370.
[22] Christian Berg: *Warum wir eine Ethik der Technik brauchen*. In: TUCContact. Nr. 10, Mai 2002, S. 21.
[23] Vgl.: Arnim von Gleich: *Was können und sollen wir von der Natur lernen?* In: ders. (Hrsg.): *Bionik. Ökologische Technik nach dem Vorbild der Natur?* Stuttgart 2001.

Wir können hier an literarische Gestalten wie den Faust, Dr. Frankenstein, Dr. Jeckyll oder Dürrenmatts Physiker ebenso denken wie an unvorhergesehene Katastrophen wie den Untergang der Titanic, einem Ereignis, bei dem ja Natur und Technik im wahren Wortsinne aufeinanderprallten.[24] Unsere Erkenntnisgrenzen sind kein rein kognitives Problem, sie sind auch und heute vielleicht vordergründig ein ethisches. Dies ist der zweite Aspekt, der die Berechtigung einer Bereichsethik für Ingenieure und Naturwissenschaftler nahelegen könnte.

Ich möchte die gegebene Unkenntnis über alle Handlungsfolgen etwas genauer fassen und unterscheiden zwischen 1. solchen Folgen, die vom Handelnden abgesehen wurden, 2. solchen, die durch den Handelnden theoretisch absehbar gewesen wären, aber praktisch nicht abgesehen wurden, und 3. solchen, die zum Zeitpunkt der Handlung schlicht unabsehbar gewesen sind.[25] Eine Ethik, die schädliche oder sogar katastrophale Handlungsfolgen von der Welt und ihren Bewohnern abzuwenden trachtet, muß zwei Forderungen stellen:

- Aufklärungsgebot: Jeder Handelnde soll angemessenen Aufwand betreiben, sich über die absehbaren Folgen seiner Handlungen vorab zu informieren.
- Wissenschaftsgebot: Die Handlungsgemeinschaft soll den ihr möglichen Aufwand betreiben, bisher unabsehbare Folgen möglicher Handlungen durch Folgenforschung absehbar zu machen.

Aus dem Aufklärungsgebot folgt nicht nur eine Verantwortung *für* Wissen, sondern auch eine Verantwortung *aus* Wissen. Die VDI-Richtlinie von 2002 betont, Ingenieurinnen und Ingenieuren komme die „sorgfältige Wahrung ihrer spezifischen Pflichten aufgrund ihrer Kompetenz und ihres Sachverstandes" zu. Eine ähnliche Situation ergibt sich aus dem Wissenschaftsgebot: Die Folgenforschung erweitert nicht nur die mögliche Erkenntnis über Handlungsfolgen, sie erweitert implizit auch die Möglichkeiten von Handlungen überhaupt, zumal sie sich nicht strikt von nicht auf Folgenerkenntnis orientierter Forschung trennen läßt.

---

[24] Traurigerweise ließe sich hier eine lange Liste vergleichbarer Unglücksfälle anführen. Werden Menschen nach den bedeutendsten Ereignissen einer Epoche gefragt, so nennen sie bezeichnenderweise in der Regel genau solche Katastrophen.

[25] Diese gestaffelte Unterscheidung vermisse ich generell in der aktuellen Diskussion, fündig wurde ich allerdings bei Thomas von Aquin: *Über sittliches Handeln. Summa theologiae I-II q. 18-21*. Stuttgart 2001, S. 165, 167 [Frage 20, Artikel 5, 4.].

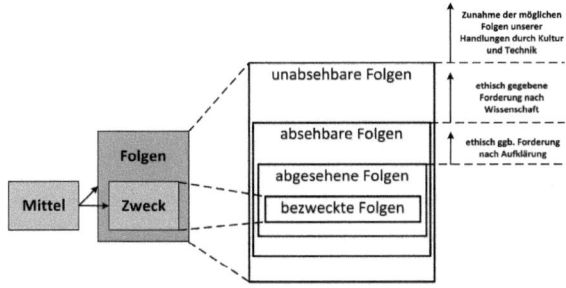

Abbildung 4: Bezweckte, abgesehene, absehbare und unabsehbare Folgen

Die VDI-Richtlinie spricht von „wesentlichen Gestaltungsfaktoren der Zukunft" mit Wirkungen in „gewaltige[n] Ausmaßen", von der für Ingenieurinnen und Ingenieuren geltenden „Bringpflicht [sic!] für sinnvolle technische Erfindungen und Lösungen" unter Achtung der „Handlungsbedingungen künftiger Generationen". Die DPG-Satzung stellt klar, „daß die in der Wissenschaft Tätigen für die Gestaltung des gesamten menschlichen Lebens in besonders hohem Maße verantwortlich sind", und auch hier ist von der „besonderen Verantwortung gegenüber künftigen Generationen" die Rede.

Es ergibt sich daher aus Aufklärungs- und Wissenschaftsgebot eine verschachtelte, doppelte Rückkopplung; die Erkenntnislücke bleibt unbedingt nachhaltig bestehen. Dies ist der dritte Aspekt, der die Berechtigung einer Bereichsethik für Ingenieure und Naturwissenschaftler nahelegen könnte.

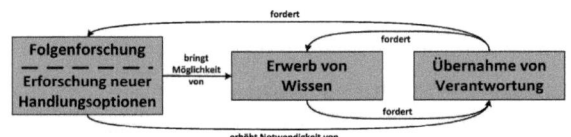

Abbildung 5: Doppelte Rückkopplung von Erkenntnis und Verantwortung

Schließlich ist ein weiterer Punkt zu betrachten, der wie die vorangegangenen drei zwar nicht exklusiv für Ingenieure und Naturwissenschaftler gilt, aber doch beim Handeln unter Einsatz technischer und naturwissenschaftlicher Güter eine andere Qualität gewinnt: Wir interagieren miteinander, und das bedeutet, daß Folgen nicht nur durch die Handlung eines einzelnen, isolierten Akteurs in die Welt kommen, sondern wohl ausnahmslos durch mehrere, sodaß sich einer bestimmten Folge eine einzelne Handlung gar nicht mehr zuordnen läßt und damit auch das Handlungssubjekt nicht mehr explizit auszumachen ist. Auch hier fällt es nicht schwer, sich Beispiele aus der Anwendung technischer und naturwissenschaftlicher Güter vorzustellen, bei denen sich die berechtigte Frage stellt, wer denn eigentlich für die Handlungsfolgen die Verantwortung zu tragen hat, etwa der Konstrukteur eines Apparates, der Vertreiber desselben, der Autor der Bedienungsanleitung oder doch der Anwender, der zu Schaden gekommen ist oder unter Einsatz des Apparates Schaden angerichtet hat.[26] Dies nun ist der vierte Aspekt, der die Berechtigung einer Bereichsethik für Ingenieure und Naturwissenschaftler nahelegen könnte.

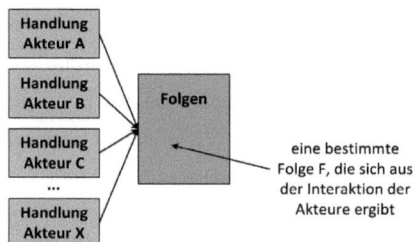

Abbildung 6: Uneindeutigkeit des Handlungssubjekts

Im letzten Abschnitt ist deutlich geworden, daß wir, wenn wir nach technischen und naturwissenschaftlichen Gütern, deren Verfügbarkeit und den Bedingungen derselben fragen, zwischen zahlreichen Typen von Akteuren unterscheiden können und müssen – etwa den Erbauern, Erfindern oder Entdeckern, den Produzenten, den Vertreibern, Vermarktern und Werbetextern, den Verfassern von Bedienungsanleitungen und Sicherheitshinweisen, den Verantwortlichen für Regulierungen und Gesetze, den Anwendern, den potentiell Betroffenen der Anwendung inclusive zukünftiger Generationen und einigen anderen; offensichtlich sind keineswegs alle diese

---

[26] Prinzipiell kann so jeder beteiligte Akteur die Verantwortung ablehnen, da er immer eine Handlung eines anderen Akteurs finden kann, ohne die es zur fraglichen Folge nicht gekommen wäre; veranschaulicht in der formalen Sprache der Logik:
$(a_1 \wedge a_2 \wedge a_3 \wedge ... \wedge a_n \Rightarrow F) \Rightarrow (\neg a_1 \vee \neg a_2 \vee \neg a_3 \vee ... \vee \neg a_n \Rightarrow \neg F)$

Personen(gruppen) Ingenieure oder Naturwissenschaftler –, die jeweils unterschiedliche Perspektiven auf die Thematik einnehmen, die in einer angemessenen Bereichsethik beachtet sein müßten. Die Sache beginnt kompliziert zu werden. –

Kehren wir an dieser Stelle abrupt zur Ausgangsfrage zurück:

Ingenieure und Naturwissenschaftler benötigen zweifelsohne spezifische Regeln und Normen für ihr Handeln *als* Ingenieure und Naturwissenschaftler, doch müssen sie diese Regeln und Normen auch zwingend aus ethisch-reflektierter Überzeugung befolgen? Brauchen sie also Ethik? Oder provokant andersherum gefragt: Kann es überhaupt Aufgabe von Ingenieuren und Naturwissenschaftlern sein, Fragen nach ethischen Grundprinzipien zu erforschen, zu analysieren und mindestens vorläufig zu beantworten? Wäre es nicht, gerade in Anbetracht der Komplexität des Handelns unter Einsatz technischer und naturwissenschaftlicher Güter, die als Erfolg der Arbeit von Ingenieuren und Naturwissenschaftlern einer großen Handlungsgemeinschaft zur Verfügung stehen, eine grandiose Überforderung dieser Ingenieure und Naturwissenschaftler, von ihnen zu verlangen, die jeweils gültigen Regeln und Normen für ihr Handeln als Ingenieure und Naturwissenschaftler ethisch-reflexiv zu durchdringen und zu hinterfragen? Zweifellos können wir, wenn Sollen Können impliziert, grundsätzlich keine Forderung aufstellen, die einer Überforderung gleichkommt.

Aber können wir andererseits darauf verzichten, daß sich möglichst alle Ingenieure und Naturwissenschaftler, so gut es eben in ihren Fähigkeiten liegt, mit den hinter Regeln und Normen liegenden Begründungszusammenhängen auseinandersetzen und ihre Überzeugungen in den Diskurs der mit der Formulierung von Moralkodizes beauftragten Experten einbringen?[27] Muß es uns nicht ein dringendes Anliegen sein, möglichst alle Fachleute in dieses Boot zu holen? Birgt nicht gerade die aus der Komplexität erwachsende Überforderung eines jeden Einzelnen die größten Gefahren, wenn das Aufstellen von Regeln und Normen einem kleinen und häufig anonymen Personenkreis überlassen wird, ohne daß jeder Betroffene erfahren kann, wie die Autorität dieses Personenkreises selbst gerechtfertigt ist und warum und in welcher Weise geltende Richtlinien beanspruchen dürfen, auf allgemeingültigen und verbindlichen Begründungen zu fußen?

---

[27] Dies allerdings erfordert dann freilich auch Diskurskompetenz und ein wenig Grundverständnis praktischer Philosophie: Willkommen bei APHIN!

Hier im Geburtshaus des Cusanus versammelt haben sich an diesem Wochenende Mitglieder des *Arbeitskreises philosophierender Ingenieure und Naturwissenschaftler*. Zweck des Philosophierens, so meine ich inzwischen gelernt zu haben, ist es nicht, Antworten zu geben, schon gar nicht sogenannte endgültige. Zweck des Philosophierens scheint mir vielmehr zu sein, durch treffende Fragen etwas mehr Klarheit und Deutlichkeit ins Nebulöse zu bringen. In diesem Sinne sollen die abschließend gestellten Fragen wie einige andere in meinem Vortrag zuvor aufgeworfene heute unbeantwortet bleiben und als Diskussions- und Denkanregung dienen, womöglich über diese Tagung hinaus.

Literatur

Arendt, Hannah: *Eichmann in Jerusalem*. Deutsch von Brigitte Granzow. (1963), München 2011
Aristoteles: *Metaphysik*. Deutsch von Friedrich Bassenge. Berlin 1990
Berg, Christian: *Warum wir eine Ethik der Technik brauchen*. In: *TUCContact*. Nr. 10, Mai 2002, S. 20–22
Deutsche Physikalische Gesellschaft e.V.: *Satzung*. http://www.dpg-physik.de/dpg/statuten/satzung.html (letzter Aufruf: 21.2.15), 2007
Franz, Jürgen H.: *Nachhaltigkeit, Menschlichkeit, Scheinheiligkeit*. München 2014
Gleich, Arnim von: *Was können und sollen wir von der Natur lernen?* In: ders. (Hrsg.): *Bionik. Ökologische Technik nach dem Vorbild der Natur?* Stuttgart 2001, S. 23–54
Goethe, Johann W.: *Wilhelm Meisters Wanderjahre*. (1829), Frankfurt am Main 1982
Kant, Immanuel: *Kritik der reinen Vernunft*. (1781, 1787), Hamburg 1998
Kant, Immanuel: *Grundlegung zur Metaphysik der Sitten*. (1785), Hamburg 1999
Kant, Immanuel: *Kritik der praktischen Vernunft*. (1788), Hamburg 2003
Kant, Immanuel: *Über den Gemeinspruch: Das mag in der Theorie richtig sein, taugt aber nicht für die Praxis. / Zum ewigen Frieden*. (1793 / 1795), Hamburg 1992
Marx, Karl: *Das Kapital*. MEW Band 23. (1867), Berlin 1979
Ott, Konrad: *Technik und Ethik*. In: Nida-Rümelin, Julian (Hrsg.): *Angewandte Ethik. Die Bereichsethiken und ihre theoretische Fundierung*. Stuttgart 1996, S. 650–717
Simmel, Georg: *Der Begriff und die Tragödie der Kultur*. In: Fritzti, Georg (Hrsg.); Rammstedt, Otthein (Hrsg.): *Georg Simmel: Hauptprobleme der Philosophie/Philosophische Kultur*. GSG Band 14. (1911/12), Frankfurt am Main 1996, S. 385–416
Simmel, Georg: *Die Krisis der Kultur*. In: Fritzti, Georg (Hrsg.); Rammstedt, Otthein (Hrsg.): Georg Simmel: *Der Krieg und die geistigen Entscheidungen. / Grundfragen der Soziologie. / Vom Wesen des historischen Verstehens. / Der Konflikt der modernen Kultur. / Lebensanschauung*. GSG Band 16. (1916), Frankfurt am Main 1999, S. 37–53
Thomas von Aquin: *Über sittliches Handeln*. Summa theologiae I-II q. 18-21. Deutsch von Rolf Schönberger. (1265-73), Stuttgart 2001
Verein Deutscher Ingenieure e.V.: *Bekenntnis des Ingenieurs*. http://kvitt.eu/ (letzter Aufruf: 21.2.15), 1950
Verein Deutscher Ingenieure e.V.: *Ethische Grundsätze des Ingenieurberufs*. http://www.vdi.de/fileadmin/media/content/hg/16.pdf (letzter Aufruf: 21.2.15), 2002

Philosophie als Veranlassung zur Selbstbesinnung des Ingenieurs auf seine Arbeit – Eine von der Skepsis Adornos ausgehende Betrachtung der Philosophie der Technik

Frieder Schwitzgebel

Ungewohnt demütig tritt uns Theodor W. Adorno in seinem Diskussionsbeitrag zum Dies Academicus der technischen Hochschule Karlsruhe von 1953 entgegen. In dem „Technik und Humanismus" überschriebenen Essay stellt er nicht nur den klärenden Ausgriff der Philosophie über die Begriffe Bildung, Humanismus und Technik in Frage. Auf der Suche nach einem neuen Bildungsideal sieht er letztlich weder von der Technik noch von der Philosophie her die Möglichkeit, mehr zu tun, als sich in einer Kritik der Bildung zu üben und ihr in „kritischer Wachsamkeit zum Überwintern zu verhelfen"[1], bis sich einst aus den sich veränderten gesellschaftlichen Bedingungen ein neues Ideal der Bildung herauskristallisiert haben wird.

Noch im Innenverhältnis der Technik zu sich selbst, aber im Hinblick auf ihre durch Philosophie vermittelte Öffnung hin zur Gesellschaft, beschreibt er diese demütige Rolle der Philosophie wie folgt:

„Mir will scheinen, daß am ehesten noch die Selbstbesinnung der Techniker auf ihre Arbeit weiterhilft, und daß der Beitrag, den wir anderen zu leisten haben, nicht der ist, daß wir ihnen von außen oder oben her mit Philosophien der Technik aufwarten, über die diese im Grund oftmals nur lächeln, sondern daß wir mit unseren begrifflichen Mitteln versuchen, sie zu solcher Selbstbesinnung zu veranlassen."[2]

Es sei die Unverbindlichkeit gegenüber den technischen Fakten und auch das unvermeidlich mangelnde Sachverständnis der Philosophierenden, die dem Ingenieur das inhaltliche Angebot der Technikphilosophie als phrasenhaft erscheinen lasse und ihm ein Lächeln, ein aber unwilliges Lächeln abnötige.

---

[1] Theodor W. Adorno: „Über Technik und Humanismus", in: H. Lenk / G. Ropohl (Hg.): Technik und Ethik, Stuttgart 1993, S. 30.
[2] Ebd., S. 27.

Selbstkritisch und bescheiden kommt dieser Ansatz daher. Und doch scheint es mir äußerst fruchtbar, Technikphilosophie in Gestalt einer Philosophie für Techniker als eine Veranlassung zur Selbstbesinnung des Technikers auf seine Arbeit zu konzipieren. Nicht als Konkurrenz zur eher akademischem, im Milieu der Philosophierenden verbleibenden Philosophie der Technik, sondern als ihre Ergänzung, als ein philosophisches Angebot, das nicht so sehr den Begriff der Technik, sondern das Wirken des Technikers bzw. des Ingenieurs in den Vordergrund ihres Interesses stellt.

Dieser Ansatz hat Potential, zwei große aktuelle Hemmnisse für ein stärkeres Wirksamwerden der Technikphilosophie zu überwinden:

1. Die Vermutung, dass die Technikphilosophie im Kreise der Ingenieure heute nicht so sehr belächelt als vielmehr größtenteils ignoriert wird, ihre Angebote also den wenigsten tätigen Ingenieuren überhaupt präsent sind.

2. Die große Herausforderung, einen zusätzlichen pragmatischen Ort bzw. Angriffspunkt der Technikphilosophie zu bestimmen. Während nämlich die Technikphilosophie eine Art Expertise für das gesetzgeberische Milieu oder die gesellschaftlichen Rahmenbedingungen abgibt, wendet sich die Philosophie für Techniker bzw. die Ingenieurphilosophie unmittelbar an das Individuum, das heißt an den tätigen Ingenieur.

Belächelt, ignoriert oder sogar fehl am Platz?
Ich gehe also von der Vermutung aus, dass die Technikphilosophie im Kreis von Ingenieuren und Ingenieurinnen / Technikern und Technikerinnen nur in etwa dem geringen Maße bekannt ist, wie sie dies in allen Gruppen unserer Gesellschaft ist. Dies gilt für all ihre vielfältigen Spielarten von der Wissenschafts- und Erkenntnistheorie der Technik, über die personale Ingenieurethik der Ethik-Kodizes und die Institutionenethik technischer Kontexte bis hin zur Technikfolgenabschätzung (TA). Die Tatsache, dass ein Ingenieur möglicherweise philosophisch oder technikphilosophisch interessiert ist, scheint eher ein zufälliges und privates als ein unmittelbar durch die Berufstätigkeit vermitteltes Phänomen zu sein.[3]

---

[3] Ich sehe hierbei die Technikphilosophie und die Ingenieurethik deutlich schwächer präsent als beispielsweise eine angewandte Ethik wie die Medizinethik, die im Berufsalltag von Ärzten und Pflegekräften – teils vor gesetzgeberischem Hintergrund – eine signifikante Rolle spielt.

Eine solche Vermutung lässt sich angesichts fehlender empirischer Untersuchungen nicht quantitativ stützen. Ein Indiz für ihre Plausibilität liefert die Auswertung von Publikationen und Stellungnahmen zur Technikphilosophie – sei es in der Fachliteratur, in der Presse oder auch auf einschlägigen Internet-Plattformen. Die Diskussion über Fragen der Technikphilosophie wird dort mehr oder weniger ausschließlich von Philosophen oder Vertretern aus Institutionen der TA geführt. Belege für eine Rezeption innerhalb der praktisch tätigen Ingenieurschaft finden sich hingegen kaum.[4]

Auch eine Auswertung von Veranstaltungsprogrammen der Ingenieur- oder Branchenverbände bzw. von Kongressen im Rahmen relevanter Fachmessen liefert keine Hinweise auf eine nennenswerte Präsenz der Themen Technikphilosophie oder TA im Berufsalltag des Ingenieurs. Anders als Trendthemen wie Digitalisierung und Industrie 4.0[5] – also Themen, die neben technischen Aspekten durchaus gesellschaftliche und kulturwissenschaftliche Dimensionen berühren – stehen philosophisch reflektierende Fragestellungen zur Technik offenbar nicht auf der Agenda der Ingenieure.

Selbst die Zahl der entsprechenden Lehrangebote in den Ingenieur-Studiengängen hält sich immer noch stark in Grenzen. Über den Status eines gelegentlichen Wahlfaches oder eines freiwilligen Studienangebots haben es Philosophie und TA nur selten gebracht. Die erfreuliche Zunahme an weiterführenden Masterstudiengängen aus dem Umkreis „Technik, Philosophie und Gesellschaft"[6] richtet sich nicht vorrangig an Studierende, die einen Einstieg ins operative ingenieurwissenschaftliche Geschäft planen. Als Berufsvorbereitung für Verantwortliche in den Bereichen politische Gestaltung von Technik und ihren Rahmenbedingungen oder als Vermittler von Technikwissen sind diese Studienangebote selbstverständlich uneingeschränkt wertvoll.

Die oben angesprochene Darstellung Adornos, dass die über Technik Philosophierenden vom Ingenieur als abgehoben und dem Sachverständnis fern belächelt

---

[4] Diese Beobachtung soll weiter unten am Beispiel der VDI-Richtlinie 3780 „Technikbewertung – Begriffe und Grundlage" konkretisiert werden.
[5] Vergleiche hierzu etwa die dominante Präsenz der Themen aus dem Umfeld der Plattform Industrie 4.0 von Bundeswirtschaftsministerium, Bundesforschungsministerium, VDMA, ZVEI und BITKOM, IG Metall sowie der Fraunhofer-Gesellschaft.
[6] Siehe z.B. den MA „Wissenschafts- und Technikphilosophie" an der TU München oder den MA „Technik und Philosophie" an der Technischen Universität Darmstadt.

werden, trifft die heutige Lage also höchstwahrscheinlich nicht mehr.⁷ Eine wie immer geartete Einschätzung der Relevanz und der Sachnähe der Technikphilosophie findet größtenteils gar nicht erst statt. Warum aber der Beitrag der Philosophen – anders als beispielsweise die Medizinethik – in der Berufsgruppe der Ingenieure so wenig Resonanz findet, muss andere Gründe haben.

Adorno selbst bietet im bereits oben zitierten Essay „Technik und Humanismus" einen weitaus tieferreichenden Hinweis:

> „Nur ein paar Worte zur Frage der Verantwortung der Techniker. Wenn man dazu etwas anderes beisteuern will als Phrasen, so muss man von der realen Situation ausgehen. In unserer Arbeit sind wir, jeder von uns, in weitem Maße nicht wir selber, sondern Träger von Funktionen, die uns vorgezeichnet sind. Nur in Schundromanen werden große medizinische Erfindungen aus Liebe zu den Menschen gemacht oder große kriegstechnische aus Patriotismus. Unsere persönlichen Motive, und damit jenes Bereich, das man Ethik zu nennen pflegt, gehen in das, was wir als Berufstätige leisten, nur wenig und vor allem: nur vermittelt ein. Es wäre rückständig, eine Art Maschinenstürmerei auf höherer Stufe, wenn man sich so benähme, als wäre der Atomforscher unmittelbar derselbe wie das Individuum Dr. X., das die Forschung ausübt, und als müssten gar seine privaten Überzeugungen eine Art Kontrolle über seine wissenschaftliche Arbeit ausüben. Ein Ethos, das die Erkenntnis bremst, wäre äußerst fragwürdig. Die Trennung gesellschaftlicher und technischer Vernunft lässt sich nicht überwinden, indem man sie verleugnet. Wohl steht es dagegen an, dass gerade der Techniker warnt vor dem Unabsehbaren, das seine Erfindungen heute der Menschheit androhen. Seine Autorität, die Tatsache, dass er diese Potentialien viel besser einzuschätzen weiß als der Laie, werden seiner Warnung größeres Gewicht verleihen, als den von außen kommenden. Ich glaube aber nicht, dass diese Warnungen entscheiden. Ob die moderne Technik der Menschheit schließlich zum Heil oder Unheil gereicht, das liegt nicht an den Technikern, nicht einmal an der Technik selber, sondern an dem Gebrauch, den die Gesellschaft von ihr macht."⁸

---

[7] Zumal die Unterstellung des mangelnden Sachverständnisses bei vielen prominenten Technikphilosophen nicht zutrifft. Nehmen wir nur als Beispiel den Maschinenbauingenieur Dr.-Ing. Günter Ropohl.

[8] Ebd. S. 28.

Ist Technikphilosophie also nicht nur abgehoben, sondern gar fehl am Platz, zumindest solange sie ihren Appell an den Ingenieur als Individuum richtet?

Technikphilosophie als Phrase?
Adorno spricht im obigen Zitat im engeren Sinne von (Technik)ethik, Technikfolgenabschätzung und Technikkritik. Die berufliche Situation bzw. die Tätigkeit des Ingenieurs beschreibt er so, dass in ihr ein individuelles und intrinsisch wertendes Sichverhalten des Ingenieurs zur eigenen Tätigkeit keine unmittelbare Option sei. Für Adorno erlebt der Ingenieur dieses Hemmnis der eigenen ethischen Kompetenz bewusst oder unbewusst als sein Ausgeliefertsein an eine gesellschaftlich usurpierte Verfügung über die Erzeugnisse seiner Kunst und Tätigkeit. Das Diktum, dass es kein richtiges Leben im Falschen gibt[9], erscheint hier als unverschuldete Hilflosigkeit des Ingenieurs gegenüber dem moralischen Anspruch, Verantwortung für sein Tun und dessen Folgen zu übernehmen. Es käme für den Ingenieur einer naiven Selbsttäuschung gleich, sich als verantwortlicher Autor dessen zu verstehen, was sein Tun in diese Welt bringt. Ja, die Anmaßung solcher Verantwortlichkeit wäre geradezu widersinnig, da das eigentliche Ethos des Ingenieurs im Vollzug, nicht aber in der Vorenthaltung von Erkenntnis und Fortschritt besteht.

Adorno vollzieht hier ein zentrales Motiv der Dialektik der Aufklärung, dasjenige nämlich der Einheit von formaler und instrumenteller Vernunft. Das eigentlich moralische Vermögen der Autonomie (formale Vernunft) findet sich in der Tätigkeit des Ingenieurs längst als instrumentelle Vernunft vollendet, kann sich also nicht mehr selbst einholen. Das wahre Ethos des Ingenieurs ist Fortschreiten der Erkenntnis als Naturbeherrschung durch Technik. Dieses Außer-sich-Sein der Autonomie erlebt der Ingenieur als Nicht-Verfügenkönnen über die Folgen der eigenen Arbeit. Das tatsächliche Verfügenkönnen über die Technik wird der Gesellschaft zugeschrieben. Deren Gebrauch der Technik kann aber auch nicht in Freiheit bestehen. Gesellschaft ist ja im Denken der Dialektik der Aufklärung bestimmt durch die dialektische Selbstaufhebung der Freiheit des Einzelnen hin zum totalitären Genötigtsein in der Gesellschaft.

---

[9] Dieser Satz aus Adornos Minima Moralia (Aphorismus Asyl für Obdachlose) lautet in der ersten, ursprünglichen Textfassung übrigens: „Es läßt sich privat nicht mehr richtig leben."

Nach Adorno ist das Ansinnen der Ethik und Technikethik, über den Ingenieur Einfluss auf die unmittelbare Gestaltung der Technik und ihre mittelbare Wirkung zu nehmen, verfehlt. Die individuelle Motivlage des Ingenieurs, die die Ethik adressieren kann, sei für den technischen Gestaltungsprozess unmaßgeblich. Seine individuellen Versuche, Einfluss auf den gesellschaftlichen Umgang mit Technik zu nehmen, seien irrelevant.

Trifft diese Analyse die Lage und das Selbstverständnis eines aktiven Ingenieurs unserer Zeit? Ja und nein. Das Beschränktsein der eigenen Einflussmöglichkeiten gehört sicher zum alltäglichen Erleben des Ingenieurs. Diese Beschränkung erfährt er aber weniger in Abgrenzung gegen eine Gesellschaft, deren Gebrauch „seines" technischen Produktes sich seines Einflusses entzieht. Er empfindet sie im Normalfall[10] wesentlich als einschränkende Verpflichtung seines Tuns rein auf die Kundenanforderung. Er empfindet sein Tun als eine Effizienz getriebene Allokation beschränkter Budgets, Ressourcen und Zeit. Technik wird nicht für eine Gesellschaft, sondern für Kunden entwickelt.[11]

Ansonsten steht er in einem durchaus konstruktiv technischen Bezug zur instrumentellen Verantwortung bezüglich seiner Entwicklungen. Er nimmt (im Team) seine Beratungsverpflichtung gegenüber dem Anwender des (technischen) Produktes in Form einer Aufklärung über die richtige Inbetriebnahme bis hin zur Entsorgung wahr.[12] Die Umgangsverantwortung ist konstitutiver Teil seiner guten Arbeitspraxis.

---

[10] D.h. außerhalb der seligen Inseln der reinen Grundlagenforschung.

[11] Dort, wo dieser Kundenauftrag unüberwindlich mit dem Gewissen des Ingenieurs kollidiert, geht es im Konfliktfall weiterhin nicht, um seine kritische Einflussmöglichkeit auf den Kundenwunsch, sondern rein um die sanktionenbelastete Möglichkeit, solche Tätigkeiten zu verweigern oder um das Arbeitnehmerrecht, alternative Tätigkeit übertragen zu bekommen. Adornos Skepsis, inwieweit die Motivlage des Ingenieurs Einfluss auf den technischen Gestaltungsprozess hat, bestätigt sich hier.

[12] „Der Ingenieur muß deshalb ›Nutzerpflichten‹ definieren, die Informationen über die bestimmungsgemäße Verwendung (z. B. Betriebsanleitungen) bieten sowie Hinweise auf mögliche Gefahren (und deren Abwendung), Risiken und Umweltschäden bei Betrieb und Entsorgung geben. Darüber hinaus bezieht sich die instrumentelle Verantwortung auf die Berücksichtigung des normalen (Verwendungs-)Kontextes, in der die Technik eingesetzt wird; hiermit ist (die prospektive) Verantwortung im Sinne einer Vermeidung eines naheliegenden Fehlgebrauches zu verstehen." Siehe Projekt: „›Ethische Ingenieurverantwortung‹ in Kooperation mit dem ›Verein Deutscher Ingenieure‹, Abschlussbericht" (Juni 2000), erstellt von Johannes Reidel, S.31.

Für den Ingenieur ist das Verhältnis zur Gesellschaft durchaus weniger dramatisch als von Adorno beschrieben. Er anerkennt staatliche Regulierungen als Ergebnisse eines demokratisch legitimierten Prozesses. Er erlebt diese Regulierungen dabei teilweise als Auflage, teilweise aber im besten Sinne als persönliche Entlastung seiner Verantwortung und als Reduzierung von Komplexität im Prozess der Produktentwicklung.

Darüber hinaus steht es ihm offen, seine Kompetenz bei der Formulierung solcher Regulierungen einzubringen. Er kann in Gremien (Verbänden, Verwaltung, Parteien, Parlamenten, etc.) an den Rahmenbedingungen der Technikgestaltung kompetent mitwirken und staatliche Regulierungen problematisieren.

Wir stellen fest, dass es – weniger dramatisch als von Adorno beschrieben, in der Konsequenz aber vergleichbar – keinen rechten Anknüpfungspunkt der Technikethik an das operative Geschäft des Ingenieurs gibt. Technik gestaltend ist der Ingenieur unmittelbar seinem Arbeitgeber und mittelbar dessen Kunden verantwortlich. Im Gewissenskonflikt ist der Boykott einer Tätigkeit eine Option – die Entwicklung alternativer Produkte hingegen nicht.[13]

Anders als der Arzt, dem eine medizinethische Handreichung signifikante Entlastung persönlicher Verantwortung bedeutet, hat der Ingenieur von der Technikethik nichts Hilfreiches zu erwarten. Eine berufsgetriebene pragmatische Motivation, sich mit Technikphilosophie zu beschäftigen, gibt es für den Ingenieur also nicht.[14]

Und dann, im Sinne der Dialektik der Aufklärung doch wieder dramatisch, stellen wir zugleich fest, dass das Tun des Ingenieurs unter dem Diktat ökonomischer Logik in ein gänzlich heteronomes Milieu eingewoben ist. Ein Relevantwerden der Technikphilosophie für den Ingenieur ließe sich also gegebenenfalls in der Vermittlung durch die Wirtschaftsethik denken. Im Fortschreiten der rationalen Erkenntnis als Naturbeherrschung durch Technik vollzieht sich der Prozess der Totalitarisierung der instrumentellen Vernunft.[15] In der Phase der vollständigen Ökonomisierung der Welt entgrenzt und potenziert sich dieser Prozess nochmals zur Verabsolutierung der instrumentellen Vernunft. Erst eine wirtschaftsethische oder wirtschaftsphilosophische „Revolution" ließe dann auch wieder Raum für einen ethischen Zugriff auf die Technik.

---

[13] Hier ergäbe sich höchstens der Ansatzpunkt für eine Art subversiver Technikphilosophie.
[14] Siehe hierzu den folgenden Abschnitt über die VDI-Richtlinie 3780.
[15] Siehe S. 67.

Die VDI-Richtlinie 3780 oder die Nicht-Anschlussfähigkeit der Technikphilosophie im institutionellen berufspraktischen Kontext

Und doch gibt es mit der VDI-Richtlinie 3780[16] immerhin ein Werk, das die Technikbewertung in prominenter Form ins institutionelle Herz des Ingenieurtums gebracht zu haben scheint. Sie stellt eine Einführung in Begriffe und Grundlagen der Technikbewertung dar:

„Zweck der Richtlinie ist es, allen Beteiligten ein gemeinsames Verständnis für Begriffe, Methoden und Wertbereiche zu vermitteln. Die Richtlinie soll durch systematisches Analysieren von Zielen, Werten und Handlungsalternativen begründete Entscheidungen ermöglichen."[17]

Insbesondere in ihrem Teil 3 „Werte im technischen Handeln" nimmt die Richtlinie durch die Weite ihrer Bezüge eine über das ingenieurwissenschaftliche Denken hinausreichende originär philosophische Position ein.

In Bezug auf die Richtlinie 3780 lässt sich die oben beschriebene Beobachtung, dass die Beiträge der Technikphilosophie im Berufsumfeld der Ingenieure weitgehend ignoriert werden, tendenziell bestätigen. Die dokumentierten Reaktionen auf die Richtlinie sind zahlreich, stammen aber fast ausnahmslos aus dem akademischen Umfeld. Diese Situation spiegelt sich auch wieder im VDI-Report 29 „Aktualität der Technikbewertung. Erträge und Perspektiven der Richtlinie 3780". Erschienen ist er immerhin neun Jahre nach der Veröffentlichung der VDI-Richtlinie 3780. Beispiele einer tatsächlichen Anwendung bzw. Umsetzung der Richtlinie kann der Report dennoch nicht nennen.[18]

---

[16] In ihrer ersten endgültigen Fassung ist diese 1991 erschienen. Aktuell vorliegend als VDI 3780:2000-09. Ergänzend hierzu sind erschienen der VDI-Report: 15 Technikbewertung – Begriffe und Grundlagen. Erläuterungen und Hinweise zur VDI-Richtlinie 3780 (1997) und VDI-Report 29: Aktualität der Technikbewertung. Erträge und Perspektiven der Richtlinie 3780 (1999).

[17] Aus der Vorbemerkung der VDI-Richtlinie 3870.

[18] Armin Grunwald stellt diesen Umstand in seiner Rezension von *Friedrich Rapp (Hrsg.): Normative Technikbewertung. Wertprobleme der Technik und die Erfahrungen mit der VDI-Richtlinie 3780* sehr deutlich dar: „Leicht irritierend fällt der Vergleich der Zielvorgabe des Buches, konkrete Erfahrungen mit der VDI-Richtlinie 3780 zu präsentieren (Umschlagrückseite), mit den tatsächlich enthaltenen Fallbeispielen aus. Von den sieben Fallbeispielen sind ganze zwei (!) auf die VDI-Richtlinie bezogen, davon präsentiert eines keine Erfahrungen, sondern besteht aus einem eher theoretischen Vergleich von VDI-Richtlinie und Nachhaltigkeitsdiskussion. Der Untertitel des Buches ‚Erfahrungen mit der VDI-Richtlinie 3780' erweist sich auf diese Weise als Etikettenschwindel, jedenfalls wenn man konkrete Erfahrungen aus der Ingenieurpraxis

Schwerwiegender noch wirkt aber ein anderer Umstand: Insbesondere Friedrich Rapp zitiert an zahlreichen Stellen des VDI-Report 29[19] die ingenieurwissenschaftliche Kritik, dass die Richtlinie 3780 keine konkreten Handlungsanweisungen gebe. Diese offenbar vermehrt an die Autoren herangetragene und insbesondere in einer Studie zur Chlorchemie auch dokumentierte Kritik[20] nimmt der Report rein rechtfertigend auf. „Das könne und wolle die Richtlinie auch nicht leisten, ist diesbezüglich der Tenor."[21] Das sich darin ausdrückende strukturelle Problem, dass die Erwartungen zwischen Autoren und Adressaten der Richtlinie divergieren, wird in keiner Weise konstruktiv angegangen. Eine philosophische Disziplin, die sich wie die Technikphilosophie als eine angewandte Wissenschaft versteht, darf hier aber nicht einfach Halt machen. Die Vermittlungslücke zwischen den allgemeinen Begriffen und Grundlagen der Richtlinie und der möglichen Konkretisierung am praktischen Fall ist wesentlicher Teil der technikethischen Herausforderung.

Was steckt wesentlich hinter dieser mangelhaften Akzeptanz? Meiner Meinung nach ein systematischer Verstoß gegen die generelle Wirkungsmechanik der VDI-Richtlinien. Grundlage für die Erarbeitung von VDI-Richtlinien ist die Richtlinie 1000. Sie formuliert die Ziele, die mit der Erarbeitung und Herausgabe der Richtlinien verfolgt werden. Nun finden sich in der VDI-Richtlinie 1000 sicherlich einzelne Ziele, die auch auf die Richtlinie 3780 zutreffen. Etwa das Ziel der „Aufstellung von Beurteilungs- und Bewertungskriterien". Dasjenige vom VDI formulierte Ziel aber, das den Richtlinien ihre ureigene Durchsetzungskraft verleiht, fehlt der Richtlinie 3780. Gemeint ist das Ziel der „Schaffung einer Grundlage für Geschäftsbeziehungen und Verträge". In dieser pragmatischen Wirkung beruhen der eigentliche Erfolg

---

erwartet." (erschienen in TATuP – Zeitschrift des ITAS zur Technikfolgenabschätzung, Oktober 2000). Zu einer vergleichbar skeptischen Einschätzung kommt auch der Dipl.-Ing. Dieter Schaudel 2008 in seinem Aufsatz „Ethik und Verantwortung in der Prozessautomatisierung" in der Chemie-Fachzeitschrift Process.

[19] Siehe z.B. VDI Report 29: Aktualität der Technikbewertung. Erträge und Perspektiven der Richtlinie 3780, S. 5: „Verschiedentlich wurde kritisiert, daß die Richtlinie *keine konkreten Handlungsanweisungen* und Verfahrensvorschriften zur Durchführung neuer Technikbewertungsstudien bietet".

[20] Ebd. S. 11: „In der Studie wurde festgestellt, daß die Richtlinie für die systematische Erfassung der einschlägigen Technikfolgen im konkreten Fall nicht hilfreich sei." Siehe auch Wolff, Heimfrid, Holger Alwast und Reinhold Buttgereit: Technikfolgen Chlorchemie: Szenarien für die ökonomischen und ökologischen Folgen technischer Alternativen. Hrsg. v. d. Prognos AG, Stuttgart 1994.

[21] Ebd. S.5.

und die teilweise Akzeptanz der Richtlinien.[22] Dieser stark operative, wirtschaftliche Nutzen der VDI-Richtlinien fehlt der Richtlinie 3780 naturgemäß vollständig. Damit ist aber das Erfolgsmodell der VDI-Richtlinien konterkariert. Die Technikbewertung als Teil der Technikphilosophie findet über den institutionellen Rahmen des VDI-Regelwerks keinen Anschluss an die Praxis des Ingenieurs.

Die Selbstbesinnung des Ingenieurs auf seine Arbeit

Was bleibt also für die Technikphilosophie? Kehren wir zurück zum demütigen Ansatz Adornos, der das Modell einer von Philosophie gewirkten Veranlassung zur Selbstbesinnung skizziert.

> „Mir will scheinen, daß am ehesten noch die Selbstbesinnung der Techniker auf ihre Arbeit weiterhilft, und daß der Beitrag, den wir anderen zu leisten haben, nicht der ist, daß wir ihnen von außen oder oben her mit Philosophien der Technik aufwarten (…) sondern daß wir mit unseren begrifflichen Mitteln versuchen, sie zu solcher Selbstbesinnung zu veranlassen."[23]

Dieser philosophische Ansatz ist nicht an der Technik als ihrem spezifischen Gegenstand ausgerichtet. Sie richtet sich aus am Techniker bzw. dem Ingenieur – nicht aber als moralischer, technikethischer Appel, der wie oben beschrieben systematisch an der Komplexität der Arbeits- und Wirkzusammenhänge des Ingenieurs scheitern muss. Adorno spricht vielmehr von einer Philosophie, die den Ingenieur zur Selbstbesinnung anstiftet und (wenn überhaupt) dann erst durch diese persönliche Vermittlung eine Ausstrahlung auf die Technik selbst erwartet.

Ist aber der Unterschied zwischen dem technikethischen Dreinreden und der Anstiftung zu Selbstbesinnung mehr als ein rhetorischer? Ja, denn die philosophisch induzierte Veranlassung zur Selbstbesinnung fasst das philosophische Angebot an den Ingenieur systematisch viel weiter. Sie enthält sich des wertenden Urteils, und das heißt auch, dass sie es vermeidet, das Tun des Ingenieurs wesentlich in gesellschaftliche Dimensionen zu dramatisieren. Stattdessen zielt sie prosaisch auf das ab, was ingenieurliches Tun in der Hauptsache zunächst ist: eine persönliche berufliche

---

[22] Prominentestes Beispiel ist wohl die VDI-Richtlinie 2700 „Ladungssicherung auf Straßenfahrzeugen".
[23] Theodor W. Adorno: „Über Technik und Humanismus", siehe oben Fußnote 1.

Praxis. In diese Praxis hinein wirkt die Philosophie ihre reflexiven Begriffe und Methoden als ein Angebot.

Die begrifflichen Mittel der Philosophie, die zur Selbstbesinnung anleiten, sind also nicht die der Technikphilosophie, sondern die charakteristischen Kategorien allen Philosophierens. Über diese werden wir hier keinen Konsens herstellen können. Um aber die Ebene dieser Kategorien anzudeuten, seien als Beispiele genannt: das Rechenschaft abgeben, das Selberdenken, das Fragen nach den Ursachen, die Unterscheidung zwischen Erscheinung und Sein.

Ein erster unspektakulärer Ansatz einer Philosophie für Techniker als Veranlassung zur Selbstbesinnung ist daher ein verstärktes Angebot allgemein philosophischer Inhalte an diese Berufsgruppe. Dies kann geschehen als Integration in die ingenieurwissenschaftliche Ausbildung oder als ein ergänzendes Angebot in das umfangreiche Weiterbildungsprogramm von einschlägigen Verbänden und Bildungsträgern.

Unabhängig vom organisatorischen Ort der Implementierung dieses Angebots ist eine zielgruppengerechte didaktische Aufbereitung, vorrangig im Sinne einer Auswahl geeigneter Primärtexte, wünschenswert. Eine Basis hierzu kann sicherlich die Vielzahl vorhandener allgemeiner Textsammlungen, Reader und Anthologien der Philosophie bieten. Eine gezielte Auswahl von philosophischen Autoren und Themen kann den Einstieg für das spezifische Publikum der Ingenieure erleichtern, in dem es arbeitsweltliche Anknüpfungspunkte bietet. Eine Voraussetzung ist dies nicht.

Den nächsten Schritt in Richtung einer ingenieurspezifischen Philosophie, die doch nicht Philosophie der Technik im gegenständlichen Sinne ist, stellt die didaktische Anwendung philosophischer Denkweisen und Methoden auf arbeitsalltägliche Erfahrungen des Ingenieurs dar. Einen exemplarisch geglückten Fall dieser Art der Ingenieurphilosophie stellt die 2015 erschienene „Philosophie für Ingenieure" von Klaus Kornwachs[24] dar. Kornwachs ist sicher ein prominenter Vertreter der klassischen Technikphilosophie, in dem Sinne, dass die Bewertungen von Technikentwicklungen und -trends sowie Innovationsbewertung zu seinen zentralen Arbeitsgebieten gehört. In der „Philosophie für Ingenieure" gelingt ihm aber ein sehr

---

[24] Klaus Kornwachs, Philosophie für Ingenieure, München 2014.

überzeugendes Plädoyer für die Philosophie selbst. Er wirbt an techniknahen Beispielen für die Kunst des philosophischen Denkens. Seine Philosophie für Techniker durchströmt die originäre Liebe zur Weisheit.

Auch er leitet zum (selbst)kritischen Umgang mit Technik und einer kritischen Haltung gegenüber ihren Entstehungsprozessen an. Etwa indem er am Beispiel von Katastrophen wie Seveso, Bhopal bis Tschernobyl und Fukushima vermittelt, dass Katastrophen nie nur technische Dimensionen haben, sondern immer Phänomene in der Autorenschaft von Menschen darstellen. D.h., dass sie also letztlich nicht so etwas wie unglückliche Verkettungen von technischen Restrisiken, sondern Probleme der menschlichen Verantwortung und ihrer systematischen Grenzen sind. Das klingt nach herkömmlicher philosophischer Technikbewertung. Doch Kornwachs vermeidet jede Bevormundung. Er predigt kein Verantwortungsbewusstsein, sondern leitet mit philosophischer Methodik zum Nachdenken an. Die Frage nach Verantwortung und Haftung in Bezug auf technische Katastrophen geht er an mit einer erkenntnistheoretischen Reflexion über die „Regeln der Kunst" oder die Möglichkeit Regeln anzuwenden, ohne ihre naturwissenschaftlichen Hintergründe verstanden zu haben.

Die „Philosophie für Ingenieure" von Klaus Kornwachs hat das Zeug zu einem attraktiven Curriculum der philosophisch geschulten Reflexion von Denk- und Arbeitsweisen des Ingenieuralltags. Sie ist nützlich, weil sie perspektivisch die arbeitsalltägliche Sicherheit im Denken erhöht. Sie ist gerade in ihrer tiefen Verpflichtung auf die Freiheit philosophischen Denkens für den Ingenieur von pragmatischer Relevanz. Hierauf ließe sich systematisch weiter aufbauen.

Risiko, Qualität und „technische Schuld"

Noch einen Schritt weiter geht die Philosophie für Techniker als Veranlassung zur Selbstbesinnung, indem sie solche Inhalte der Arbeitspraxis des Ingenieurs identifiziert und thematisiert, die – verborgen unter ihrer pragmatischen Oberfläche – originär philosophische Fragestellungen bereithalten. Es geht dabei explizit nicht um naheliegende Begriffe wie Verantwortung oder Haftung, sondern um das vermeintliche Handwerkszeug des Ingenieurs. Als Beispiele seien hier die Begriffe Risiko/Sicherheit, Qualität und „technische Schuld" kurz beschrieben.

Die Beurteilung von Risiken bzw. die zuverlässige Umsetzung von Sicherheitsanforderungen gehört zu den zentralen Aufgaben fast jedes Ingenieurs. Sie bilden wesentliche Bedingungen bei der Erfüllung beruflicher Standards im Sinne eines Arbeitens nach dem Stand der Technik. Beispielhaft sei hier als gesetzliche Vorschrift das Produktsicherheitsgesetz (Maschinenverordnung) zitiert: „Der Hersteller einer Maschine (…) hat dafür zu sorgen, dass eine Risikobeurteilung vorgenommen wird, um die für die Maschine geltenden Sicherheits- und Gesundheitsschutzanforderungen zu ermitteln. Die Maschine muss dann unter Berücksichtigung der Ergebnisse der Risikobeurteilung konstruiert und gebaut werden."[25] In diesem Kontext ist beispielsweise die FMEA (engl. Failure Mode and Effects Analysis, dt. „Fehlermöglichkeits- und Einflussanalyse") eine von Entwicklungsingenieuren standardmäßig eingesetzte Methode der Zuverlässigkeitstechnik. Mögliche Produktfehler werden dabei hinsichtlich ihrer Bedeutung für den Anwender, ihrer Auftretenswahrscheinlichkeit und ihrer Entdeckungswahrscheinlichkeit mit jeweils einer Kennzahl bewertet. Auch wenn die Bewertung von Risiken anhand der definierten Kennzahlen einen rein mathematischen Vorgang darstellt, sprengt die Festlegung dieser Kennzahlen, insbesondere die Bewertung einer „Bedeutung für den Anwender", den Rahmen des rein naturwissenschaftlich Analytischen. Auch die im Rahmen der FMEA vorzunehmende Eingrenzung des zu betrachtenden Systems stellt bereits eine methodisch komplexe Aufgabe der Urteilskraft dar.

Risiko ist zugleich einer der prominentesten Begriffe der Technikbewertung und Technikfolgenabschätzung. Und als Risikoethik steckt sie ein Teilgebiet der Ethik ab. Ihr Gegenstand ist dabei die moralische Bewertung von Handlungen, deren Folgen hinsichtlich ihres Eintretens, Nutzens und Schadens mit Unsicherheiten behaftet sind. Sie untersucht die Frage, unter welchen Bedingungen eine Person sich selbst oder andere einem Risiko aussetzen darf. Hier lässt sich recht organisch eine Brücke von den Anforderungen der technischen Risikoanalyse hin zur Methodik der Risikoethik schlagen. Die Relevanz des Themas ist für den Ingenieur unstrittig. Die Beschäftigung mit den Angeboten der Risikoethik stellt zumindest eine anregende Abstraktionsstufe zur beruflichen Praxis dar. Im besten Fall wird diese abstraktere,

---

[25] 9. ProdSV: Maschinenverordnung v. 12. Mai 1993 (BGBl. I S. 704), zuletzt geändert durch Artikel 19 des Gesetzes über die Neuordnung des Geräte- und Produktsicherheitsrechts (v. 8. 11. 2011. BGBl I S. 2178).

grundlegendere Beschäftigung aber auch als Schulung der Urteilskraft in ihrer dann wieder technischen Anwendung erfahren.

Weniger offensichtlich, aber einer vergleichenden Untersuchung sicherlich wert, scheint mir der Begriff Qualität. Im Ingenieur-Alltag wird er abgesteckt durch die eher betriebliche Perspektive der Qualität als Eignung für den Kundennutzen und die Maßgaben eines immer dominanteren Qualitätsmanagements. Hier könnte die Philosophie in ihrem Nachdenken über Eigenschaften im Sinne der Bestimmung (Abgrenzung oder Attribut), durch die sich etwas zu einer Klasse zugehörig erweist, modellhafte Systematiken und Kriterien anbieten und fruchtbar machen.

Als letztes Beispiel sei hier die Begriffsschöpfung „technische Schuld" angeboten. Als solche bezeichnete in einem persönlichen Interview zum Thema Agile Entwicklung ein Software-Ingenieur folgendes hinlänglich bekannte Phänomen: In der betrieblichen Praxis wird der Entstehungsprozess eigener Entwicklungsarbeiten gar nicht oder nur unzulänglich dokumentiert. Dies führt zum riskanten Zustand, dass relevante Entwicklungsergebnisse zu proprietären, an einzelne Personen gebundene Wissensresiduen werden. Dieses proprietäre Wissen steht im Zweifelsfall für eine Verifizierung, Skalierung oder Weiterentwicklung der ursprünglichen Lösung nicht frei zur Verfügung. Die Ziele eines zeitgemäßen Qualitätsmanagements werden dadurch konterkariert. In dem Sinne, dass der betreffende Entwickler die saubere Dokumentation als Basis für eine personenunabhängige Verwertung seiner Entwicklungsergebnisse schuldig bleibt, lässt sich bildhaft von „technischer Schuld" sprechen.

Die Motive für diesen misslichen Umstand sind vielfältig und berühren zahlreiche menschliche Eigenschaften von mangelnder Ordnung über Faulheit bis zum gezielten Aufbau von Herrschaftswissen. Eine Organisation, die dieses Problem in den Griff bekommen möchte, kann sich nicht auf die Formalia des Qualitätsmanagements zurückziehen. Für die Philosophie (und zugegebenermaßen auch für die Psychologie) bietet sich hier ein fruchtbares Feld der Reflexion über Motive des eigenen Tätigseins, die Grundlagen von Kooperationen zur gemeinsamen Wertschöpfung u.v.m.

Zunehmend ist zu beobachten, dass die speziellen Anforderung in den zum Teil sehr komplexen Projekten der Softwareentwicklung zu einem hohen Methodenbewusstsein der Informatiker geführt haben. Zahlreiche paradigmatische Entwicklungsmethoden wie zum Beispiel Scrum haben sich aus der Softwaretechnik heraus zu anerkannten Vorgehen im Projekt- und Produktmanagement entwickelt. Genau diesen Prozess der Verallgemeinerung könnte ein philosophisch geschultes Denken sehr konstruktiv begleiten und neue Kapitel einer arbeitspraktisch orientierten Philosophie für Techniker und Ingenieure aufschlagen.

Literatur

Philosophische Quellen
- Theodor W. Adorno: „Über Technik und Humanismus", in: H. Lenk / G. Ropohl (Hg.): Technik und Ethik, Stuttgart 1993, S. 22-30.

VDI-Publikationen
- Ethische Grundsätze des Ingenieurberufs, 2002, http://www.vdi.de/fileadmin/media/content/hg/16.pdf (und Zusammenfassung https://www.vdi.de/bildung/ethische-grundsaetze/) (abgerufen am 10.8.2015).
- VDI-Richtlinie: VDI 3780 Technikbewertung – Begriffe und Grundlage (aktuell als VDI 3780:2000-09).
- VDI Report 15: Technikbewertung – Begriffe und Grundlagen. Erläuterungen und Hinweise zur VDI-Richtlinie 3780 (1997).
- VDI Report 29: Aktualität der Technikbewertung. Erträge und Perspektiven der Richtlinie 3780 (1999).

Literatur über VDI 3780 und Ingenieurethik
- Leonhard Hennen (2002): Technikakzeptanz und Kontroversen über Technik? Positive Veränderung des Meinungsklimas – konstante Einstellungsmuster. TAB-Arbeitsbericht83, Berlin.
- Rapp, Friedrich (1999): Normative Technikbewertung. Wertprobleme der Technik und die Erfahrungen mit der VDI-Richtlinie 3780. Berlin.
- Michael Zwick, Ortwin Renn (1998): Wahrnehmung und Bewertung von Technik in Baden-Württemberg. Akademie für Technikfolgenabschätzung in Baden-Württemberg; Stuttgart.
- Axel Zweck: Technikbewertung auf Basis der VDI-Richtlinie 3780, in: Konzepte und Verfahren der Technikfolgenabschätzung 2013, pp. 145-160.
- Armin Grunwald: Rezension von Friedrich Rapp (Hrsg.): Normative Technikbewertung. Wertprobleme der Technik und die Erfahrungen mit der VDI-Richtlinie 3780. Erschienen in TATuP – Zeitschrift des ITAS zur Technikfolgenabschätzung, Oktober 2000.

- Christoph Hubig: Ethik und Technikbewertung, Vorlesung: Werte, Wertkonflikte, Basiswerte, 2011, TU Darmstadt (http://www.philosophie.tu-darmstadt.de/media/institut_fuer_philosophie/diesunddas/hubig/materialienzulehrveranstaltungen/ethik_und_technikbewertung/6_Ethik_und_Technikbewertung.pdf), (abgerufen am 10.8.2015).
- Wolff Heimfrid, Holger Alwast und Reinhold Buttgereit (1999): Technikfolgen Chlorchemie: Szenarien für die ökonomischen und ökologischen Folgen technischer Alternativen. Hrsg. v. d. Prognos AG. Schäffer-Poeschel Verlag, Stuttgart 1994.
- Klaus Kornwachs, Philosophie für Ingenieure, München 2014.
- Dieter Schaudel: Ethik und Verantwortung in der Prozessautomatisierung. In: Process, Vogel Business Media GmbH & Co.KG, erschienen 22.10.2008 (http://www.process.vogel.de/management/articles/150725/), (abgerufen am 10.8.2015).

Vom Sitzen zwischen allen Stühlen –
Philosophie in der Technikgestaltung

Manja Unger-Büttner/ Kerstin Palatini[1]

Abgesehen von der Gelegenheit, die speziell für die Tagung APHIN I in Bernkastel-Kues zusammengeführten Gedankengänge hier veröffentlichen zu können, danken die Autorinnen auch für die Möglichkeit, diese nun im eigentlich vorgesehenen Dialog für das Publikum von APHIN zu formulieren. Die Verfasserinnen verbindet ein Designstudium an der Hochschule Anhalt in Dessau, ihre beruflichen Wege und derzeitige sowie geplante Arbeitsfelder sind aber recht unterschiedlich. Gerade diese Unterschiede, bei vielerlei Gemeinsamkeit der Anschauung, sollten diesen Dialog spannungsreich und informativ halten können

Manja Unger-Büttner (im Folgenden kurz: M.): Nach einem vielfältigen Studium des integrierten Design in Dessau und meiner Diplomarbeit zu ökologischem Möbel-Design habe ich einige Zeit für die Corporate Identity und die Infografik einer Tageszeitung gesorgt. Einige Ideen des Marketings passten bald nicht mehr so recht mit meinem Verständnis von Nachhaltigkeit zusammen, bzw. dies war mir gar nicht mehr so richtig klar. Auch waren mir noch viele grundsätzliche Fragen aus dem Designstudium offen geblieben, manche von ihnen könnte man Sinnfragen nennen. Ich versuchte mich ihnen dann durch ein Studium der Philosophie, Literatur- und Kulturwissenschaften zu nähern. Als ich durch einen Studienortwechsel von Heidelberg nach Dresden sozusagen direkt vom Heidelberger Hexenturm[2] mitten hinein in die nutzerorientierte Technikphilosophie rutschte, wurde mir Kerstin als *Usability*-Spezialistin vorgestellt. Zum Thema *Gebrauchstauglichkeit*[3] bin ich eigentlich erst durch sie gekommen.

---

[1] Technische Universität Dresden.
[2] Baudenkmal in monumentaler Bogenarchitektur gegenüber dem Philosophischen Seminar der Uni Heidelberg, heute eingebunden in den Gebäudekomplex der sog. Neuen Uni.
[3] Als deutsche Übersetzung von *Usability*, einem Kunstwort, das im Englischen aus *use* (Benutzung, Gebrauch, Anwendung) und *ability* (Vermögen, Können, Fähigkeit, Eignung) zusammengesetzt wurde.

Kerstin Palatini (im Folgenden kurz: K.): Sinn und Nachhaltigkeit wollte ich als diplomierte Designerin und Absolventin der Hochschule Anhalt, als Designer-Ausbildungsstätte „in örtlicher und geistiger Nähe zum Bauhaus"[4], in meiner freiberuflichen Designtätigkeit schaffen. In Projekten für verschiedene Auftraggeber musste unsere *Designbürogemeinschaft Bauhausstraße* jedoch feststellen, dass *der Designer* mehr als *Stylist* oder „*Anhübscher*" gesehen wird, denn als mitdenkender Macher und Sinn-Stifter. Ernüchternd ebenso, dass *Inhalt und Form* nur selten als relevante Bezugsgrößen für Design betrachtet werden (Das bitte ich im Übrigen nicht zu verwechseln mit dem zum Leitsatz erhobenen „form follows function"-Prinzip von Sullivan.). Dies äußerte sich zum Beispiel in Kundenwünschen nach einer besonderen Ästhetik, ohne jedoch mit dem Designer über Inhalte reden zu wollen.

In meiner Masterthesis befasste ich mich mit Design als interdisziplinärer Schnittstelle. *Design für Nichtdesigner* war der Titel. Auf das sich oftmals als ambivalent gestaltende Verhältnis von Technik und Gestaltung, übertragen auf die heutigen Arbeitsfelder Informatik und Design, wurde fokussiert. Relevanz erhielt das Thema durch die heutige digitale Technik- und Medienentwicklung und deren ubiquitäre Verbreitung. In der Arbeit habe ich versucht aufzuzeigen, worin die Spannungen zwischen den Disziplinen und deren Machern begründet sind und wie man durch gegenseitiges besseres Verstehen und wohlwollende Kommunikation miteinander gemeinsam gestalten kann (das Fazit hier sehr knapp wiedergegeben). Ohne Zusammenwirken mit anderen Disziplinen sind heutige hochkomplexe Aufgabenstellungen für keine einzelnstehende Disziplin erfolgreich bewältigbar. Design braucht die anderen Disziplinen und die anderen Disziplinen brauchen Design. Das ist keine neue Tatsache. In dieser Überzeugung und in der Realisierung seiner Arbeit in gegenseitiger Achtung und Anerkennung hat zum Beispiel der bekannte Designer Wilhelm Wagenfeld seine Arbeiten ausgeführt: *(Gute) Standarderzeugnisse werden nicht vom „Künstler entworfen" und auf das Material Glas übertragen, sondern wachsen in guter fester Zusammenarbeit aller am Werk Beteiligten.*[5]

Es war mir wichtig, die Bedingungen der Möglichkeiten für gelingende Gestaltung aufzuzeigen. Die Herausforderung und das Spannende zugleich: Design ist immer

---

[4] So wurde es 1993 im Anzeigentext der Mitteldeutschen Zeitung im Aufruf zur Teilnahme an den Eignungsprüfungen für den neu eingerichteten Studiengang Design an der (damals als Fachhochschule gegründeten) Hochschule Anhalt formuliert.

[5] Wilhelm Wagenfeld: *Wesen und Gestalt der Dinge um uns*. Reprint der Erstausgabe von 1948, Worpsweder Verlag, 1990, S. 73.

irgendwo dazwischen wirksam. Zwischen Engineering und Designing, zwischen Emotio und Ratio, zwischen Ästhetik und Funktionieren-müssen. Da ich meine Rolle als Designerin mehr und mehr als Fragenstellerin und Sinnstifterin sah, kam das Studium der Technikphilosophie in Dresden bei Prof. Irrgang einer möglichen bzw. vertiefenden Sinnkrise zuvor. In der philosophischen Fakultät begegnete ich auch Manja Unger-Büttner, mit der ich zeitversetzt in Dessau Design studiert hatte.

M.: In meinen Philosophie-Studien habe ich das Thema Design und meinen beruflichen Ausgangspunkt in Dessau gar nicht aus den Augen verlieren können, denn vor allem die Seminare zur Ethik brachten mir Antworten auf zentrale Fragen zum menschlichen und dinglich umrahmten Miteinander, die ich mir im Designstudium noch nicht einmal zu stellen gewagt hatte. Über die Germanistik näherte ich mich manchen Theorien des Ästhetischen und diese verknüpften sich bald mit Ideen zu ihrer Verbindung mit dem Moralischen. Die Technikphilosophie und ihre Theorien zur Ingenieursethik oder auch zur Künstlichen Intelligenz brachten direkte Anknüpfungspunkte für Fragen der Verantwortung im Design. Allerdings scheint es ja Unterschiede zwischen Ingenieuren und Designern bzw. zwischen den Zielen und Ergebnissen ihrer Arbeit zu geben. Einen solchen kann man u. a. in der Relevanz des Ästhetischen sehen.

K.: Ingenieure, Designer – Menschen, die Leben mit Technik und durch Technik gestalten – treffen sich seit 2008 jährlich zum AAL[6]-Kongress. Seitdem hat sich auf dem Gebiet der Entwicklung assistierender Technik, *die Gesundheit, Selbstständigkeit und Komfort im demografischen Wandel fördern*[7] soll, viel getan. Die breite Umsetzung von Forschungsergebnissen in brauchbare und benutzerfreundliche Produkte oder Systeme lässt jedoch noch immer auf sich warten.

Meiner Meinung nach liegt es genau an der bereits erwähnten *Gestaltung des Prozesses der Gestaltung*. Mittlerweile gehört nicht nur die inter- bzw. transdisziplinäre Gestaltung zur Tagesforderung; maßgeblich ist ebenso die *Nutzerbeteiligung* an diesem Entwicklungs- und Gestaltungsprozess – und zwar möglichst von Anfang an. So

---

[6] AAL ist die Abkürzung für Ambient Assisted Living und bedeutet so viel wie durch Technikunterstützung, z.B. intelligente Assistenzsysteme, ein selbstbestimmtes Leben mit einer hohen Lebensqualität zu führen.

[7] Siehe Kongresswebseite: http://conference.vde.com/aal/Seiten/default.aspx (30.4.2015).

werden unter *Usabilitytest- und Evaluationsmethoden* verschiedene Methoden zusammengefasst, die Nutzerbeteiligung in Forschung und Entwicklung ermöglichen bzw. berücksichtigen sollen. Kern ist der Usabilitytest, der prinzipiell eine video- bzw. audiobasierte aufgabenorientierte Nutzerbeobachtung im Umgang mit Modellen, Prototypen oder bestehenden Produkten enthält. Weitere nutzerorientierte[8] Methoden sind zum Beispiel Fragebogen, Interviews, Card Sorting.

Weitgehend durch Standardisierung handhabbar gemachte Methoden sollen die Entwicklung *gebrauchstauglicher* Produkte oder Produktsysteme sicherstellen. Hierbei steht die konkrete Problemlösung mittels technischer und technologischer Unterstützung im Vordergrund. Fragen nach der Sinnhaftigkeit oder nach einer verbesserten Lebensqualität durch eben jenes Produkt oder System stellen sich Entwicklern und Nutzern nicht oder kaum. Das dem berühmten amerikanischen Unternehmer und Automobilhersteller Henry Ford zugeschriebene Zitat: „Wenn ich die Menschen gefragt hätte, was sie wollen, hätten sie gesagt schnellere Pferde", steht anschaulich für das Dilemma.

Hier Fragen zu stellen, die eine auf ökonomische Nützlichkeitsfunktionen reduzierte Praxis zugunsten einer integralen Sicht aufgeben, eben unter der Berücksichtigung von Dienlichem (als instrumenteller Technizität), Pragmatischem (nützliche Konstruktion und Gebrauch von Artefakten) sowie der Sittlichkeit (Ziele), vermag erst eine differenzierte hermeneutische Situationsanalyse der Einbettungsfaktoren technologisch-ökonomischer Entwicklungspfade.[9] Technikphilosophische Betrachtungen zum *Nutzungskontext*, zum *Nutzer als Braucher* und zur *technischen Macht* sollen in der Eröffnung verschiedener Perspektiven die Dimensionen und die Bedeutung des technischen Entwickelns und Handelns in unserer Zeit verdeutlichen, auch die Bedingungen der Möglichkeit für technisches Handeln (Umgehen und Herstellen) herausarbeiten. Der Technikphilosoph Bernhard Irrgang hat in den vergangenen Jahren wegweisende Gedanken zur heutigen Technikphilosophie veröffentlicht[10].

---

[8] Demgegenüber bzw. ergänzend stehen die *Expertenmethoden*, die zunächst ohne den zukünftigen Nutzer auskommen, bzw. die Nutzertests vorbereiten. Der Nutzertest jedoch ist nicht ersetzbar.
[9] Vgl. Bernhard Irrgang: Ethische Hermeneutik zwischen Globalisierung und ökonomisch-utilitaristischem Diktat – Ein Exposè zur Unterscheidung von Bewertungsebenen, Dresden 2015, im Druck.
[10] Siehe Quellenangaben zu Bernhard Irrgang, hier bes. (2007b): Technik als Macht. Versuche über politische Technologie und (2007a): Hermeneutische Ethik. Pragmatisch-ethische Orientierung für das Leben in technologisierten Gesellschaften.

M.: Mit unseren spezifischen Ansätzen, die Technikphilosophie mit dem Philosophieren und Theoretisieren über das Design zu verbinden, nehmen wir auch Teil an der Diskussion einer Neudefinition der Geisteswissenschaften – die derzeit ein zentrales Thema an der Professur für Technikphilosophie in Dresden ist. Jürgen Mittelstraß hat 1996 einen kurzen, prägnanten Aufsatz veröffentlicht: „Die unheimlichen Geisteswissenschaften" – *unheimlich* im Sinne von *suspectus*, nicht geheuer, nicht von dieser Welt. Denn für die naturwissenschaftliche Wahrnehmung gelten die Geisteswissenschaften als *Nachzügler* einer wissenschaftlichen Entwicklung, die längst ihren Umzug aus den Bibliotheken in die Labore angetreten haben. Die sogenannten Geisteswissenschaften, die wohl auch in Zukunft im wesentlichen Universitätswissenschaften bleiben werden, scheinen an dieser besonderen Dynamik nicht teilzunehmen, die die Natur- und auch Sozialwissenschaften ergriffen hat und diese somit zum eigentlichen Motor der modernen Welt zu machen scheint. Da, oberflächlich betrachtet, als innovativ nur die naturwissenschaftlich-technische Welt erscheint, nicht die kulturelle (gemeint ist die geisteswissenschaftliche Welt), versucht die geisteswissenschaftliche Welt die natur-wissenschaftliche Welt zu „kompensieren", indem sie ihrerseits auf Innovationsdruck verzichtet und konservativ wird, meint Mittelstraß mit Bezug auf Herbert Schnädelbach.[11]

Der Technikphilosoph Walther Zimmerli bezieht sich wie auch Mittelstraß u.a. auf Odo Marquards Idee einer Kompensationsrolle der Geisteswissenschaften[12] und bezeichnet sie in dieser Form als beschnittene *Freizeitgeisteswissenschaft* – tagsüber arbeiten wir hart, natürlich naturwissenschaftlich, abends auf dem Sofa weich, geisteswissenschaftlich. Mit dem Kompensationsmodell würden die Geisteswissenschaften geradezu daran *gehindert*, den Mythos von den zwei Kulturen zu überwinden und am Aufbau einer zukunftsweisenden Rationalität teilzunehmen.[13] Mittelstraß nennt diese Situation, in der die Geisteswissenschaften zwar zur „Modernität" der modernen Welt gehören, diese Welt aber nicht *bewegen, Entspannungswissenschaft*: „unter den Schalmeien- oder Zikadentönen des Kompensationsmodells" drohen die Geistes-

---

[11] Vgl. Mittelstraß, Jürgen: Die unheimlichen Geisteswissenschaften. In: Bild der Wissenschaft 2/1996, S. 74-77, hier S. 74.
[12] Vgl. Marquard, Odo: Über die Unvermeidlichkeit der Geisteswissenschaften. In: Ders.: Apologie des Zufälligen. Reclam, Stuttgart (1986) 2013, S. 98-116, hier S. 104ff.
[13] Vgl. Zimmerli, Walther C. (Hrsg.): Wider die „Zwei Kulturen": Fachübergreifende Inhalte in der Hochschulausbildung. Berlin 1990, S. 16 (Vorwort).

wissenschaften zu Teilen eines Kulturbetriebs zu werden, der keine wissenschaftlichen Probleme löst, sondern vielmehr von ihnen ablenkt.[14] Die Philosophie scheint selbst weitgehend zu einer solchen Geisteswissenschaft geworden zu sein und sie denkt und forscht wie diese, nämlich historisch, philologisch und hermeneutisch: eine Philosophie, die „liest, aber nicht denkt, interpretiert, aber nicht begreift."[15]

Aber auch die Geisteswissenschaften gehören zu den Rationalitätsstrukturen einer modernen Welt. So können Verfügungswissen und Orientierungswissen unterschieden werden. Ersteres wird den Naturwissenschaften und das zweite den Geisteswissenschaften zugeordnet. Das Verfügungswissen hat es mit dem Können, das Orientierungswissen mit dem Sollen zu tun. Die Aufgabe von Geistes- und Kulturwissenschaften besteht aber nicht im Einklagen eines ethischen Sollens, sondern im Sich-Vergewissern der kulturellen Inhalte, zu denen auch die Entwicklung der Technik und Naturwissenschaften gehört. Eine derartige Vergewisserung, das lebendige Wissen einer Kultur von sich selber zu erarbeiten, und zwar in Wissenschaftsform, ist zur Stabilisierung und Entwicklung moderner Gesellschaften ebenso wichtig wie ein wissenschaftsgestütztes Können, meint Mittelstraß. In den Geisteswissenschaften bildet die moderne Welt ein Wissen von sich selbst aus, ohne das sie orientierungslos wäre. Sie würden dadurch aber auch nicht, in einer neuerlichen Dichotomie, zur reinen Orientierungswissenschaft werden.[16] Irrgang pflichtet Mittelstraß bei und betont, dass ohne eine adäquate Theorie dessen, was man früher Geisteswissenschaften nannte, jede neue Wissenschaftsphilosophie ein Torso bleibt.[17]

---

[14] Mittelstraß 1996, S. 76; vgl. auch Mittelstraß, Jürgen: Der unheimliche Ort der Geisteswissenschaften. In: Engler, Ulrich (Hrsg.): Zweites Stuttgarter Bildungsforum. Orientierungswissen versus Verfügungswissen: Die Rolle der Geisteswissenschaften in einer technologisch orientierten Gesellschaft. Reden bei der Veranstaltung der Universität Stuttgart am 27. Juni 1994. Universitätsbibliothek Stuttgart 1995, S. 30-39, hier S. 36. *In Erwähnung der Zikade bezieht Mittelstraß sich auf den griechischen Mythos der Göttin Eos, die bei Zeus Unsterblichkeit für den Jüngling Tithonos erbittet, aber vergisst, um ewige Jugend für ihn zu bitten. Alt und grau geworden und schon lange des Lagers verwiesen, dient er Eos schließlich nur noch zur Zerstreuung durch sein Zirpen, nachdem sie ihn in eine Zikade verwandelt hat* (vgl. Mittelstraß 1996, S. 75).
[15] Vgl. Mittelstraß 1996, S. 76.
[16] Vgl. Mittelstraß 1996, S. 77.
[17] Vgl. Irrgang, Bernhard: Realistische Phänomenologie und kritische Hermeneutik als Epistemologie der Selbstorganisation des Verstehens – Prolegomena einer Wissenschaftsphilosophie von Technoresearch. In: Funk, Michael (Hrsg.): 'Transdisziplinär' 'Interkulturell'. Technikphilosophie nach der akademischen Kleinstaaterei. Würzburg: Königshausen & Neumann (erscheint im Juni 2015).

In diesem Zusammenhang bringt das Design etwas Experimentelles, praktisch Erforschendes zwischen das Wissen und das Können. Designer versuchen gelegentlich die Frage nach dem guten Leben zu stellen. Dies aber nicht auf normativem Wege, sondern auf dem Weg *des Fragens nach Möglichkeiten des Existierens*. Der Designer und Designtheoretiker Björn Franke betonte 2010 das *Explorative* am Design. Exploratives Design fragt nicht, „was sollte sein?", sondern „was wäre wenn…?"[18].

K.: Am *Bauhaus*, in den 1920er Jahren, hingegen gab es nur *ein* Ziel, nämlich *das neue Bauen und neue Wohnen*, und es gab den *modernen Weg der Industrialisierung* dazu. Die Designer des Bauhauses durften noch (normativ) behaupten: *So soll es sein*. Heute, und da ist es richtig, den Gedanken der Moderne weiter und neu zu denken, loten wir Designer *Möglichkeiten* des Wohnens und Lebens aus, adäquat zu den heterogen existierenden Wohn- und Lebensformen, und wir können lediglich – aber fundiert – vorschlagen: *so könnte es sein*.

Zudem stand das Bauhaus für eine gewisse Radikalität des Gestaltens, der sich jedwede ästhetische Gestaltung dem Funktionalen unterordnete, wobei auf ein Minimum an Formen (Grundformen) reduziert und auf Dekoratives weitgehend verzichtet wurde.

M.: Meines Erachtens liegt hier auch die derzeit vielleicht unterschätzte Rolle des Ästhetischen. Der niederländische Technikphilosoph Peter-Paul Verbeek betont, solange also allein die Funktionalität von Produkten im Mittelpunkt steht, beschäftigt man sich hauptsächlich damit, *was* diese Dinge *tun*, und nicht, *wie* sie es tun.[19] Daher wiederum interessiert sich auch zunehmend die Technikphilosophie für das Design und das Design-Denken.

Entscheidungen kann es nur geben, wo etwas *so oder auch anders* gemacht werden kann. Der Philosoph Eduard von Hartmann hat das schon vor über 100 Jahren in seiner Idee des Spielraums betont.[20] Der Ästhetik-Professor Andreas Dorschel hat

---

[18] Vgl. Franke, Björn: Design as Ethical and Moral Inquiry. In: Copenhagen Working Papers on Design // 2010 // No 1. Kopenhagen 2010, S. 71-72, hier S. 71 – im englischen Original: „Explorative design is not asking 'what ought to be' but rather 'what could be' or 'what would be if …?'".

[19] Vgl. Verbeek, Peter-Paul: What things do. Philosophical reflections on technology, agency, and design. Pennsylvania State Univ. Press 2005, S. 232.

[20] Vgl. Hartmann, Eduard von: Philosophie des Schönen. Ausgewählte Werke, 2. Ausgabe, Bd. IV. Leipzig 1888, S. 140.

diese auf seine bemerkenswerte Theorie zur Gestaltung angewendet: Zwecke, Technik und Material determinieren nicht die Gestaltung, sondern setzen der Wahl der Form lediglich Grenzen, innerhalb derer sie unterschiedlich ausfallen kann. Dass ein Gestalter Gründe gehabt hat, *so und nicht anders* zu verfahren, bedeutet also nicht, dass er keinen Spielraum gehabt hätte, vielmehr hat er den bestehenden Spielraum *genutzt*. An einem so simplen Produkt wie Büroklammern kann man den entsprechenden Spielraum gut erkennen. Nach meinem Verständnis findet hier Design statt. Denn sonst würde man das „So oder anders" ja irgendwelchen *Launen* oder *Konventionen* oder gar *dem Zufall* überlassen. Aber auch dieses Überlassen wäre eine Entscheidung. Selbst die schlichtesten Gebrauchsgegenstände sind also Resultate von Absichten geleiteten Tuns, dem puren Zufall genau entgegengesetzt[21]: Der Wiener Aphoristiker Karl Kraus hat das vor einem Jahrhundert schon unschlagbar formuliert: „Gegen das Gestaltenmüssen ist kein Kraut gewachsen."[22] Der Spielraum ist je nach Wirkungsbereich sehr unterschiedlich groß. Bei einem Stück Geschirr ist er größer als bei einem Messgerät, bei einer Armbanduhr größer als bei einer Werkzeugmaschine.[23]

Das Wort Spielraum hat im Englischen keine wirklich treffende Übersetzung. Ein Spielraum ist kein *playground* – da kann man bereits eine moralische Dimension erkennen. Das englische *latitude* könnte passen und es verweist auf das lateinische *latitudo* zurück, das Kant wiederum bereits für seine Erwähnung eines *Spielraumes* der freien Willkür bemüht hat: Das moralische Gesetz könne nämlich „nur die Maxime der Handlungen, nicht die Handlungen selbst, gebieten". Denn die Ethik gebe keine Gesetze für Handlungen vor, sondern nur für die Maximen der Handlungen.[24] Dass sich im Deutschen das Wort *Spiel* in diesen Begrifflichkeiten finden lässt, kann neue Denkansätze und Gedankenspiele eröffnen, besonders auch für Gestalter.

K.: In meiner Diplomarbeit habe ich mich 1997 eingehend mit dem Spiel und der Gestaltung von Spielräumen – im wahrsten Sinne des Wortes – beschäftigt[25]. Das

---

[21] Vgl. Dorschel, Andreas: Gestaltung – Zur Ästhetik des Brauchbaren. Heidelberg 2003, S. 62.
[22] Kraus, Karl: Sprüche und Widersprüche. München 1909, S. 92.
[23] Vgl. Dorschel, S. 63.
[24] Vgl. Kant, Immanuel: Die Metaphysik der Sitten. In: Werke in zwölf Bänden. Band 8, Frankfurt am Main 1977, S. 520.
[25] Thema der Diplomarbeit: *Spielräume im Freien – Freiräume zum Spielen*. Es entstanden Entwürfe für die sinnliche Wahrnehmung von Naturerscheinungen in städtischen Wohngebieten sowie ein bewegungsförderndes Spielmittel und ein generationenübergreifendes Konstruktionsspielmittel.

Wichtige daran: Vor der eigentlichen Gestaltung stand die intensive Auseinandersetzung mit der Thematik *Spiel*, *seinen Theorien* und seiner *Bedeutung*.

Versuchen wir *die moralische Dimension von Spielräumen* anhand des *playgrounds* (hier in der eigentlichen Wortbedeutung als *Spielplatz*) doch einmal so zu beschreiben: Jeder *playground* sollte, wenn er gut gestaltet ist, auch Spielräume bieten. Spielraum für die verschiedenen Spielarten. Der Wert von Spielräumen liegt eben in ihrer Gestaltbarkeit. Nicht jeder *playground* bietet das, und meist gerade nicht jene, die eigens als *Spielplätze* ausgewiesen sind. Deshalb habe ich in meiner Arbeit versucht zu zeigen, dass es unheimlich wichtig ist, diese Spielräume – hier zunächst für Kinder – in den Alltag, in das alltägliche Erleben, zu transportieren und zu integrieren. Und zwar, indem ich die verschiedenen Tätigkeiten des Spiels, *Spielarten* im Alltag (!) ermögliche. Alltagstauglichkeit der Spielräume beruht auf der Erkenntnis, dass Spielen essentiell notwendiges Tun ist, das man nicht in eigens dafür eingerichteten Enklaven künstlich isolieren darf. Diese Einsicht und Erkenntnis begründeten meine gestalterischen Ansätze. Das Spiel mit seiner enormen Bedeutung für das Menschsein entzieht sich damit jeglicher moralischer Verwerflichkeit. Und auch Schiller erwähnt in seinen Briefen zur Ästhetischen Erziehung des Menschen: „*Denn, um es endlich auf einmal herauszusagen, der Mensch spielt nur, wo er in voller Bedeutung des Worts Mensch ist, und er ist nur da ganz Mensch, wo er spielt.*"[26] Die Spielarten sind vielfältig. Kreativ wird es, wenn die Spieler ihre Spielräume entdecken und selbst mitgestalten können. (Darauf werden wir später bestimmt noch einmal zurückkommen, wenn der Designer seine Spielräume mittels Kreativität, Wissen und Können auszuloten vermag.) Das Spiel allerdings in seinen vielfältigen Erscheinungsformen in *einer* Definition fassen zu wollen, ist ein Ansatz, der zum Scheitern verurteilt ist[27].

M.: Definitionen dazu, was Design ist, fallen bekanntlich in verschiedenen Umgebungen unterschiedlich aus. Wenn in der (internationalen) Technikphilosophie zunehmend über Design gesprochen wird, scheint häufig eher das *engineering bzw. engineering design* gemeint zu sein. Wie wichtig es sein könnte, das Design vom

---

[26] Friedrich Schiller (Autor), Klaus L. Berghahn (Hrsg.): Über die ästhetische Erziehung des Menschen in einer Reihe von Briefen. Reclam, Stuttgart 2008, (EA Tübingen 1795). Zitat aus 15. Brief, Kapitel 16.
[27] Vgl. *Standardwerk* zum Thema: Johan Huizinga (Autor), Andreas Flitner (Hrsg.): *Homo ludens*. Vom Ursprung der Kultur im Spiel. (EA „Homo ludens", 1939). Rowohlt, Reinbek 2009.

Engineering unterscheiden zu können – oder ob das überhaupt nötig ist –, ist grundlegend für Debatten zur Ethik speziell im Design.

K.: Sicherlich tragen zum Beschreibungsproblem des Designs bzw. zum Identitätsproblem des Designers auch die vielfältigen und sich in ständigem Wandel befindlichen Erscheinungsformen des Designten und Designens bei, die wiederum enorm auf die technischen Möglichkeiten abheben.

Für Informatiker hat Design, wie Du richtig bemerktest, eine ganz andere Bedeutung. Ich habe dazu in Vorbereitung meiner Masterthesis eine Umfrage unter Informatikstudierenden nach ihrem Designverständnis durchgeführt und auch hier kam ein ziemlich diffuses und eher klischeebehaftetes Designverständnis zum Vorschein. Vielleicht sind es gerade diese *Klischees*, die man ernsthafter in die Betrachtungen einbeziehen sollte (denn ohne Grund gäbe es sie kaum). Ingenieure bemühen immer wieder den Spruch: „Ist es Design oder funktioniert es?". Da sind wir wieder bei unserem Dilemma und wieder *zwischen den Stühlen*, hier wieder zwischen Ästhetik und Funktionalität.

M.: Das Image des Designers als „Anhübscher", Stylist wurde bereits erwähnt. Während in der aktuellen, vor allem technikphilosophischen Betrachtung des Designs die Nähe zum Engineering nicht zu übersehen ist, betrachte ich den Zugang zum Ästhetischen im Design über gerade dieses Image, das offenbar eher im Deutschsprachigen zu finden ist, nicht als vollkommen verwerflich. In meiner Forschung stellt sich diese bekannte und beargwöhnte Verbindung des Designs zum Ästhetischen als Chance dar, das Design und seine spezifischen Denkweisen zu profilieren und davon zu profitieren. Und mit der Relevanz des Ästhetischen scheint eine ethische Relevanz hinzu zu kommen: Die Hinwendung zum Schönen ist gut, weil es gut ist, Dinge zu machen und mit Dingen zu tun zu haben, die sich nicht allein zu irgendwelchen Zwecken oder um ihrer selbst willen lohnen, sondern zugleich ein *sinnliches Bewusstsein dieses Lohnenden* eröffnen. Moral handelt von der Respektierung solcher Grundbedingungen gelingenden Lebens. Daher ist das Ästhetische ein Thema, das unter dem Schutz der Moral stehen sollte.[28]

---

[28] Vgl. Seel, Martin: Ethisch-Ästhetische Studien. FF/Main. 1996, S. 15.

K.: Dem stimme ich voll zu. Allerdings läge dann auch hier – in einer Fehldeutung – die Funktionalisierung des Ästhetischen im Design in der Luft, und damit wäre schlechterdings einer beliebigen, vielleicht sogar *belanglosen* Gestaltung Tür und Tor geöffnet.

Ich denke dabei an die Interpretation von *form follows function*, die immer wieder auf die Reduktion des Ästhetischen zugunsten aller Aspekte der Funktion (Ästhetik hierbei jedoch ausgeklammert) begriffen und weitergetragen wurde, so aber vom Verfasser Sullivan selbst nie gedacht, geschweige denn praktiziert wurde.[29] Am Bauhaus interpretierte man ihn weitestgehend mit jeglichem Verzicht auf das Ornament.[30] Sullivan hingegen billigt dem Ästhetischen eine ganz eigene, *auf den jeweiligen Kontext ausgerichtete Funktion* zu.

Spielräume jeglicher Art – gerade auch als Denk- und Deutungsräume – zu erkennen und zu nutzen, bedeutet für mich: Möglichkeiten ausloten. Das hat allerdings nichts mit Beliebigkeit zu tun, sondern mit Kontextherstellung und -bezug, mit der Beachtung von Beziehungen und Restriktionen, mit (zum Teil auch spielerischer) Arbeit im besten Sinne des Wortes und natürlich mit Verantwortung, die aus der Freiheit der Nutzung dieser Spielräume resultiert.

M.: Über die Verantwortung im Nutzen der gestalterischen Spielräume und die Relevanz des Ästhetischen, genau wie über die Debatten zu sozialen Stereotypien oder Fragen der Nachhaltigkeit, die man durch Gestaltungsentscheidungen immer wieder tangiert, gelangt man zum Thema Ethik im Design. Designer sind die besten Skeptiker – wahrscheinlich, weil sie (manchmal nur insgeheim) zu wissen scheinen, dass es immer auch *anders* gehen würde. Sie sind gewohnt, vermeintliche Ist-Zustände zu hinterfragen. Entsprechend haben mir meine Design-Studenten den moralischen Skeptizismus demonstriert: Warum denn überhaupt moralisch sein?

Aus dem Design heraus zu wissen, dass es immer auch anders geht, und sein häufig exploratives Vorgehen können eine Verbindung zur Praxis offenhalten, entgegen einem Verharren in der Isosthenie, der Unentscheidbarkeit widerstreitender Argumente. In der Dresdner Technikphilosophie wächst hier das Bild des Oszillierens:

---

[29] Sullivan, Louis (1896): „The tall office building artistically considered", in: Lippincott's Magazine, März 1896, Originaltext zu lesen auf: http://academics.triton.edu/faculty/fheitzman/tallofficebuilding.html.

[30] Siehe dazu auch: Maria Ocon Fernandez: Ornament und Moderne. Theoriebildung und Ornament im deutschen Architekturdiskurs (1850 – 1930), Reimer 2003.

Nur wo Spannung besteht, kann etwas Neues entstehen.[31] Design lebt vom Ausprobieren, die Prozesse im Produktdesign sogar vom Anfassen. Für einen Griff für ein Strahlenmessgerät kommt man nicht allein mit Renderings und Animationen aus. Genauso wenig wie bei einem Teekannen-Entwurf.[32] Hier berühren wir das Thema Leiblichkeit.

K.: Hierzu fallen mir spontan die verschiedenen Modelle und Modellierungen im Design ein. Ich meine speziell die Modelle während der Prototyp-Entwicklung, von denen Du auch gerade sprachst. Als Designerin schätze ich das Haptische. Ich präzisiere: als Produktdesignerin, die es gewohnt ist, sich modellierend (im wahrsten Sinne des Wortes) der Form anzunähern, schätze ich das *Lebendige* des Modellierens und des Modells.

So ist auch bei Architekten der Rückgriff auf das handskizzierte Modell zu beobachten, obwohl modernste Grafikprogramme selbstverständlich zur Verfügung stehen. Aber man erkannte auch hier, dass Computerzeichnungen oder auch 3D- bzw. 4D-Modelle zu glatt, *zu clean* sind. Obgleich für Grundriss- und Maßzeichnungen geradezu unerlässlich und höchst effizient, sind sie im Andeuten und Veranschaulichen von Ideen nicht lebendig genug. Also auch hier ein Oszillieren zwischen Ungenauigkeit, die Lebendigkeit vermittelt, und erstarrter Präzision. Beides dort einzusetzen, wo es Sinn macht, kann schon eine kluge Designentscheidung bedeuten.

M.: Dass die Designer in ihrem Philosophieren über ihre Profession das Rad nicht ständig neu erfinden müssten, war das Thema meiner Abschlussarbeit in Philosophie.[33] Entsprechend verstehe ich den Designer auch als Vermittler zwischen Design und Philosophie, zu beider Seiten Nutzen. Wie bereits erwähnt, sitzen aber auch *die Designer selbst zwischen allen Stühlen.* 1992 hat Otl Aicher dies betont und er ergänzte, der Designer sei ein Moralist, denn er müsse ständig zwischen verschiedenen Ansprüchen werten.

---

[31] Vgl. Irrgang, Bernhard (2015).
[32] Für eine kleine Erzählung über emotionale Verbindungen zu Teekannen vgl.: Norman, Donald: *Emotional Design. Why we love (or hate) everyday things.* New York 2004.
[33] Vgl. Unger-Büttner, Manja: Das Rad nicht neu erfinden müssen – über den Zusammenhang von Design(-) und Technikphilosophie mit Hauptaugenmerk Ethik. Dresden 2012 (vgl. http://forschungsinfo.tu-dresden.de/detail/abschlussarbeit/24925).

Und dann müsse er sich auch noch fragen lassen, wozu das Produkt gut sein soll – „wer hält das aus?"³⁴ Dieses unter Designern recht bekannte Zitat diente mir früher oft dazu, Gestaltern die Relevanz ethischer Reflexion überhaupt nahezubringen. Das hat sich etwas gewandelt und ich finde einen neuen Zugang zu diesem ja doch recht fatalistisch klingenden Statement. Nun ziehe ich Michel Foucault hinzu, der ja auch als Moralist bezeichnet wurde und das, als Moralskeptiker, vehement abstritt – bis er seine Position in einem Interview einmal etwas genauer formulierte: Er sei in *dem Sinne Moralist*, dass er niemals etwas als definitiv, sicher oder unveränderbar bezeichnen würde. Kein Aspekt der Realität solle jemals ein definitives und unmenschliches Gesetz für uns werden.³⁵

K.: Der Designer als Vermittler gefällt mir wesentlich besser. Aber auch diese Rolle ist so neu nicht. Der von mir sehr geschätzte Gestalter Max Bill³⁶ sagte dazu: *„ich habe den beruf des architekten immer als koordinationstätigkeit aufgefasst, und das bedeutet doch, sich mit dem ganzen umfeld des bauens und gestaltens zu befassen."*³⁷ Hier ist die einzunehmende Vermittlerrolle zwischen den objektiven Rahmenbedingungen und Kontexten erfasst. Wilhelm Wagenfeld bezieht diese Vermittlung auch auf die am Werk Beteiligten (hier wieder in Bezug auf die Glasherstellung): *„Die Bedenken und Vorschläge der Kaufleute sind dabei ebenso wichtig wie die Erfahrungen der Techniker und Hüttenmänner."*³⁸

Für mich liegt eine wesentliche Unterscheidung von Kunst und Design darin, dass Design (als sogenannte angewandte Kunst) bestimmte Ziele und Zwecke *für jemanden* verfolgt, anders gesagt: *uns Menschen* für ein gelingendes Leben *dienlich, nützlich sein sollte*. (Selbstverständlich trägt die freie Kunst auch zu gelingendem Leben bei.) Im Design sind das *erklärte Ziel* der Nutzen, der Zweck, die Zweckmäßigkeit und damit

---

[34] Aicher, Otl: die welt als entwurf. Berlin 1992, S. 78 (i. O. klein geschrieben).
[35] „In a sense, I am a moralist, insofar as I believe that one of the task one of the meanings of human existence – the source of human freedom – is never to accept anything as definitive, untouchable, obvious, or immobile. No aspect of reality should be allowed to become a definitive and inhuman law for us." Vgl. Foucault, Michel im Interview "Power, Moral Values, and the Intellectual" mit Michael Bess, San Francisco, 3.11.1980, in: journal *History of the Present* 4, 1988, S. 1-2, 11-13.
[36] Max Bill (1908 – 1994) war ein Schweizer Designer, Künstler und Architekt; er hatte am Bauhaus in Dessau studiert (1927 - 1928) und war der erste Rektor der Hochschule für Gestaltung (HFG) Ulm (1953 - 1956), später (erster) Professor für Umweltgestaltung in Hamburg (zwischen 1967 und 1974).
[37] Max Bill, Zitat in: Tomás Maldonado: *Neue Entwicklungen in der Industrie und die Ausbildung des Produktgestalters.* In: ulm 2, 2.10.1958, 31f.
[38] Vgl. Wilhelm Wagenfeld: *Wesen und Gestalt der Dinge um uns.* Reprint der Erstausgabe von 1948, Worpsweder Verlag 1990. S. 73.

auch *der Nutzer (User)*. Mit dem Konzept der Usability bzw. der User Experience (UX) geben wir dem Nutzer – der zwischenzeitlich zumindest aus dem Blickfeld der Entwicklungen geraten ist – wieder eine Stimme, ja mehr noch: Wir erkennen seine Beteiligungsnotwendigkeit an den Herstellungs- und Entwicklungsprozessen an.[39] In der Praxis ist das oft problematisch. Den Wünschen der künftigen Nutzer zu entsprechen ist eine Seite der Medaille, die andere die Beachtung der Eingebettetheit dieser Wünsche in den realen Kontext der (gesamten) Nutzung und Herstellung (bis hin zum Recycling).

In meiner derzeitigen Arbeit soll eine erweiterte Dimension, eben jene *vom Nutzer zum Braucher* zum Tragen kommen, die mir der Produktgestalter Wilhelm Wagenfeld eröffnet hat, und welche angesichts der Globalisierung, demografischer Debatten und einer nachhaltigen Ressourcennutzung heute noch einmal eine ganz neue Bedeutung erhält. Wagenfeld meint bereits 1948 dazu[40]:

> *Doch der Zweck ist nicht mehr als ein Nebensächliches, ein Anhalt, der meßbar und aufschreibbar ist. Zweckmäßig muß der Blechtopf des Soldaten sein zum Essenfassen. Aber Brauchen sagt mehr, es erklärt die mannigfaltigen Beziehungen des Menschen zu den Dingen, mit denen er ißt, wohnt und lebt. Mit dem* **Brauchen**[41] *beginnt die Kultur, die Überwindung des Zweckdaseins.*

<u>M.:</u> Andreas Dorschel legt uns die Vermutung ans Herz, „das Ästhetische sei auch ein Trost darüber, daß nichts jemals einwandfrei funktioniert."[42] Das Ästhetische also als eine Art Kitt zwischen Mensch und Technologien? Es sollte jedenfalls nicht als etwas Hinzugefügtes verstanden werden, als etwas, das nicht zur Substanz, zum Kern der Sache gehört. Das liefe unter dem Begriff des Accessoires, meint auch Dorschel.[43] Und er liefert eine nachvollziehbare Gedankenkette zum Zusammenhang von Schönheit und Zweckmäßigkeit, der u. a. von Immanuel Kant eingehend begründet wurde. Kant hat z. B. auch den Begriff der Nützlichkeit strikt von der

---

[39] Rauterberg, M., Spinas, P., Strohm, O., Ulich, E. (1994): Benutzerorientierte Software-Entwicklung. Zürich: VdF.
[40] Zitat aus der Wagenfeld-Ausstellung „Vom Brauchen und Gebrauchen" 11.03.2014 bis 27.04.2014, Wilhelm-Wagenfeld-Haus, Bremen, am Wall 209.
[41] Hervorhebung durch die Autorin.
[42] Dorschel 2003, S. 71.
[43] Vgl. Dorschel 2003, S. 133.

Zweckmäßigkeit unterschieden.[44] Dorschel kommt zu dem Schluss, dass bei Gebrauchsgegenständen die Zweckmäßigkeit eine notwendige Bedingung der Schönheit ist. Auch eine schöne Tür müsse schließlich zunächst einmal eine Tür sein.[45] In ihrem Büchlein *Lust am Design* meinte Dorothee Müller treffend: „Eine Liege, auf der man schlecht liegt, ist eine Lüge."[46]

Es scheint sich aber eine vermittelnde Funktion auch des Ästhetischen zu eröffnen. Nicht allein daher ist die Frage des Vermittelns zwischen Designern und Nutzern relevant, wie Du vorhin schon erwähnt hattest. Aus der designerischen Praxis wissen wir von der Übersetzungsleistung des Designers, die er zwischen Innovationen, Produkten und dem Nutzer zu erbringen hat. Manche wollen die Verantwortung von Gestaltern auf diese eher praktisch ausgerichtete Übersetzungsleistung beschränken: „Ob man dabei dem Gehalt des designten Dings zustimmt oder nicht, ist nachrangig. Wir Designer sollten uns den bescheidenen Übersetzer zum Vorbild nehmen. Weder haben wir die Befähigung, uns als Moralgericht aufzuführen, noch ist dies überhaupt wünschenswert. Credo unseres Berufs sollte bleiben: Als Designer sind wir Vermittler."[47] Um seine Konzentration auf diese Vermittlungsleistung zu begründen, berief sich Alex Cameron auf die komplexen politischen und ökonomischen Mechanismen, denen auch Designer ausgeliefert seien. Aber warum sollen sich Designer verunsichern lassen von ihrem Wissen, dass es immer so oder auch anders gehen und auch gestaltet werden könnte – anstatt sich letztlich auch in Fragen der Verantwortung ihrer *Vermittlungskompetenz* sicherer zu werden? Sie sollten vermitteln können, warum *gerade jetzt gerade diese* Lösung die richtige sein könnte. Sie könnten durch ihre Arbeit die Funktionalität, den Nutzen und auch den Sinn von Innovationen an die Nutzer vermitteln und angrenzenden Berufszweigen wie dem Ingenieurwesen zugleich ein Bewusstsein für die Relevanz dieser Übersetzungsleistung.

Dass das Aufschreiben von ethischen Leitbildern keine Verpflichtung impliziert, diesen auch minutiös zu folgen, müssen manche Designer noch lernen. Als studierte Produktdesignerin bin ich Mitglied im Verband der Deutschen Industriedesigner

---

[44] Vgl. Kant, Immanuel: Kritik der Urteilskraft. In: Werke in zehn Bänden, hg. von W. Weischedel, 3. Aufl., Darmstadt WBG, 1968, Bd. 8, §§ 10-17, A 32-60, B 32-61, S. 298-319.
[45] Vgl. Dorschel, S. 80ff.
[46] Müller, Dorothee: Lust am Design. Das Buchmanuskript zur Fernsehserie. München 1988, S. 6.
[47] Cameron, Alex: Gutes oder schlechtes Design – eine Frage der Moral? In: Novo-Magazin 44/2000. http://www.novo-magazin.de/44/novo4446.htm – zuletzt gesehen: 20.5.2015.

(VDID), der z. B. auch mit dem VDI immer enger zusammenarbeitet und der 2012 einen Ethik-Codex[48] herausgegeben hat. Auch dieser will und sollte vielmehr von jedem Einzelnen für die jeweilige eigene Situation übersetzt werden. Verstehen und auf die eigenen Handlungen anwenden sind Hermeneutik. Gemeinsam mit dem VDID konnte 2014 eine nächste Stufe im Sinne einer Übersetzungs- und Vermittlungsleistung erklommen werden, nämlich Themen dieses Codex' in Ideen für eine neue Möglichkeit des Berufseinstiegs für Design-Absolventen einfließen zu lassen: Design-Studentinnen und -Studenten der Hochschule Anhalt in Dessau sind im Rahmen meiner Seminare zur Designtheorie der Frage nachgegangen, ob und wie Designer auf eine Art Walz gehen sollten. Herausgekommen ist das Berufseinstiegs-Konzept DESIGNERWEGE[49], das als praktiziertes Berufsethos gelten könnte, weil es den sozialen Wert eines bewussteren Miteinanders auch *innerhalb* der Profession, nicht allein in Bezug auf Nutzer, Folgen oder Umwelt, umzusetzen versucht.

Abschließend möchte ich noch einmal betonen, dass trotz vieler Überschneidungen und Überlappungen zwischen Design und Ingenieurwesen die Grenzen zwischen den verschiedenen Professionen m. E. nicht aufgelöst werden sollten. Eine Abgrenzungsmöglichkeit könnte das Ästhetische sein.

K.: Die Komplexität heutiger Produkt- oder Systementwicklungen ist teilweise so groß, dass Spezialistenteams gleicher und unterschiedlicher Disziplinen zusammen arbeiten müssen. Dazu die heutige Forderung nach Nutzerbeteiligung. Bereits in meiner Masterthesis habe ich versucht herauszuarbeiten, dass es in dieser inter- und transdisziplinären Zusammenarbeit nicht an qualifiziertem Spezial-Wissen der jeweiligen Profession mangelt, wohl aber am Verstehen-Können und *Anerkennen-Wollen des Anderen* (s. hier speziell auch das Ästhetik-Problem). Ein ganz wichtiger Aspekt für erfolgreiche Projekte ist die Verständigung, die Kommunikation. Gelingende Kommunikation setzt allerdings neben einer Verständigungsbasis (s. Fachsprachen und -termini) ein Kommunizieren-Wollen aller Beteiligten voraus. Insofern erfüllt

---

[48] Vgl. VDID Verband Deutscher Industrie Designer e.V. (Hrsg.): VDID Codex der Industriedesigner. Industriedesign. Der gesellschaftliche Auftrag. Zu erfragen in der VDID-Geschäftsstelle und online einsehbar: http://www.vdid.de/positionen/berufscodex.php (Stand 20.5.2015).
[49] Vgl. Manja Unger-Büttner, Hochschule Anhalt (Hrsg): Designerwege – Dessauer Perspektiven. Eine Studie über einen neuen Berufseinstieg. Dessau 2014.

APHIN bereits mehrere Voraussetzungen: das Aufeinander-Zugehen, das Auseinandersetzen-Wollen mit dem Anderen (hier auch mit den theoretischen Grundlagen der Philosophie) und das *gemeinsame Wollen*, das so wichtig ist.

Literatur

Aicher, Otl: *die welt als entwurf.* Berlin 1992.
Cameron, Alex: *Gutes oder schlechtes Design – eine Frage der Moral?* In: Novo-Magazin 44/2000. http://www.novo-magazin.de/44/novo4446.htm.
Doerr, Wilhelm (Hrsg.): *Semper Apertus.* Sechshundert Jahre Ruprecht-Karls- Universität Heidelberg 1386-1986. Heidelberg 1985.
Dorschel, Andreas: *Gestaltung – Zur Ästhetik des Brauchbaren.* Heidelberg 2003.
Foucault, Michel im Interview "Power, Moral Values, and the Intellectual" mit Michael Bess, San Francisco, 3.11.1980, in: journal History of the Present 4, 1988, S. 1-2, 11-13.
Franke, Björn: Design as Ethical and Moral Inquiry. In: Copenhagen Working Papers on Design // 2010 // No 1. Kopenhagen 2010 , S. 71-72.
Gessmann, Martin: Letzter Grandsigneur. Der Heidelberger Philosoph Rüdiger Bubner starb mit 65 Jahren. Pressemitteilung der Uni Heidelberg vom 15.2.2007. http://www.uni-heidelberg.de/presse/news07/2702letz.html.
Hartmann, Eduard von: *Philosophie des Schönen.* Ausgewählte Werke, 2. Ausgabe, Bd. IV. Leipzig 1888.
Institut für Philosophie der TU Dresden: Geschichte der Philosophie in Dresden. http://tu-dresden.de/die_tu_dresden/fakultaeten/philosophische_fakultaet/iph/inst/gesch.
Irrgang, Bernhard: *Hermeneutische Ethik. Pragmatisch-ethische Orientierung für das Leben in technologisierten Gesellschaften.* Darmstadt 2007a.
Irrgang, Bernhard: *Technik als Macht. Versuche über politische Technologie.* Hamburg 2007b.
Irrgang, Bernhard: *Philosophie der Technik.* Darmstadt 2008.
Irrgang, Bernhard: Realistische Phänomenologie und kritische Hermeneutik als Epistemologie der Selbstorganisation des Verstehens – Prolegomena einer Wissenschaftsphilosophie von Technoresearch. In: Funk, Michael (Hrsg.): *'Transdisziplinär' 'Interkulturell'. Technikphilosophie nach der akademischen Kleinstaaterei.* Würzburg: Königshausen & Neumann (erscheint im Juni 2015).
Kant, Immanuel: *Kritik der Urteilskraft.* In: Werke in zehn Bänden, hrsg. von W. Weischedel, 3. Aufl., Darmstadt WBG, 1968, Bd. 8, §§ 10-17, A 32-60, B 32-61, S. 298-319.
Kant, Immanuel: *Die Metaphysik der Sitten.* In: Werke in zwölf Bänden. Band 8, Frankfurt am Main 1977, S. 520.
Kraus, Karl: Sprüche und Widersprüche. München 1909.
Maldonado, Tomás: *Neue Entwicklungen in der Industrie und die Ausbildung des Produktgestalters.* In: ulm 2, 2.10.1958.
Marquard, Odo: Über die Unvermeidlichkeit der Geisteswissenschaften. In: Ders.: *Apologie des Zufälligen.* Reclam, Stuttgart (1986) 2013, S. 98-116.
Mittelstraß, Jürgen: Der unheimliche Ort der Geisteswissenschaften. In: Engler, Ulrich (Hrsg.): *Zweites Stuttgarter Bildungsforum. Orientierungswissen versus Verfügungswissen: Die Rolle der Geisteswissenschaften in einer technologisch orientierten Gesellschaft.* Reden bei der Veranstaltung der Universität Stuttgart am 27. Juni 1994. Universitätsbibliothek Stuttgart 1995.
Mittelstraß, Jürgen: *Die unheimlichen Geisteswissenschaften.* In: Bild der Wissenschaft 2/1996, S. 74-77.
Müller, Dorothee: *Lust am Design. Das Buchmanuskript zur Fernsehserie.* München 1988.
Norman, Donald: *Emotional Design. Why we love (or hate) everyday things.* New York 2004.
Rauterberg, M., Spinas, P., Strohm, O., Ulich, E.: *Benutzerorientierte Software-Entwicklung.* Zürich 1994.

Schiller, Friedrich (Autor), Klaus L. Berghahn (Hrsg.) (2008): *Über die ästhetische Erziehung des Menschen in einer Reihe von Briefen.* Reclam, Stuttgart (EA Tübingen 1795).

Seel, Martin: *Ethisch-Ästhetische Studien.* Frankfurt/M. 1996.

Unger-Büttner, Manja: *Das Rad nicht neu erfinden müssen – über den Zusammenhang von Design(-) und Technikphilosophie mit Hauptaugenmerk Ethik.* Dresden 2012 (vgl. http://forschungsinfo.tu-dresden.de/detail/abschlussarbeit/24925).

Unger-Büttner, Manja / Hochschule Anhalt (Hrsg): *Designerwege – Dessauer Perspektiven. Eine Studie über einen neuen Berufseinstieg.* Dessau 2014.

Vašek, Thomas: *Tödliches Vertrauen.* Hohe Luft online vom 27.03.2015.

VDID Verband Deutscher Industrie Designer e.V. (Hrsg.): *VDID Codex der Industriedesigner. Industriedesign. Der gesellschaftliche Auftrag.* Online unter http://www.vdid.de/positionen/berufscodex.php.

Verbeek, Peter-Paul: *What things do. Philosophical reflections on technology, agency, and design.* Pennsylvania State Univ. Press 2005.

Wagenfeld, Wilhelm: *Wesen und Gestalt der Dinge um uns.* Reprint der Erstausgabe von 1948, Worpsweder Verlag 1990.

Zimmerli, Walther C. (Hrsg.): *Wider die „Zwei Kulturen": Fachübergreifende Inhalte in der Hochschulausbildung.* Berlin 1990.

Zühlke, Detlef: *Der intelligente Versager. Das Mensch-Technik-Dilemma.* Darmstadt 2005.

Zur Deutung der Frage nach dem Wissen in Platons Theaitetos

Markus Dangl[1]

1 Einleitung

In seinem bekannten Aufsatz von 1963 beschäftigt sich Edmund Gettier mit Definitionsversuchen, die Wissen als wahre, gerechtfertigte Meinung auffassen, und äußert die Vermutung, dass ein solcher Versuch von Platon in dessen Dialog „Theaitetos" in Betracht gezogen und im „Menon" *eventuell* akzeptiert worden sei[2]. Die vorsichtige Ausdrucksweise offenbart die Schwierigkeiten einer Platoninterpretation in der Frage nach der *Standardanalyse von Wissen*[3]. Ausführlich hat sich Platon im „Theaitetos" der Frage nach dem Wissen (*episteme*) gewidmet.

Die Problematik einer konsistenten Textinterpretation dieses Dialogs lässt sich auf eine Reihe von Ursachen zurückführen, die einerseits genereller Natur sind und zumeist auch in anderen Platontexten vorliegen, andererseits mit der speziellen Struktur des „Theaitetos" zusammenhängen. So wird Platons eigene Position in einer philosophischen Streitfrage häufig bewusst überschattet durch die Dialogform, die sowohl eine gewisse Skepsis gegenüber einer (abgeschlossenen) Lehrmeinung und deren Darstellung zum Ausdruck bringt[4], als auch als Appell an den Leser interpretiert werden kann, in den Dialog durch eigenständiges Denken einzutreten. Eine besondere Rolle spielt dabei die Figur des Sokrates, in der zum Teil sokratisches Fragen (man denke etwa an dessen Maieutik) und platonisches Philosophieren so miteinander verschmelzen, dass sich eine eindeutige Zuordnung nicht immer finden lässt. Zudem erfordern kleine Hinweise des Autors in Form einer verdeckten Ironie oder offensichtlich konstruierte logische Sprünge in einzelnen Beweisführungen die besondere Aufmerksamkeit des Lesers.[5] Die Gefahr besteht somit darin, den eigentlichen Dis-

---

[1] APHIN e.V.; gekürzte Fassung einer Hausarbeit aus dem Jahr 2014 am Institut für Philosophie der FernUniversität Hagen.
[2] Gettier: Is justified true belief knowledge? S. 123 Anmerkung 1.
[3] So die Bezeichnung in Ernst: Einführung in die Erkenntnistheorie, S.69, siehe dazu auch die Auflistung einschlägiger Platonstellen, S.70.
[4] Vgl. dazu Platon: 7. Brief, 341 b-d.
[5] Dies wurde besonders deutlich in Heitsch: *Überlegungen Platons im Theaetet*, S.32-73, herausgearbeitet.

kussionsgegenstand, nämlich die Frage des Sokrates an seinen Dialogpartner Theaitetos, „[...] was denkst du, daß Erkenntnis ist?"[6], aus dem Fokus zu verlieren.

Theaitetos formuliert im Laufe der Unterredung nacheinander drei Thesen als Antwort auf diese Frage. Das Ziel der Arbeit besteht darin, diese drei Thesen und deren Widerlegung durch Sokrates darzustellen und kritisch zu begleiten. Insbesondere stellt sich bei dem letzten Versuch einer Wissensdefinition die Frage, ob er tatsächlich in einer echten Aporie endet – ähnlich wie sie beispielsweise bei der Frage nach der Tapferkeit auftritt.[7] Wenn es sich denn so verhält und die Aporie unauflösbar ist, liegt das dann darin begründet, dass die idealtypischen Gegenstände von Wissen, nämlich Ideen, im „Theaitetos" nicht ausdrücklich thematisiert werden?[8] Die Frage nach einer konsistenten Deutung ist Gegenstand des letzten Teils der Arbeit.

2 Wissen als Wahrnehmung

Der Dialog wird von drei Personen bestritten, von Sokrates, Theodoros und dessen Schüler Theaitetos. Dieser antwortet zunächst auf die Frage nach dem Wissen mit einer Aufzählung verschiedener Fachgebiete. Sokrates weist diese Antwort zurück (146 e), am Beispiel des Lehmes und an dem von Theaitetos selbst genannten Beispiel der Quadratzahlen zeigt er auf, wonach gesucht wird, nämlich nach einer kompakten Fassung dessen, was alles Wissen auszeichnet. Er betont, dass er sich selbst nicht im Besitz dessen weiß, wonach gesucht wird („[...] Ich gebäre nichts von Weisheit [...]", 150 c), sondern seine Aufgabe darin sieht, die im Dialog gewonnenen Ergebnisse auf ihre Tragfähigkeit zu prüfen und wahre Erkenntnis von Trugbildern zu scheiden.

Theaitetos formuliert als erste These, dass Wissen Wahrnehmung sei (*aisthesis*, 151 e). Sokrates verbindet diese Antwort unmittelbar mit der Lehre des Protagoras, die zugleich einen Exkurs des Dialogs einleitet: „[...] der Mensch sei das Maß aller Dinge, der seienden, daß sie sind, der nichtseienden, daß sie nicht sind." (152 a). Am Beispiel desselben Windes, der dem einen kalt, dem anderen jedoch warm erscheinen kann,

---

[6] Platon: *Theaitetos*, 146 c.
[7] Platon: *Laches*, 199 e.
[8] So z.B. Cornford: *Plato's theory of knowledge*, S. 162f: "True knowledge has for its object things of a different order – not sensible things, but intellegible Forms and truths about them. [...] The *Theaetetus* leads to this old conclusion by demonstrating the failure of all attempts to extract knowledge from sensible objects."

wird diese Auffassung verdeutlicht. Dabei setzt Sokrates „erscheinen" und „wahrnehmen" gleich. Er betont ein wesentliches Merkmal von Wissen, das dann auch Wahrnehmung erfüllen müsste, nämlich einen epistemisch sicheren Bezug zu demjenigen aufzuweisen, das „ist" (152 c).

Im Folgenden stellt Sokrates als zusätzliche Untermauerung der These des Protagoras einen Zusammenhang mit der als „Flusslehre" (auch „Prozessontologie" genannt[9]) bekannten Theorie her, als deren prominenter Vertreter Heraklit gilt: „[...] durch Bewegung und Veränderung und Vermischung unter einander *wird* alles nur, wovon wir sagen, *daß* es *ist* [...]" (Hervorhebung im Text, 152 d-e). So entstehe z. B. eine Farbwahrnehmung als Produkt eines Zusammentreffens von Sinnesorgan und einer darauf abgestimmten Bewegung. Jede Wahrnehmung hänge daher zugleich vom wahrnehmenden Subjekt und dem wahrgenommenen Gegenstand ab (154 a).

Sokrates zieht zur Erläuterung der Entstehung der Variabilität von Sinneseindrücken eine Parallele zu den Unterschieden in den Größenverhältnissen von Zahlenpaaren. Wie aber, so Sokrates, stehe es mit Träumen, Krankheiten und Sinnestäuschungen? Hier müsse man doch davon ausgehen, dass der Satz des Protagoras keine Gültigkeit beanspruchen dürfe, da „sein" und „erscheinen" auseinanderfielen (157 e-158 a). Sokrates selbst sucht diesen Einwand dadurch aufzulösen, indem er feststellt, dass in diesen Fällen der Zustand des Subjekts ebenfalls ein anderer sei und somit auch eine andere Wahrnehmung oder Vorstellung verursacht werde. Als erstes Zwischenergebnis der Erläuterung von Theaitetos' These und der Lehre des Protagoras hält Sokrates daher fest, dass jede Wahrnehmung für den jeweils Wahrnehmenden wahr sei und Wissen mit Wahrnehmung übereinstimme (160 c-e).

Nach einem kurzen, mit spöttischem Unterton geführten Angriff auf die Lehre des Protagoras, wendet sich Sokrates wieder direkt der ersten Wissensdefinition von Theaitetos zu. Das Beispiel einer fremden Sprache, die wir zwar hörten, aber nicht verstünden, belege, dass einfache Sinneswahrnehmung nicht mit Wissen gleichgesetzt werden könne. Theaitetos nimmt dieses Gegenargument jedoch nicht unwidersprochen hin, da die durch die reine Akustik bewirkte Erkenntnis zwar kein Sprachverständnis beinhalte, aber dennoch eine Form von Wissen darstelle (163 b-c).

Daraufhin führt Sokrates Wissen in Form von Erinnerung an, das ebenfalls Theaitetos' bzw. Protagoras' Auffassung widerlege. Sokrates selbst übernimmt wiederum

---

[9] Die beiden Bezeichnungen finden sich z. B. in Hardy: *Platons Theorie des Wissens im „Theaitet"*, S. 56 bzw. in Ricken: *Ontologie und Erkenntnistheorie in Platons Theaitetos*, S. 218.

die Verteidigung. Erinnerung sei etwas anderes als der erlebte Zustand selbst. Man solle versuchen, direkt seine These ad absurdum zu führen, dass nämlich ein jeder seine eigenen Wahrnehmungen hervorbringe (166 c). Schließlich sei der Unterschied des Weisen gegenüber der Masse, dass er einen anderen so beeinflussen könne, dass diesem Gutes statt Schlechtes erscheine, ohne dass jedoch deshalb die These falsch sei (166 d).

Im folgenden Teil des Dialogs versucht Sokrates die Argumente zur Verteidigung von Protagoras zu entkräften. Nach allgemeiner Auffassung würden sich die Menschen hinsichtlich ihres spezifischen Wissens unterscheiden, der Satz des Protagoras aber würde dazu führen, wenn er denn wahr wäre, dass niemand einen anderen für unwissend hielte (170 a-d). Wie stehe es mit der Meinung derer, die seinen Satz für falsch hielten, aber doch genau nach diesem Satz etwas meinen würden, das sei? So treffe Protagoras' Lehre am ehesten bei den Sinneswahrnehmungen zu, problematisch dagegen sei sie z. B. bei der Frage nach der Gesundheit (171 e) oder nach dem für die Polis Erstrebenswerten und Guten (177 d). Welchen Geltungsanspruch könne zudem jemand mit einer Aussage über einen zukünftigen Prozess vertreten, z. B. über die gesundheitliche Entwicklung eines Patienten – dürfe auch dafür die protagoräische Lehre in Anspruch genommen werden (178 c)?

Schließlich nimmt Sokrates die Flusslehre hinsichtlich der Frage nach dem Wissen ins Visier: Die Anhänger dieser Theorie meinten mit Bewegung sowohl Veränderung als auch Ortswechsel und seien der Auffassung, dass sich stets alles auf beide Weisen in Bewegung befände (181 d-e). Damit wären jedoch Aussagen über etwas Beharrendes unmöglich, ebenso die Unterscheidung zwischen bestimmten Wahrnehmungen und somit „jede Antwort [...] gleich richtig [...]" (183 a). Als Ergebnis stellt Sokrates fest, dass die Lehre des Protagoras widerlegt sei und dass Wissen auch nach der Flusslehre nicht Wahrnehmung sei (183 b-c).

Nach der Erörterung des Homo-mensura-Satzes und der Flusslehre untersucht Sokrates nun wieder direkt die Behauptung, Wissen sei Wahrnehmung. Er fragt danach, wie das Gemeinsame zweier Sinneseindrücke, z. B. Akustisches und Visuelles, erfasst werden kann und stellt im Gespräch mit Theaitetos fest, dass dafür kein eigenes Sinnesorgan existiere, sondern die Seele zuständig sei (184 c-185 e). Da nur diese die Seinsverhältnisse prüfen und die Wahrheit erfassen könne, die wiederum einen notwendigen Bestandteil von Wissen darstelle, könne Wahrnehmung unmöglich Wissen sein (186 c-e).

Auch wenn Theaitetos zunächst mit einer Aufzählung Sokrates' Ziel der Frage verfehlt, nämlich das allem Wissen Gemeinsame zu nennen, verdeutlicht er damit die allgemeine Auffassung, dass wir überhaupt berechtigterweise Wissensansprüche vertreten können.[10] Dabei stehen die maieutische Kunst des Sokrates und die mathematischen Fähigkeiten des Theodoros stellvertretend für zwei Paradigmen des Wissens, die als *dispositionales (knowing how)* respektive *propositionales (knowing that)* Wissen bezeichnet werden können.[11] Wie an Theaitetos' erster These und deren Verknüpfung mit den zu der damaligen Zeit aktuellen Lehrmeinungen sichtbar wird, stellt Platon eine umfangreiche Untersuchung der Frage nach dem Wissen an, die ihren Ausgangspunkt bei einfachen Sinneswahrnehmungen nimmt. Prüfstein einer jeden möglichen Antwort muss die sokratische Methode sein, die jedoch, da selbst eine Form des Wissens, die reflexive Struktur des Problems aufzeigt und somit die Schwierigkeiten, mit denen sich die Protagonisten konfrontiert sehen.[12]

Der Bezug zur protagoräischen Lehre ist eine unerwartete Deutung von Theaitetos' erster These, bietet aber den Vorzug, das Argument zu stärken, indem versucht wird, sowohl der Subjektabhängigkeit einer Perzeption als auch dem Wahrheitsanspruch desjenigen, der weiß, gerecht zu werden. Die Flusslehre dient dabei als theoretisches Fundament, um die Relativität von Sinneseindrücken zu erklären. Sokrates' Beispiel unterschiedlicher quantitativer Verhältnisse soll die Abhängigkeit einer Sinnesqualität, die als Beziehung aufgefasst wird, von ihren Relata zum Ausdruck bringen.[13] Auf diese Weise können scheinbare Paradoxa, wie z. B. etwas mehr werden könne, ohne sich selbst zu ändern, aufgelöst werden (155 a-b).

Träume, Krankheiten und Sinnestäuschungen jedoch demonstrieren die Problematik eines rein in der Wahrnehmung fundierten Wissensbegriffs: So ist zwar die Erklärung unterschiedlicher Wahrnehmungen aufgrund einer unterschiedlichen Disposition des wahrnehmenden Subjekts im Sinne der Flusslehre einleuchtend, jedoch nicht die damit einhergehende Relativierung des Wahrheitsbegriffs. Denn in den allermeisten Fällen lässt sich eine trügerische Sinneswahrnehmung, die über einen tatsächlichen Sachverhalt täuscht, aufdecken – dies setzt aber gerade die Möglichkeit

---

[10] Vgl. dazu Hardy: *Platons Theorie des Wissens im „Theaitet"*, S. 22f.
[11] Siehe ebd., S. 19f und Wieland: *Platon und die Formen des Wissens*, S. 224-236 sowie Ryle: *Knowing how and knowing that: the presidential address*, S. 4-16.
[12] Prägnant wird dies im Nachwort zu Platon: *Theätet*, S. 242, formuliert: „Wie können wir wissen, was Wissen ist?"
[13] Vgl. Ricken: *Ontologie und Erkenntnistheorie in Plantons Theaitetos*, S. 216-219.

der Anwendbarkeit der (wahrnehmungsunabhängigen) Prädikate „wahr" und „falsch" voraus. Platon lässt Sokrates über diese Schwierigkeit zunächst stillschweigend hinweggehen, holt diesen Punkt aber im Laufe des Dialogs nach.

Am Beispiel der unbekannten Fremdsprache oder auch von Wissen in Form von Erinnerung gelingt es Sokrates zu zeigen, dass sich Wissen nicht in einer gegenwärtigen Wahrnehmung erschöpft. Somit kann höchstens noch eine eingeschränkte Version von Theaitetos' These Gültigkeit beanspruchen, nämlich dass Wahrnehmung *auch* Wissen ist. Die sich daran anschließende Verteidigung der protagoräischen Lehre beansprucht eine Deutung von Unterschieden im Wissen zwischen Personen, die sich rein in Attributen wie „gut für jemanden" bzw. „schlecht für jemanden" niederschlagen soll. Freilich vermag dieses Argument schwerlich zu überzeugen, da es der Intuition und der Erfahrung, wie sich Wissensunterschiede manifestieren, zuwider läuft – Sokrates zeigt dies beispielsweise hinsichtlich des für die Polis Nützlichen. Hingegen ist der Vorwurf der Selbstwidersprüchlichkeit von Protagoras' Lehre kaum gerechtfertigt, da dieser auf einem unterschiedlichen Gebrauch von „wahr", nämlich einem relativen und absoluten, beruht.[14]

Durch die bisherige Argumentation wurde deutlich, dass sowohl Theaitetos' These einzuschränken ist, als auch, dass sie durch die Lehre des Protagoras nicht hinreichend gestützt werden kann. Die folgende Kritik von Sokrates an der Flusslehre zielt daher darauf ab, einen weiteren Stützpfeiler der These vom Wissen als Wahrnehmung ins Wanken zu bringen. Das Argument der Unmöglichkeit von sinnvollen Aussagen, wenn denn alles einem ständigen Wandel unterworfen ist, setzt jedoch eine extreme Variante der Flusslehre voraus, von der fraglich bleibt, ob diese so von ihren Anhängern vertreten wurde.[15]

Zur endgültigen Widerlegung der Behauptung, dass Wissen Wahrnehmung sei, bezieht sich Sokrates auf die Notwendigkeit einer beurteilenden Instanz, die nicht mit dem jeweiligen Sinnesorgan übereinstimmen kann, sondern die er separat in der Seele lokalisiert. Besonders plausibel wird dies bei der Anwendung von Allgemeinbegriffen auf Sinneseindrücke. Am Ende dieses Abschnitts kristallisiert sich somit

---

[14] Siehe dazu die Analyse in Heitsch: *Überlegungen Platons im Theaetet*, S. 41f.
[15] Vgl. nochmals ebd., S. 44-47. Heitsch sieht die Problematik in der Annahme der gleichzeitigen Orts- und Gestaltänderung.

die Bedeutung der Urteilsform für die Frage nach dem Wissen heraus, auch wenn dies von Platon nicht explizit formuliert wird.[16]

3 Wissen als wahre Meinung

In einem zweiten Anlauf für eine tragfähige Wissensdefinition vertritt Theaitetos nun die Auffassung, dass Wissen wahre Meinung (*doxa*) bzw. Vorstellung sei (187 b). Wie im Fall der ersten These, lenkt Sokrates zunächst die Aufmerksamkeit auf einen besonderen Gesichtspunkt: Wie lässt sich eine falsche Meinung erklären?

Sokrates beschränkt die folgenden Überlegungen zunächst auf die beiden Grenzfälle, dass entweder etwas vollkommen gewusst oder überhaupt nicht gewusst wird, während verschiedene Grade des Erkenntnisgewinns (Lernprozess) bzw. -verlusts (Vergessen) nicht berücksichtigt werden sollen (187 e-188 a). Er verknüpft die Frage nach Wissen und Nichtwissen direkt mit der Frage nach Sein und Nichtsein und stellt aber fest, dass falsches Meinen, also Nichtwissen, etwas anderes sei, als etwas zu meinen, das nicht ist (188 c-189 b). Es müsse sich stattdessen bei falscher Meinung um eine Form der Verwechslung handeln. Sokrates stößt dabei jedoch auf die Schwierigkeit, dass jemand unmöglich zwei Begriffe, die er kenne, miteinander verwechseln könne, so z. B. schön mit hässlich (189 c-190 e). Theaitetos' Vorschlag, unter Verwechslung stattdessen z. B. die falsche Zuordnung einer bekannten Person zu dem Sinneseindruck einer weit entfernten Person zu verstehen, weist er zurück, weil sich daraus die paradoxe Situation ergäbe, dass man etwas zugleich wüsste und nicht wüsste (191 b).

Im Folgenden setzt Sokrates den Exkurs fort, indem er zwei Bilder bemüht, um die Möglichkeit des Irrtums zu veranschaulichen. In einem ersten bildhaften Vergleich zieht Sokrates eine Parallele zwischen dem Gedächtnis und einem Wachsblock. Wahrnehmungseindrücke und Gedanken würden gleichsam eingeprägt, Unterschiede in Größe und Konsistenz des Wachsblocks bestimmten die jeweiligen Unterschiede der Gedächtnisleistungen zweier Personen. Solange ein Wachsabdruck noch vorhanden sei, wüsste die Person die entsprechende Wahrnehmung oder den Gedanken (191 c-e). Nachdem Sokrates verschiedene kombinatorische Möglichkeiten zwischen vorhandenem Abdruck und aktueller Sinneswahrnehmung bzw. deren Fehlen erörtert, kommt er zu dem Schluss, dass ein Irrtum nur dadurch zustande kommen könne, dass jemand eine aktuelle Wahrnehmung einem falschen Abdruck

---

[16] Platon befasst sich jedoch im *Sophistes* mit dem Aufbau einfacher Sätze und deren Einteilung in „wahr" und „falsch" (261 d-264 b).

zuordne. Am Beispiel der Personenidentifizierung erläutert er dies genauer: Eine falsche Vorstellung bedinge sowohl die Kenntnis einer Person als auch eine Sinneswahrnehmung, damit eine falsche Verknüpfung, also eine fehlerhafte Identifikation, stattfinden könne (192 a-194 b).

Wie aber lassen sich damit falsche Meinungen erklären, die rein auf einer falschen Zuordnung von Objekten im Denken beruhen, z. B. ein Rechenfehler bei der Addition zweier Zahlen, obwohl für beide Zahlen Wachsabdrücke vorhanden seien? Da dies zu der oben schon erwähnten paradoxen Möglichkeit des gleichzeitigen Wissens und Nichtwissens führe, könne falsches Meinen nicht mit einer Verwechslung von Gedanken und Wahrnehmungen erklärt werden (195 e-196 c).

In einem zweiten Anlauf zur Klärung des Problems, wie Irrtum möglich ist, bemüht Sokrates das Bild des Taubenschlags, der den Unterschied zwischen Haben und Besitzen von Wissen verdeutlichen soll. Wissen wird dabei mit Tauben verglichen, die in einer „ersten Jagd" ergriffen und in den Schlag gebracht werden müssen, und nach einer „zweiten Jagd" in der Hand gehalten werden müssen, wenn Wissen konkret angewendet oder sich bewusst gemacht werden soll (197 b-198 d). Der Irrtum im Beispiel des Rechenfehlers entstehe dann durch die Verwechslung zweier „Wissensstücke", d. h. Zahlen, die im Prinzip beide bekannt seien, da sich beide bereits im Taubenschlag befänden (199 a-c). Ein neues Problem bestehe dabei jedoch darin, dass durch mehr Wissen die Verwechslungsgefahr zunehme. Der Lösungsversuch von Theaitetos, die Annahme von „Nichtwissensstücken", die die Verwechslung verursachten, führe, so Sokrates, zu noch größeren Schwierigkeiten, da dann ein Metawissen erforderlich sei, um zwischen Wissen und Nichtwissen zu unterscheiden (199 d-200 c). Schließlich gibt Sokrates die Erörterung auf, wie falsches Meinen zustande kommt, und wendet sich wieder direkt Theaitetos' zweiter These zu. Am Beispiel des Richters, der von Advokaten zu einer wahren Meinung überredet wird, aber kein Wissen über den entsprechenden Sachverhalt haben kann – dies hätte z. B. nur ein Augenzeuge –, wird die These, Wissen sei wahre Meinung, verworfen (201 a-c).

Sokrates' Vorschlag, zunächst zu analysieren, wie eine falsche Meinung zustande kommt, ist methodisch geschickt. Wer Wissen als wahre Meinung definiert, muss auch eine Erklärung dafür anbieten können, dass Meinungen den wahren Sachverhalt verfehlen können. Allerdings ist auffällig, dass Sokrates für die nachfolgende Untersuchung zwei Einschränkungen vornimmt: Zum einen ist dies die Auffassung von Wissen als vollständiges Wissen bzw. dessen Fehlen als vollkommene Unkenntnis, zum anderen die Deutung von Wissen als ein Kennen eines Gegenstands oder einer Person. Im Fortgang des Dialogs erweisen sich diese Restriktionen als problematisch, so dass sich für den Leser die Frage stellt, ob Platon genau dies (zumindest indirekt) aufzeigen wollte. Im Fall der ersten Einschränkung lässt sich darauf eine positive Antwort geben: Sokrates selbst hebt diese nämlich auf, indem er das Bild vom Wachsblock einführt. Seine zuvor geäußerte Kritik an Theaitetos' Beispiel einer undeutlichen Personenwahrnehmung zeigt denn auch, dass ein vollständiger Wissensbegriff, der einen Erkenntnisfortschritt nicht beinhaltet, nicht plausibel ist: Der Wahrnehmende erkennt, dass es sich um eine Person handelt, verwechselt diese jedoch aufgrund der Entfernung – mit schrumpfender Distanz kann er jedoch des Irrtums gewahr werden.

Das Beispiel des Rechenfehlers schließlich soll Grenzen der Leistungsfähigkeit des Wachsblockmodells aufzeigen. Die Schwierigkeit besteht jedoch darin, dass sich ein fehlerhaftes Resultat eben *nicht* einfach durch die Verwechslung zweier bekannter Zahlen erklären lässt. Somit lenkt zwar Platon zu Recht den Leser auf die Tatsache, dass falsche Meinungen nicht nur im Bereich der Sinneswahrnehmung auftreten, Sokrates' Kritik am Wachsblockmodell ist anhand dieses Beispiels gleichwohl nicht gerechtfertigt. Freilich kann daher in diesem Fall auch die verfeinerte Variante, das Taubenschlagmodell, das Rechenexempel nicht zufriedenstellend erläutern.

Deutlich sichtbar wird an diesem zweiten Modell aber die Problematik der oben genannten zweiten Einschränkung des Wissensbegriffs, die Reduktion desselben auf ein „Bekanntsein mit". Die Unzulänglichkeit der Erläuterung von falscher Meinung als ein Verwechseln von „Wissensstücken" wird von Platon klar herausgestellt. Inwiefern Platon damit aber schon möglicherweise die Intention verband, den Leser verdeckt auf die Bedeutung von Wissen in seiner propositionalen Form hinzuweisen, ist unter den Interpreten umstritten.[17]

Die abschließende Widerlegung der These vom Wissen als wahrer Meinung gelingt Sokrates mit einem Beispiel, das interessanterweise auf die Sinneswahrnehmung eines Augenzeugen zurückgreift, die in der vorigen These gerade als ein Wissenskandidat ausgeschlossen wurde (vgl. dazu auch Abschnitt 5).

---

[17] Sprute z.B. diskutiert den Aspekt von Wissen als ein „Kennen von" (*Über den Erkenntnisbegriff in Platons Theaitet*, S.58f). Bluck sieht ebenfalls keinen Anhaltspunkt für die genannte Intention Platons: „*Knowledge by acquaintance" in Plato's Theaitetus*, S. 259f; anders jedoch Bondeson: *Perception, true opinion and knowledge in Plato's Theaetetus*, S. 114f.

4 Wissen als wahre Meinung mit Erklärung

Nachdem zwei Versuche zur Klärung des Wissensbegriffs gescheitert sind, schlägt Theaitetos schließlich die These vor, dass Wissen wahre Meinung sei, die mit einer Erklärung (*logos*) verbunden werde (201 c-d). Bevor die These selbst genauer beleuchtet wird, trägt Sokrates eine Theorie vor, worauf sich eine Erklärung beziehen müsse. Dies könne immer nur das aus elementaren Bestandteilen Zusammengesetzte sein. Die zugehörigen Elemente seien lediglich mit Bezeichnungen benennbar, selbst jedoch nicht erklärbar. Damit verstünde man unter einer Erklärung eines Zusammengesetzten die Benennung seiner Elemente, ohne dass diese selbst jedoch erkennbar seien (201 e-202 b).

Anhand des Beispiels von Buchstaben und Silben findet Sokrates jedoch an dieser Art von Erklärung einen Widerspruch: Wer eine Silbe als ein Zusammengesetztes aus Buchstaben kenne, müsse doch auch deren Bestandteile, die Buchstaben selbst kennen – sofern eine Silbe lediglich als Zusammenstellung von Buchstaben und nicht als ein eigenes Gebilde aufgefasst würde (203 a-d). Sokrates führt daher zur weiteren Erörterung die *mögliche* Unterscheidung zwischen einer „Gesamtheit" und einem „Ganzen" ein: Alle Teile, die rein nach ihrer Zahl betrachtet würden, bildeten eine Gesamtheit. Allerdings sei dasjenige, wovon es Teile gebe, *auch* das Ganze (203 e-204 b). Wenn die Silbe ein Ganzes mit den Buchstaben als Teilen darstelle, müsse sie in gleicher Weise wie die Buchstaben erkennbar sein, da in diesem Fall Gesamtheit und Ganzes gleich wären. Würde hingegen die Silbe als eine eigene, unteilbare Einheit aufgefasst, wäre sie wie der einzelne Buchstabe unerklärbar (205 d-e). Somit gelangen Sokrates und Theaitetos zu dem Schluss, dass die Theorie der Unerkennbarkeit der Elemente, aber Erkennbarkeit ihrer Verknüpfungen, nicht haltbar sei.

Im Folgenden bietet Sokrates drei Möglichkeiten an, was unter einer Erklärung verstanden werden kann. Die erste Art der Erklärung, die reine Artikulation eines Gedankens, wird als unzureichend verworfen, da es dann keinen Unterschied zwischen wahrer Meinung und Wissen geben würde (206 d-e). Die zweite Variante besteht in einer Aufzählung der Bestandteile dessen, wonach gefragt wird. Sokrates erläutert dies am Beispiel der Bauteile eines Wagens. Das Gegenbeispiel der im einen Fall korrekten Schreibweise der ersten Silbe von Theaitetos (richtige Aufzählung der Silbenbestandteile), aber der falschen Schreibweise von Theodoros (falsche Aufzählung der Bestandteile) bringt Sokrates zu der Überzeugung, dass auch die zweite Variante noch keinen Fall von Wissen darstellt (206 e-208 b).

Schließlich wird eine dritte Möglichkeit untersucht: die Angabe eines unterscheidenden Merkmals (208 e). Wiederum an einem Gegenbeispiel, der Kenntnis der Person des Theaitetos, wird auch diese Form der Erklärung von Sokrates verworfen: Die Kenntnis des unterscheidenden Merkmals zwischen Theaitetos und einer anderen Person reiche als Ausweis von Wissen noch nicht hin, die wahre Meinung würde dieses Merkmal bereits beinhalten (209 a-d). Des Weiteren kritisiert Sokrates an der dritten Variante, dass diese Art der Erklärung auf den Zirkel hinauslaufen würde, Wissen als wahre Meinung verbunden mit dem Wissen des Unterschieds zu erläutern – fasst man Kenntnis als Wissen auf. Zudem wäre ein solcher Zirkel auch bei jeder anderen Art von Erklärung unvermeidbar (209 d-210 a). So stellt Sokrates am Ende des Dialogs fest, dass keine der drei Definitionsversuche des Theaitetos zum Ziel geführt habe.

Der Exkurs legt als Einführung in die Frage von Erkennbarkeit und Erklärbarkeit den Grundstein für die spätere Auseinandersetzung mit dem Begriff der Erklärung, insbesondere der zweiten Variante, der Aufzählung von Bestandteilen. Allerdings erschließt sich dem Leser zunächst nicht die präzise Unterscheidung zwischen dem Ganzen und der Gesamtheit, da der Begriff „Teil" äquivok gebraucht wird. Eine ausführliche und plausible Interpretation gibt Heitsch[18]: So differenziert er zwischen *gleichartigen Teilen*, die eine Gesamtheit bilden, und *ungleichartigen Elementen*, die sich zu einem komplexen Ganzen zusammensetzen – zur Erklärung einer Gesamtheit reicht daher die Aufzählung seiner Teile aus, während bei einem Ganzen zusätzlich die Unterschiedlichkeit seiner Elemente und deren Verknüpfung erläutert werden muss. Auf dieser Basis wird verständlich, dass Sokrates die vorgetragene Theorie als unplausibel verwirft.

Im Anschluss sollen nun die drei Erklärungsvarianten näher betrachtet werden. Der Grund von Sokrates' Ablehnung der ersten Form einer Erklärung ist unmittelbar einsichtig, hingegen vermag im Falle der zweiten Variante das angeführte Gegenbeispiel, die falsche Buchstabierung von „Theodoros", nicht so recht zu überzeugen. Vielleicht wollte Sokrates damit die Möglichkeit einer nur zufällig richtig gegebenen Antwort als Ausweis von Wissen eliminieren. Die Schwierigkeit besteht somit darin, zu entscheiden, wann eine Erklärung, hier die Aufzählung von Bestandteilen, akzeptabel ist (siehe dazu auch die Diskussion weiter unten).

---

[18] Vgl. Heitsch: *Überlegungen Platons im Theaetet*, S.145-150.

Über die Deutung der Schlussaporie, also das Scheitern der dritten Variante einer Erklärung, und damit auch über die Zielsetzung des Dialogs herrscht unter den Experten keine Einigkeit. Stellvertretend für eine positive Interpretation seien Polansky und Heitsch[19] erwähnt. Eine negative Deutung der Antwort Platons auf die Frage nach dem Wissen findet sich beispielsweise bei dem in der Einleitung bereits genannten Cornford und bei Ricken[20].

Denn die Schlussaporie lässt die beiden folgenden prinzipiellen Lesarten zu:
1. Platons Argumentation ist zwingend: Die These, dass Wissen wahre Meinung, verbunden mit einer Erklärung, sei, erweist sich als falsch.
2. Bei der Aporie handelt es sich nur um eine scheinbare Ausweglosigkeit, tatsächlich lässt sie sich beheben.

Die erste Lesart lässt sich weiterhin unterschiedlich deuten. So könnte der tiefere Grund einer negativen Antwort darin liegen, dass schlicht keine kompakte Definition von Wissen im Sinne der Formulierung von notwendigen und hinreichenden Bedingungen möglich ist – unterstellt man einmal Platon die Absicht, eine derartige Definition zu verfolgen. Dass die Suche nach Begriffsdefinitionen solcherart tatsächlich scheitern kann, zeigt Wittgenstein an seinem bekannten Beispiel des Begriffs „Spiel"[21].

Neben der Möglichkeit, dass eine Definition existiert, aber von Platon nicht gefunden wurde, besagt eine andere Interpretation der Aporie, dass Platon bewusst eine negative Antwort gewählt hat, weil die eigentliche Lösung in den platonischen Ideen zu suchen ist.[22] In diesem Falle wäre gewissermaßen die Einengung des Lösungsraums in der Argumentation Ursache des Scheiterns. Diese Möglichkeit soll hier zunächst nicht weiter betrachtet werden – sie ist Gegenstand von Abschnitt 5.

Stattdessen wird im Folgenden die zweite Lesart näher betrachtet. Offenbar stört sich Sokrates an zwei Punkten der These, Wissen sei wahre Meinung verbunden mit

---

[19] Polansky: *Philosophy and knowledge: a commentary on Plato's Theaetetus*, S.9: „[...] the dialogue explores the topic of knowledge as thoroughly as Plato can, and it provides an answer about what knowledge is"; Heitsch: *Überlegungen Platons im Theaetet*, S.201: „Auf die Frage ‚Was ist Wissen' gibt der Dialog ‚Theaetet' zwar keine direkte und unmittelbare Antwort, deshalb findet aber, was Platon über Wissen und Erkenntnis gedacht hat, hier, wie gezeigt, doch seinen Ausdruck."

[20] Ricken: *Ontologie und Erkenntnistheorie in Platons Theaitetos*, S.216: „Es geht nicht darum, Lösungen zu suchen; vielmehr sollen Thesen als unhaltbar erwiesen werden."

[21] Wittgenstein: *Philosophische Untersuchungen*, § 66-71.

[22] Siehe Fußnote 8 oben.

der Erklärung des Unterschiedes. Zum einen sei die Kenntnis des Unterschieds bereits Bestandteil der wahren Meinung und würde somit keinen zusätzlichen Beitrag leisten, zum anderen – setzt man „Kenntnis" mit „Wissen" gleich – würde der Definitionsversuch zirkulär, da ja der Begriff „Wissen" als Definiendum schlechterdings nicht Bestandteil des Definiens sein könne. Welcher Ausweg ist möglich? Der Zirkel ist nicht notwendigerweise vitiös[23] (man denke etwa an den Hermeneutischen Zirkel), er fördert vielmehr ein wesentliches Merkmal von Wissen zutage: Wissen steht stets in einem unauflösbaren Zusammenhang mit bereits vorhandener Erkenntnis. Dieser Bezug wird bei der Analyse des explanatorischen Gehalts des Unterschiedes deutlich. Modern formuliert ist dies die Frage nach der *epistemischen Rechtfertigung*. In diesem Sinne lässt sich auch die erste Schwierigkeit, worin denn der Mehrwert bei der Erklärung des Unterschiedes besteht, auflösen: Wann eine gegebene Erklärung ausreichend ist, um eine wahre Meinung als Wissen auszuweisen, ist kontextabhängig, mithin davon abhängig, welcher Art der erläuterte Unterschied selbst ist.[24] Hat Sokrates mit seiner Frage nach dem Unterschied nur die spezifische Differenz ins Auge gefasst, reicht eine derartige Erläuterung wohl in der Tat in den meisten Fällen nicht aus. Somit liegt eine der Schwierigkeiten der Schlussaporie in einer Engfassung des Begriffs der Erklärung, die der Vielgestalt des Wissensphänomens nicht gerecht wird.

5 Gibt es einen Zusammenhang mit der Ideenlehre?

Eine der Hauptschwierigkeiten von Platons Ideenlehre liegt darin begründet, dass er nicht eine umfassende Darstellung und Erläuterung dieses Konzepts an einer einzigen Stelle in seinen Schriften durchführt, sondern stattdessen verschiedene Aspekte in verschiedenen Dialogen diskutiert.[25] Üblicherweise wird dabei die Lehre selbst als bereits bekannt vorausgesetzt. Im Gegensatz zu den sinnlich wahrnehmbaren Phänomenen sind Ideen (meist *idea* oder *eidos*) unveränderlich, unvergänglich, nicht mit den Sinnen, sondern nur im Denken erfassbar und bilden eine Einheit.[26] Der Idee

---

[23] Siehe auch Platon: *Theätet*, S. 268. Martens führt als weiteren Ausweg das im Text nicht genannte platonische Konzept der Wiedererinnerung an.
[24] Vgl. dazu die Unterscheidung zwischen dem Interesse des Unwissenden und dem des Wissenden in Ernst: *Einführung in die Erkenntnistheorie*, S. 132-134.
[25] Eine ausführliche Erörterung dieser Problematik findet sich z. B. bei Wieland: *Platon und die Formen des Wissens*, S. 95-101.
[26] Vgl. Martin: *Platons Ideenlehre*, S. 38-42.

kommt eine ontologische und epistemologische Priorität im Vergleich zum einzelnen Gegenstand, der an ihr teilhat, zu. Sowohl Eigenschaften (z. B. schön) als auch Relationen (z. B. die Idee der Ähnlichkeit) finden sich unter den Ideen. Neben diesem Urbildcharakter übernimmt die Idee zugleich auch eine normative Rolle[27]: Eine Idee kann in unterschiedlichem Grade in einem Einzelding verwirklicht sein, aber niemals in vollendeter Form. Zu den Grundproblemen der Ideenlehre zählen das Verhältnis von Idee und Einzelgegenstand, die Frage, wovon es Ideen gibt, die Thematik der möglichen Selbstprädikation und die Hierarchie der Ideen untereinander.[28]

Legt man wie Cornford eine negative Interpretation des „Theaitetos" bezüglich der Wissensfrage zugrunde und sucht stattdessen eine Lösung in den Ideen, eröffnet sich die unmittelbare Problematik, inwiefern damit schon eine zufriedenstellende Antwort gegeben wäre.[29] Denn der reine Verweis auf die Ideen als Objekte der Erkenntnis (Wissen als Ideenschau) hätte Ähnlichkeit mit der ersten Antwort des Theaitetos, einer Aufzählung von Fachgebieten, die ja Sokrates zurückgewiesen hatte. Eine Alternative bestünde darin, die Lösung in einer Idee vom Wissen selbst zu suchen. Ist die Annahme der Existenz einer solchen „Metaidee" anhand des Quellenmaterials gerechtfertigt? Diese Frage wirft freilich wiederum die bekannten Interpretationsprobleme bezüglich Umfang und Hierarchie der Ideenlehre auf[30], so dass eine schlüssige Antwort nur im Rahmen einer bestimmten Deutung von Platons Lehre gegeben werden könnte und somit hier entfallen muss.

Ein weiterer und letztlich noch gewichtigerer Einwand betrifft jedoch die mit den Ideen notwendig einhergehende Engfassung des Wissensbegriffs: Denn sowohl die ausgedehnte Untersuchung der Sinneswahrnehmung als auch das Augenzeugenbeispiel bei der Frage, ob der Richter wissen kann, legen nahe, dass Platon einen weiten Begriff von Wissen bei seiner Untersuchung im „Theaitetos" in den Blick nimmt. Dies bedeutet freilich nicht, dass Ideen als Idealformen von Wissen abgelöst wären, sondern lediglich einen idealen Grenzfall darstellen.

---

[27] Zum Verhältnis von Ontologie, Erkenntnisfähigkeit und Normativität siehe auch Schäfer: *Idee/Form/Gestalt/Wesen (idea, eidos, morphé, paradeigma)*, S. 160f.
[28] Platon erörtert einige dieser Schwierigkeiten im ersten Teil des „Parmenides".
[29] So auch Robinson: *Forms and error in Plato's Theatetus*, S. 17f; dagegen Hackforth: *Platonic forms in the Theaetetus*, S. 57f.
[30] Siehe dazu auch Martin: *Platons Ideenlehre*, Kapitel 5.

6 Fazit

Platons Untersuchung der Frage nach dem Wissen hat sich sowohl in ihrer Breite als auch in ihrer Subtilität als umfassend erwiesen. Besonders sichtbar wird dies bei der Erörterung zeitgenössischer philosophischer Lehren, die Platon nicht nur einfach als Kontrastprogramm dienen, sondern mit denen er eine ernsthafte Auseinandersetzung sucht. Dass er seine Ideenlehre im „Theaitetos" nicht in Betracht zieht – an die man zunächst einmal bei dieser Fragestellung denken würde –, lässt sich damit begründen, dass diese Lehre nicht die Antwort darstellen kann, um die sich Platon hier bemüht. Denn im Zentrum des Dialogs steht die Suche nach einer Lösung, die dem Anspruch auf Allgemeingültigkeit genügen soll: Dies schließt daher ausdrücklich eine Bedeutung von *episteme* mit ein, die nicht nur auf Idealformen der Erkenntnis abzielt, wie das Beispiel des Richters demonstriert.

So führt dieser Anspruch dazu, dass Platon Sokrates im Verlauf des Dialogs Lösungs- und Erklärungsansätze als unzureichend verwerfen lässt, die unter gewissen Randbedingungen ein durchaus fruchtbares Potential bergen. Das Bild vom Taubenschlag beispielsweise zeigt in anschaulicher Weise die Differenz zwischen prinzipiell erlernten Kenntnissen und deren tatsächlicher Anwendung. Möglicherweise verbirgt sich hinter dieser Konzeption der Figur des Sokrates die Absicht des Autors, den Leser zu der Einsicht zu bewegen, dass die Frage nach dem Wissen in ihrer vollständigen Allgemeinheit vermutlich keine Lösung zulässt. Gleichwohl gelingt es Platon, die Struktur des Problems herauszustellen, dem Leser deren wesentlichen Aspekte nahezubringen und eine zumindest tragfähige Arbeitshypothese zu formulieren.

Denn Theaitetos' dritter Definitionsversuch vom Wissen als wahrer Meinung, die mit einer Erklärung gestützt wird, kann trotz des aporetischen Schlussteils im Dialog ein hohes Maß an Plausibilität beanspruchen. Somit sieht sich der Leser auch hier wieder mit der doppelten Schwierigkeit konfrontiert, dass die Intention der geäußerten Kritik durch die Figur des Sokrates und Platons eigene Stellungnahme dazu im Hintergrund bleibt. Welche Schlussfolgerung lässt sich daraus ziehen? Offenbar hat Platon zwar die Frage nach dem Wissen inhaltlich als nicht abgeschlossen betrachtet, jedoch eindeutige Hinweise hinsichtlich des von ihm propagierten methodischen Vorgehens dargelegt. Dass dieses durchaus erfolgversprechend ist, zeigt sich denn auch im „Theaitetos" in eindrucksvoller Weise.

Literatur

Bluck, Richard S.: "Knowledge by acquaintance" in Plato's Theaitetus. In Mind, (72) 1963, S. 259-263

Bondeson, William: Perception, true opinion and knowledge in Plato's Theaetetus. In Phronesis, (14) 1969, S. 111-122

Cornford, Francis M.: Plato's theory of knowledge. London: Routledge, 2000

Ernst, Gerhard: Einführung in die Erkenntnistheorie. 3. Auflage. Darmstadt: Wissenschaftliche Buchgesellschaft, 2011

Gettier, Edmund: Is justified true belief knowledge? In Analysis, (23) 1963, S. 121-123

Hackforth, Reginald: Platonic forms in the Theaetetus. In The Classical Quarterly (7) 1957, S. 53-58

Hardy, Jörg: Platons Theorie des Wissens im „Theaitet". Göttingen: Vandenhoeck und Ruprecht, 2001

Heitsch, Ernst: Überlegungen Platons im Theaetet. Stuttgart: Franz Steiner, 1988

Martin, Gottfried: Platons Ideenlehre. Berlin: Walter de Gruyter, 1973

Platon; Wolf, Ursula (Hrsg.): Sämtliche Werke. Übers. von Friedrich Schleiermacher und Hieryonimus und Friedrich Müller. Band 1 und 3, 32. und 37. Auflage. Reinbek bei Hamburg: Rowohlt, 2011 und 2013

Platon: Theätet. Gr./dt. Übers. und hrsg. von Ekkehard Martens. Ditzingen: Reclam, 2012

Polansky, Ronald M.: Philosophy and knowledge: a commentary on Plato's Theaetetus. Cranbury: Associated University Presses, 1992

Ricken, Friedo: Ontologie und Erkenntnistheorie in Platons Theaitetos. In Otto Muck (Hrsg.): Sinngestalten: Metaphysik in der Vielfalt menschlichen Fragens. Innsbruck: Tyrolia, 1989, S. 212-230

Robinson, Richard: Forms and error in Plato's Theatetus. In The Philosophical Review, (59) 1950, S. 3-30

Ryle, Gilbert: Knowing how and knowing that: the presidential address. In Proceedings of the Aristotelian Society, (46) 1945-46, S. 1-16

Schäfer, Christian: Idee/Form/Gestalt/Wesen (idea, eidos, morphé, paradeigma). In ders. (Hrsg.): Platon-Lexikon. 2. Auflage. Darmstadt: Wissenschaftliche Buchgesellschaft, 2013, S. 157-165

Sprute, Jürgen: Über den Erkenntnisbegriff in Platons Theaitet. In Phronesis, (13) 1968, S. 47-67

Wieland, Wolfgang: Platon und die Formen des Wissens. 2. Auflage. Göttingen: Vandenhoeck und Ruprecht, 1999

Wittgenstein, Ludwig; Schulte, Joachim (Hrsg.): Philosophische Untersuchungen. Frankfurt am Main: Suhrkamp, 2003

Metaphysik nach Descartes

Wolfgang Neuser[1]

Die Metaphysik einer Zeit lässt sich am ehesten dadurch verstehen, dass man das Wissenskonzept, das in der Zeit vorherrschte, begreift und versteht, wie Wissen sich konstituiert. Mein Beitrag beschäftigt sich mit der tradierten Vorstellung von Wissen in der Neuzeit von Descartes an. Descartes steht als Autor für diejenigen, die das neuzeitliche Wissenskonzept zuerst schlüssig formuliert haben. Dieses Wissenskonzept ist längst überholt und wir praktizieren längst ein neues Wissenskonzept. Aber die Philosophie ist noch nicht so weit gekommen, eine Alternative auch nur theoretisch zu formulieren. Uns fehlt letztlich die Metatheorie für ein Wissenskonzept, das wir schon haben und benutzen. In diesem Sinn ist die Präposition im Titel meines Beitrags *Metaphysik nach Descartes* sowohl kausal oder konsekutiv als auch temporal gemeint. Ich skizziere die Metaphysik, die in der Folge von Descartes' Schriften entstanden ist und versuche, auch die Metaphysik zu skizzieren, die nach diesem Typus von Wissen in der Gegenwart folgt und nun zu Grunde gelegt wird. In der Gegenwart beobachten wir einen entschiedenen Wandel von der Wissensbegründung im Subjekt in der Neuzeit zu einer externen Begründung von Wissen in der Wissensgesellschaft.

Um uns den gegenwärtig angewandten Wissensbegriff vor Augen zu führen, müssen wir uns die informatischen Techniken ansehen. Die informatischen Techniken haben längst dazu geführt, dass wir Wissen extern irgendwo in Maschinen begründet bekommen und nicht mehr im Subjekt. Das cartesische Konzept[2] war: Wissen wird durch das methodische Verfahren des universellen methodischen Zweifels unter analytischen Problemlösungen im Subjekt konstituiert. Die Konstitution des Wissens im Subjekt ist unabdingbar dafür, dass wir wahre Aussagen formulieren können. Wenn wir Wissen im Subjekt konstitutiv haben, dann können wir daraus wieder über ein methodisches analytisches Verfahren eine ganze Weltsicht entwickeln. Das ist der Kern der cartesischen Metaphysik und die Vorstellung davon, dass das Ich (Subjekt) Wissen konstituiert. Diese historische Phase ist vorbei. Wir sind längst in einer Phase,

---

[1] TU Kaiserslautern.
[2] Rene Descartes: *Meditationen*, Hamburg 1972.

in der Wissen nicht mehr im Subjekt konstituiert wird, sondern in externen Strukturen. Die Beispiele sind unzählige; sie können in allen Lebensbereichen gefunden werden, wie etwa in den ubiquitären Systemen. Wir können uns ansehen, wie das Gesundheitssystem beginnt, sich neu zu organisieren. Wir finden sie etwa bei den Aktivitäten der NSA oder im Navi.

Beim Navi wird offenkundig, dass Wissen in Maschinen konstituiert wird. Das Subjekt ist verschwunden. Ein eingeschaltetes Navi teilt dem Fahrer mit, welche Strecke er fahren muss, um einen Stau zu vermeiden. Wie kommt diese Mitteilung zustande? Ort und Bewegungsparameter des Navi werden jederzeit an einen Computer gemeldet und dies passiert mit allen eingeschalteten Navis des gleichen Dienstleisters. Aus den Mitteilungen der Navis wird mit großem mathematischem Aufwand geschlossen, wie die Verkehrslage sich entwickeln wird und dem Navi wird dies rückgemeldet und mitgeteilt. Aufgrund dieser Mitteilung verfügt der Fahrer dann über die Möglichkeit zu entscheiden, ob er dem Navi folgen will oder nicht. Auch wenn die Stimme eine freundliche Damenstimme ist, ist es kein Mensch mehr, der dahinter steckt. Man kann auch nicht argumentieren, dass das Navi eine Ingenieursarbeit und damit eine Subjektleistung sei. Die Konstruktionsverfahren sind so komplex und zum Teil so verschachtelt, dass man nicht mehr davon ausgehen darf, dass es eine Entscheidung von einem Menschen ist, sondern es sind (zum Teil maschinelle) Entscheidungsprozeduren, die zugrunde liegen. Diese Struktur setzt sich in allen Lebensbereichen fort. Wenn man an die technischen Verfahren denkt, die wir über die NSA von Edward Snowden[3] wissen, dann braucht es nicht viel Phantasie, um zu sehen, dass unser Leben zunehmend von Verwaltungsstrukturen, die auf informatischen Techniken beruhen, funktioniert.

Ich halte nichts davon, diese Entwicklung im Sinne einer Technikfeindlichkeit abzulehnen. Diese Entwicklung hat vielmehr ihren Grund in der Entwicklung unserer Kultur. Diesen Grund kann man verstehen, wenn man sich darauf besinnt, dass die Entwicklung unserer Kultur immer aus einer Ausdifferenzierung des Wissensbegriffs hervor gegangen ist. In der Antike hat man danach gefragt, wie überhaupt der *Logos* für die Welt gefunden werden und wie man beweisbare Aussagen über die Welt machen kann. Am Ende der Antike, in der Spätantike, wird dieser Frage nicht mehr gefolgt, sondern sie gilt als entschieden. Zu Beginn des Mittelalters fragt man danach,

---

[3] Siehe dazu etwa die Einträge in: http://cryptome.org/.

wie man das so formulierte Wissen begründen kann. Die Frage nach der Begründung des Wissenskonzeptes ist keine Frage der Antike. In der Antike gibt es nur die Frage danach, *wie* Wissen begründet wird, aber nicht, wie das Wissenskonzept begründet wird. Die Alternativen, die wir in der Antike haben, werden in der Antike als Konkurrenz untereinander diskutiert, aber sie werden nicht anhand eines Kriteriums, nach dem man die Wissenskonzepte unterscheiden kann, diskutiert. Das kommt erst am Ende der Spätantike im Diskurs um die Inhalte des Wissens auf. Im Mittelalter will man schließlich Wissen extern des Gewussten begründen. Man will die Begründung von Wissen nicht im Wissen selbst denken, sondern dort, wo Wissen von dem Gewussten und dem Wissenden unabhängig ist. Aus einer ganzen Reihe von Argumenten folgert man nach diesem Ansatz Wissen aus einem externen Grund, der theologisch *Gott* oder *Schöpfer der Welt* heißt.[4] Die Welt ist danach in Gott begründet und wenn wir wissen wollen, dann müssen wir rausfinden, welche Zwecke durch den Grund des Gewussten in das Gewusste gesetzt sind, das heißt welche Zwecke Gott in die Welt gesetzt hat – so kann man zum Beispiel Thomas von Aquin interpretieren. Die theologische Variante ist die anschauliche Argumentation für den „Grund des Gewussten, der extern des Gewussten" ist. Mit Beginn und während der Renaissance findet ein Wechsel des Wissenskonzepts statt, der schließlich dazu führt, dass unsere Kultur mit dem Beginn der Neuzeit einen Wechsel in der Metaphysik dahingehend vollzieht, dass Wissen nun intern in einem Subjekt und nicht mehr extern des Gewussten und Wissenden begründet wird. Das Wissen muss nun in dem, was der Grund des Wissens ist, liegen und muss in dem, was begründet wird, gefunden werden.

Damit erscheint die Konzeption einer subjekttheoretischen Begründung von Wissen, wie sie Descartes formuliert hat. Descartes selbst nennt die Wissensinstanz noch nicht *Subjekt*, sondern er spricht vom „Ich". Das Wort *Subjekt* wird in diesem Kontext zum ersten Mal von Leibniz[5] benutzt, aber die Konzeption und der Begriff werden der Sache nach von Descartes formuliert.

---

[4] Wolfgang Neuser, *Wissen begreifen*, Wiesbaden 2013, S. 20-28.
[5] Gottfried Wilhelm Leibniz: *Monadologie*. In: *Philosophische Schriften*. Band 1, Darmstadt 1985, §29, S. 453. Andreas Blank, *Der logische Aufbau von Leibniz' Metaphysik*, Oldenburg 2001, S. 22f. Siehe auch: Renato Cristin, *Leibniz und die Frage nach der Subjektivität: Leibniz-Tagung, Triest, 11. bis 14.5. 1992*, Stuttgart 1994.

1 Die subjekttheoretische Begründung von Wissen – Metaphysik in Folge des cartesischen Ansatzes

Descartes hatte die Vorstellung, dass eine Argumentation auf bestimmte Weise, nach bestimmten Regeln und nach bestimmten Methoden zu erfolgen hat, wenn man Wissen dadurch begründen will. Klare und distinkte Begriffe müssen dazu evident eingesehen werden; sie müssen augenscheinlich vorm Geist stehen. Stehen sie augenscheinlich vorm Geist, dann kann man sagen, dass es keinen weiteren Zweifel mehr an den Begriffen geben kann und dann sind die Begriffe wahr konstituiert. Das ist das Verfahren, nach dem man Wissen begründet. So begründet Descartes das subjekttheoretisch fundierte Wissen. Vor diesem metaphysischen Hintergrund werden heute immer noch Prüfungen an Bildungseinrichtungen konzipiert. Die Studierenden kommen in den Saal, müssen alle externen Geräte abgeben und müssen aus ihrem Kopf ihr Wissen produzieren. Sie müssen Fachwissen reproduzieren und die Ingenieure sehen noch Materialkonstanten in einer Tabelle nach, deren Größenordnung sie kennen sollten. Als ich in den 70er Jahren Physik studiert habe, hat man uns im ersten Semester gesagt: Wenn ihr einst mit dem Flugzeug über einer Wüste abstürzt und die einzigen Überlebenden seid, müsst ihr es schaffen, die Physik aus euch selbst zu generieren. Heute wird jeder vernünftige Studierende sagen, wenigstens ein Bluetooth wird ebenfalls überlebt haben. Es ist längst so, dass Wissenskonstitutionen externalisiert sind und nicht mehr der subjektive Zweifel dafür verantwortlich ist, dass wir Wissen begründen.

Descartes fährt nach dieser Darstellung der Methode universellen Zweifels mit drei weiteren Regeln fort.[6] Die zweite Regel ist die Analyseregel. Descartes orientiert sich an der Arithmetik und der Geometrie. Wenn man komplizierte Flächen hat, muss man sie analysieren und Teil- oder Einzelflächen berechnen. Die dritte Regel besagt, dass das Resultat in der Ordnung, in der man die Einzelprobleme analysiert und gelöst hat, zusammengesetzt werden muss.

D.h., wenn man ein Problem in einer Hierarchie analysiert hat, muss man diese Hierarchie bei der Zusammensetzung der Problemlösungen einhalten. Die vierte Regel ist dann die der Synthesis oder der Vollständigkeit. Man muss dafür sorgen, dass man alle Flächen einzeln berücksichtigt hat. Später wird Descartes diese Vorstellung in mehreren Schriften immer wieder darstellen. Unter anderem in dem *Discours* und

---

[6] Rene Descartes, *Discours de la methode*, Hamburg 1969, 2, §§ 7-10, S. 31f.

in seiner *Prinzipienschrift*.⁷ Dort lautet die Formulierung für die Pointe dieser vier Regeln: *cogito ergo sum*. Jede Argumentation des universellen methodischen Skeptizismus kann die Begründung von Wissen überhaupt zerstören, außer der einen Tatsache, dass dann, wenn ich denke, auch akzeptiert werden muss, dass ich bin. Das heißt, man muss zwei Sachverhalte, die als unterschiedlich erscheinen, als unterschiedliche Seiten des gleichen Sachverhaltes nehmen und das sind „ich denkt" und „ich ist". Beides gehört zusammen. Das kann nicht anders beschrieben werden. Dadurch bekommt das Ich eine konstitutive Rolle für alles Wissen. Das Subjekt ist nun der Grund für jedes Wissen und jede Erkenntnis von Welt überhaupt. Beide Komponenten des Arguments entsprechen den beiden Gegenstandsbereichen der *res extensa* und der *res cogitans*. Die Methode der Problemlösung im Bereich der *res cogitans* folgt dem Prinzip der Arithmetik und in der *res extensa* kann man mit Notwendigkeit argumentative Zusammenhänge nach der Geometrie aufzeigen.⁸ Wie kommt es aber, dass wir die *res extensa* durch Leistungen der *res cogitans* erfassen können, das heißt die räumliche Extension aller körperlichen Dimensionen erkennen können? Descartes sagt in seiner Geometrie, dass sei einfach: Wir können nämlich feststellen, dass beide, die *res extensa* und die *res cogitans*, eine Einheit als Grundstruktur haben, auf die wir alle Argumentation, sowohl in der Geometrie als auch in der Arithmetik zurückführen können. Dies ist das Faktum, dass beide Bereiche generativ aus der Einheit hergeleitet werden können. Die Identität dieser Einheiten wird durch Gott sichergestellt. Gott ist der Garant dafür, dass diese Einheiten existieren. Dies ist die Metaphysik für die Idee des cartesischen Koordinatenkreuzes.⁹ Die Identifizierung von Arithmetik und Geometrie qua Begriff der Einheit ist ein konstitutives Moment der Metaphysik des Descartes und damit ein konstitutives Moment der Subjekttheorien, nach denen in der Neuzeit Wissen generiert wird. Descartes hat zwar gemeint, dass dieses *cogitare* nicht eine individuelle Leistung ist, sondern eine allgemeine Vernunft-Leistung sei, aber er hat gleichwohl das *Ich* empirisch gedacht. Er hat die Vorstellung gehabt, dass das *cogitare* in bestimmten physisch nachweisbaren Wesen passiert, Denken können eben alle Menschen. Im Laufe der Jahrhunderte, bis Ende des 18. Jahrhunderts wird

---

[7] Rene Descartes, *Discours de la methode*, Hamburg 1969; Rene Descartes, *Die Prinzipien der Philosophie*, Hamburg 1965.
[8] Hans Heinz Holz, *Descartes*, Frankfurt a.M. 1994, S. 120-136.
[9] Rene Descartes, *Die Prinzipien der Philosophie*, Hamburg 1965. II, §§ 10-22.

klar, dass dieses Argument Descartes' nicht funktionieren kann. Wenn man so argumentiert, dann kann man nicht kontrollieren, warum die anderen Menschen ebenfalls Wissen haben, das ich auch habe. Was vermittelt zwischen den empirischen Subjekten? Dazu braucht man eine Reinterpretation des Subjektbegriffes. Diese Reinterpretation des Subjektbegriffs wird von Kant formuliert mit der Vorstellung eines *transzendentalen Subjekts*.[10] Das Subjekt wird nun zum Prinzip des Denkens schlechthin. Fichte, Schelling und Hegel schließlich bemühen sich darum, die Descartesche Begründungsabsicht für Wissen mit der Vorstellung vom transzendentalen Subjekt zu verbinden. Hegel hat den Kernsatz seines Konzeptes in der Einleitung der *Phänomenologie*[11] formuliert: Die „Substanz (ist) wesentlich Subjekt". Das, was allem zugrunde liegt, ist die logische Begründungsleistung des Subjektes, alle Strukturen, die wir überhaupt wissen können, aus sich zu generieren. Damit ist dann auch das Ende der neuzeitlichen Metaphysik eingeleitet. Mit dem Tod Hegels 1831 ist die letzte Weiterentwicklung der Konzeption der Metaphysik der Neuzeit beendet. Die Revision der Metaphysik, die unsere Kultur prägt, wird von den nachfolgenden Denkern eingeleitet. In der Selbstbegründungsstruktur für alles Wissen, die Hegel in seiner Philosophie formuliert hat, wird das subjekttheoretische Begründen von absolutem Wissen in seiner konsequentesten Form dargestellt. Gleichzeitig entsteht damit aber auch die Skepsis gegenüber dieser Wissensbegründung und wird zu Beginn des 21. Jahrhunderts eine neue Metaphysik für die Wissensbegründung erfordern, weil Wissen nun im Kontext der informatischen Techniken nach neuen Strategien generiert wird. Wie kann man sich denn dann Wissen vorstellen? Wie kann begründetes Wissen funktionieren, wenn es nicht subjekttheoretisch funktioniert?

2 Die maschinenbasierte Wissenskonzeption. Metaphysik, die nach Descartes folgt

Zunächst ist seit den 1830er Jahren der Subjektverlust Gegenstand der Diskussion. Viele der folgenden Argumente finden sich in dieser Reflexions-Geschichte von Nietzsche bis Foucault und darüber hinaus bis zur Gegenwart, etwa auch bei Wolfgang Welsch[12]. Da das Subjekt als Wissensbegründung nicht mehr funktioniert, muss an seine Stelle etwas anderes treten. Meiner Meinung nach müssen wir Wissen als

---

[10] Immanuel Kant, *Kritik der reinen Vernunft*, Riga 1787, B404-406.
[11] Georg Wilhelm Friedrich Hegel, *Phänomenologie des Geistes*, Hamburg 1952, S. 24.
[12] Wolfgang Welsch, *Unsere postmoderne Moderne*, Berlin 2002.

eine selbstorganisierte Struktur denken, in der drei Teilelemente oder Teilsysteme enthalten sind. Das eine ist das Begriffsgefüge, das zweite sind Handlungen, und das dritte sind Erfahrungsstrukturen. D.h., wir haben als Zentrum unserer Erfahrung, die wir im Hinblick auf Handlungen machen, einen Deutungskontext, den wir einem Begriffsgefüge verdanken. Dieser Interpretationskontext organisiert sich, wie auch die beiden anderen Teilsysteme, selbst.[13]

Unter bestimmten Bedingungen[14] müssen die Elemente des Begriffsgefüges, die Begriffe, widerspruchsfrei sein und unter bestimmten Bedingungen können sie durchaus Widersprüche enthalten. Teilbereiche des Begriffsgefüges entwickeln sich immer um eine Deutungsstabilität, aber, wenn das Wissen systemisch stabil wäre, wäre das Ende jeder Deutungsmöglichkeit von Erfahrung und Handlung erreicht. Nur die ständige Bewegung, das ständige Abfragen und Durchprobieren von Bedeutungskomponenten der einzelnen Begriffe führt überhaupt zu einer (relativen) Stabilität. Diese Stabilität der Begriffe ergibt sich in einer Hierarchie von Begriffen. Die Begriffe, die an „höchster" Stelle der Hierarchie sind und die die übrigen in irgendeiner Form implizieren, entscheiden jeweils darüber, wie die übrigen Begriffe darunter strukturiert werden müssen. Unser Denken entwickelt sich so, dass wir einzelne Aspekte unserer Deutungen ändern. Irgendwann setzen sich die Deutungsänderungen durch alle Hierarchien fort bis zum höchsten Begriff. Dieser „höchste" Begriff ist der Wissensbegriff. Wir deuten dann neu, was als Wissen verstanden werden kann und wie Wissen erzeugt wird. Wenn sich der Wissensbegriff ändert, dann ändern sich auch alle Begriffe erneut, weil nun neue Konsistenzbedingungen mit dem neuen Wissensbegriff verknüpft sind. Meine Idee ist, dass sich der Wissensbegriff dreimal in unserer Kulturgeschichte geändert hat. Antike, Mittelalter und Neuzeit sind die zurückliegenden, abgeschlossenen historischen traditionellen Phasen und wir stehen heute am Beginn einer neuen Zeitepoche, in der sich ein neuer Wissensbegriff konstituiert. Der entscheidende Punkt scheint mir zu sein, dass man Wissen unter einem Subjektbegriff, insbesondere nach Kant und Hegel, nicht mehr interpretieren kann. Insbesondere ist das „Subjekt" nicht identisch mit den Begriffen „Mensch", „Menschheit", „Individuum" oder „Person", sondern „Subjekt" meint schon im cartesischen Kontext und bei Leibniz nur eine logische Funktion, nämlich die logische

---

[13] Wolfgang Neuser, *Wissen begreifen*, Wiesbaden 2013, S. 253-263.
[14] Wolfgang Neuser, *Wissen begreifen*, Wiesbaden 2013, S. 78f.; 208ff.

Funktion, Begründungskontext und Begründungsort für Wissen zu sein und nichts anderes. Zumindest die deutsche Aufklärung kann man ohne Schwierigkeiten so interpretieren, dass sie sich darum bemüht, das Subjekt mit dem Menschenbegriff, dem Menschheitsbegriff und mit dem Individuumbegriff zu identifizieren. Die Aufklärung hat einige Jahrhunderte gebraucht, um eine Reihe von Äquivokationen zu erzeugen. Das spielt uns heute „Streiche" bei der Interpretation des Subjektbegriffs. Wenn wir heute von dem Verlust des Subjekts sprechen, dann ist die Frage „Aber wo bleibt der Mensch?" eine naheliegende Reaktion. Wo bleibt er denn? Der Mensch hat mit dem Subjekt gar nichts zu tun. Vielmehr haben Herder, Schiller u.a. in den *Ideen zu einer Geschichte der Menschheit*[15] oder der *ästhetischen Erziehung des Menschen*[16] zu zeigen versucht, dass das Subjekt der Geschichte der Mensch bzw. die Menschheit ist, um dann zu untersuchen, wie das Subjekt mit beiden zusammenhängt. Das erzeugt, mit viel Aufwand, einen logischen Fehlschluss. Es ist eine Äquivokation. Die Aussage, dass das Subjekt nicht mehr existiert, meint, dass das logische Konstitutionsverfahren für Wissen sich geändert hat. Die subjekttheoretische Begründung von Wissen hat in der Aufklärung und in der Folgezeit nach der Aufklärung die gesamte Vorstellung und Deutung von Welt induziert. So ist zum Beispiel die Freiheit des Subjektes nur eine Freiheit des Subjektes aus Systemzwanggründen: Wenn ein Subjekt als das Letztbegründende gedacht wird und zugleich als nicht frei und von anderen bestimmt gedacht wird, verliert es seine Letztbegründungsfunktion. Was also gefordert werden muss, ist, dass das Subjekt frei ist. Wenn man sich den Hobbesschen, Humeschen oder Lockeschen Staat ansieht, dann besteht der immer aus Individuen, die als Subjekte gedacht werden und die sich aus irgendeinem Grund als Zusammenschluss im Staat finden. Nur aus dem Grund, weil sie die konsistente Idee des Subjektes fortsetzen, sind diese Staatstheorien so stark. Ähnliches gilt für die Persönlichkeitsrechte. Auch die wirken aus der Subjekttheorie. Was man im Augenblick beobachtet, etwa bei dem Umgang mit der NSA, ist eine Folge davon, dass in der Gegenwart die metaphysisch legitimierte Wissensbegründung und die Wissenshandhabung auseinander fällt. Wir verstehen die Zusammenhänge von Wissen nicht mehr. Es gibt eine der Kultur zugrunde liegende implizite Metaphysik, die auf einem in Maschinen begründeten Wissen beruht, aber wir haben keine passende Ethik, die

---

[15] Johann Gottfried Herder, *Ideen zur Philosophie der Geschichte der Menschheit*, Berlin / Weimar 1965.
[16] Friedrich Schiller, *Über die ästhetische Erziehung des Menschen*, Leipzig 2000.

eben nicht aus einem Begriff vom Subjekt folgen darf, weil Wissen eben nicht mehr subjektbasiert ist. Wir verstehen nicht, welche Konsequenzen dieser Wandel der Metaphysik hat, weil wir die Metaphysik einer subjekttheoretisch begründeten Wissenskonzeption für die darin liegenden ethischen Begründungen nehmen und sie in einer Wissenskonzeption, die nicht subjekttheoretisch begründet ist, verwenden. Ethische Konzepte, die subjekttheoretisch begründet sind, fallen aus einem Wissenskonzept heraus, das nicht (mehr) subjekttheoretisch begründet ist. Eine solche Ethik stellt kein Wissen mehr dar. Die Voraussetzungen stimmen nicht mehr.[17] Es gibt aber Juristen, die sich mit diesem Problem beschäftigen. Staats- und Rechtsauffassungen, Urheberrechtsauffassung, Privatrechtsauffassung sind revisionsbedürftige Konzeptionen, die unter den veränderten Bedingungen neu gedacht werden (müssen).

Wie muss man sich vorstellen, wie das komplizierte, selbstorganisierte System, das aus den drei Teilsystemen Begriffsgefüge, Erfahrungsraum und Handlungsraum besteht, zusammen wirkt? Was stellt dieses Wissen, das zum Beispiel ein Navi hat, im Vergleich zu meinem persönlichen Wissen dar?[18] Die drei Systeme Erfahrung, Begriff und Handlung sind zunächst auf einer Ebene über eine Selbstorganisationsstruktur insofern verbunden, als jeder Begriff eine Deutung für Erfahrenes und im Hinblick auf mögliche Handlungen bedeutet. Zum anderen haben Begriffe in sich eine relative Widerspruchsfreiheit und Konsistenz. Die Bereiche Erfahrung und Handlungen können widersprüchliche Elemente enthalten. Man kann Erfahrungen machen, die einander widersprechen. Das irritiert möglicherweise, weil Begriffe revidiert werden müssen, aber nicht die Erfahrung. Erfahrung stellt ja eine Deutung aufgrund von Begrifflichkeiten dar. Wenn sie sich widersprechen, dann ist das ein Verweis auf ein deorganisiertes Begriffsgefüge der Begrifflichkeiten. Ähnliches gilt für die Handlungen. Das hat damit zu tun, dass die Handlungen und die Erfahrungen einen kontinuierlichen Raum abdecken. Man kann keine Grenze für Erfahrung angeben. Außer man sagt, die Grenze für die Erfahrung käme aus dem Begriffsgebilde, aus dem Deutungskonzept. Andere Grenzen kennen die Erfahrung und auch die Handlung nicht. Man kann alles machen, es sei denn, die Begriffskonzeptionen, d.h. die Deutungsmöglichkeiten irritieren den Akteur. Begriffe sind diskontinuierliche

---

[17] Wolfgang Neuser, *Wissen begreifen*, Wiesbaden 2013, S. 53ff. Wolfgang Neuser, *Was ist eine Ethik ohne Subjekt*. In: The Journal of New Frontiers in Spatial Concepts, 5.2.2014, http://ejournal.uvka.de/spatialconcepts/archives/1798.
[18] Wolfgang Neuser, *Wissen begreifen*, Wiesbaden 2013, S. 253-263.

Gefüge oder Gefüge von diskontinuierlichen Strukturen, während Handlungen und Erfahrungen kontinuierliche Räume aufspannen. Die Abbildung kontinuierlicher „Räume" in diskontinuierliche Begriffsgefüge sorgt dafür, dass ständig „Fehler" auftauchen, die immer wieder durch Veränderung der Begriffe nachkorrigiert werden. Einen Begriff muss man sich so vorstellen, dass er einen expliziten Bedeutungsgehalt, einen impliziten Bedeutungsgehalt und Wertungen enthält. Dies sei beispielsweise an dem Newtonschen Kraftbegriff gezeigt. Der Kraftbegriff von Newton wird zum ersten Mal um 1687 formuliert und es hat noch einmal etwa 50 Jahre gebraucht, bis man verstanden hat, dass dieser Kraftbegriff ein Grundbegriff ist, mit dem man alles beschreiben kann, was Wirkungen in der Welt umfasst. Ab etwa den 1740er Jahren, nach der Übersetzung der Newtonschen *Principia* ins Französische durch Mme. du Chatelet, hat man dann diesen Kraftbegriff in allen möglichen Bereichen angewandt. Und diese Anwendung des Kraftbegriffes hat dazu geführt, dass man irgendwann versucht hat, die gesamte Körperwelt als Kausalbeziehung, als Ursache-Wirkung-Beziehung zu interpretieren. Damit hat man einen Kraftbegriff, der einen Deutungsanspruch hat, der über das hinausgeht, was ursprünglich von Newton mit der Erklärung von Gravitation intendiert war. Dieser darüberhinausgehende Anspruch, der dazu führt, dass wir Kraftbegriffe als Grundlage für alle Körperaktionen haben, erzeugt weitere Kraftbegriffe. Im 19. Jahrhundert entwickelt man etwa den der „elektrischen Kraft". Es gibt im 19. Jahrhundert auch „chemische Kräfte". Im Vorwort von Heinrich Hertz' *Prinzipien der Mechanik*[19] kann man nachlesen, dass die klassische Physik abgeschlossen sei. Die Idee war, dass Heinrich Hertz' analytische Physik erfasst, was man mit Physik erklären kann. Plancks und Einsteins Physik werden dann zum *definiens* nicht-klassischer Mechanik. Bis zur Hertzschen Physik gibt es Begrifflichkeiten, die einen festen, expliziten Bedeutungsgehalt für den Begriff „Kraft" liefern und der gleichzeitig noch offen ist für Verwendungen, die nicht streng impliziert sind. Es gibt so etwas wie Verfahrensvorschriften, wie man den Kraftbegriff der Schwere auf andere Gegenstandsbereiche und andere Gegenstände der Körperwelt applizieren kann. Hier gibt es als expliziten Bedeutungsgehalt die Vorstellung von Kausalität auf Grund einer von außen an einen Körper angreifende Kraft, einen impliziten Gehalt, der die Bedingungen für die Übertragung auf andere Gegenstandsbereiche angibt, und die Wertung einer positiven Welterklärung.

---

[19] Heinrich Hertz, *Die Prinzipien der Mechanik in neuen Zusammenhange dargestellt*, Leipzig 1894.

3 Fazit

Das Ziel meines Beitrags lässt sich unter drei Aspekten angeben: Der erste Aspekt ist, dass unsere Kulturgeschichte eine Abfolge von Ereignissen ist, die man als einen Differenzierungsprozess von insbesondere dem Wissensbegriff interpretieren kann. Wenn man das macht, dann muss man sagen, dass die Vorstellung einer subjekttheoretischen Begründung von Wissen heute nicht mehr wirksam ist. Ab der Mitte des 19. Jahrhunderts kommen die ersten Autoren wie Kierkegaard, Nietzsche, Schopenhauer oder auch der späte Schelling, die diese subjekttheoretische Begründung von Wissen nicht mehr akzeptieren. Heute wird klar, dass Maschinen große Teile des Verlaufs des Alltagslebens mittels der informatischen Techniken bestimmen. Das impliziert, dass Wissen zur Anwendung kommt, die nicht mehr einer subjekttheoretischen Begründung von Wissen folgt. Wissen ist nicht mehr subjekttheoretisch interpretierbar. Man wird davon ausgehen müssen, dass sich diese Entwicklung zum Vorteil der Menschheit fortsetzen wird. Glück bedeutet dies für die Menschheit, weil ein so organisiertes Leben weniger aufwändig und ökonomischer ist. So wie im Nachgang zum Buchdruck größere Menschenmengen befriedet werden konnten, so werden unter der funktionalen Verdichtung in der Wissensgesellschaft neue Verwaltungsstrukturen eine neue Lebenswelt schaffen. Um konsistent, nachvollziehbar und legitimiert verhindern zu können, wenn die informatische Technik, die die technische Seite der neuen Wissensbegründung ist, sich gegen die Interessen der Menschen wenden, bedarf es einer neuen Ethik, um Regeln für die Wissensverwertung zu schaffen. Die neuzeitliche aus einem Subjekt begründete Ethik ist da nicht mehr ausreichend.

Visionär der Tiefenpsychologie und wegweisender Wissenschaftler für die Kultur- und Naturwissenschaft

Dagmar Berger

1 Einleitung

Guten Abend verehrtes Publikum, schön, dass ich Sie heute Nachmittag hier in Bernkastel-Kues in der Akademie für Europäische Geistesgeschichte zu meinem Vortrag über das Lebenswerk C.G. Jungs begrüßen darf.

Sicherlich scheint Ihnen das Thema des Vortrags ungewöhnlich. C.G. Jung und sein Werk stehen augenscheinlich nicht mehr im Fokus des öffentlichen Interesses. Wenn man jedoch einen tieferen Blick auf die Welt der Literatur und Kultur wirft, wird man feststellen, dass sein Werk unterschwellig die gesellschaftliche Diskussion maßgebend bestimmt und prägt:

So beruft der Mönch und Theologe Anselm von Grün, der zugleich auch der erfolgreichste deutschsprachige Autor ist, sich hauptsächlich in seinen Schriften auf die Gedankenwelt C.G. Jungs. Bis heute gelten jedoch die tiefenpsychologischen Studien Jungs als führend in der Welt der Tiefenpsychologie und Therapie. Weltweit tradieren zahlreiche Jung-Institute die Lehre ihres Meisters, dort bilden sie Ärzte und Psychologen zu Tiefenpsychologen weiter. Auch der in Bergisch Gladbach lebende Begründer der Philosophischen Praxis, Gerd Achenbach, bekennt sich zum Gedankengut C.G. Jungs. Was hat das Werk C.G. Jungs jedoch mit der aktuellen gesellschaftlichen Situation zu tun?

Angesicht der Eskalation der Jugendgewalt, des sexuellen Missbrauchs in kirchlichen und staatlichen Institutionen sowie in den Familien und die seit Mitte der neunziger Jahre zunehmenden Kosten durch Mobbing, die sich mittlerweile auf Milliarden von Euro pro Jahr belaufen, wird die Frage nach Reformen, Lösungen und Gesprächen laut. Nirgends scheint jedoch eine Antwort in Sicht. Jetzt werden Sie sich erneut verwundert fragen, was dies alles mit C.G. Jung und seinem Werk zu tun hat. Sicherlich werden Sie zunächst keinen Zusammenhang sehen. Im Folgenden möchte ich jedoch versuchen, ihnen diesen zu erklären, um Sie dann für gut 60 bis 75 Minuten in die magische Gedanken- und Zauberwelt C.G. Jungs zu entführen.

Vor mehr als gut 100 Jahren hat Jung diesen Prozess der Entseelung der Welt und des menschlichen Lebens vorhergesagt. Im zehnten Band seiner Gesammelten

Werke gibt er zu bedenken, dass, wie er argumentiert, mit dem Bildersturz der Reformation ein Vakuum in der menschlichen Seele entstanden ist, vor dem es dem Primitiven nur so grauen würde. Mit der Reformation trat nun der freie Wille eines jeden in den Fokus, was nicht nur Begeisterung, sondern auch Ängste hervorrief. Was blieb, war Unsicherheit, eine Leere, die neu gefüllt werden wollte. Die neu gewonnene Freiheit füllte sich schnell mit diversen Möglichkeiten. In das schmerzhafte Vakuum ergossen sich „-ismen, Ideologien und Wahnvorstellungen aller Art", die sich in der Vergötzung des Sexismus, des Materialismus und des Faschismus offenbaren, dies wurden die neuen Götter der Welt. Diese Entwicklung schildert Jung in seinem Werk, er tut dies mit einem sehr bildhaften Beispiel, wenn er sagt: dass man sich nicht zum Bettler herunterwirtschaften kann, um dann als indischer Theatergott aufzuerstehen – womit er andeuten will, dass die Aufgabe der Spiritualität Konsequenzen nach sich zieht. Jungs Erkenntnis tendiert dahin, dass die Abkehr von der christlich geprägten Wissenschaft hin zu der rein naturwissenschaftlichen Methode den Menschen zu einer Durchschnittsidee verkommen lässt. Diese Gedanken greifen viele Wissenschaftler in der Moderne auf. Zu ihnen zählen unter anderem der jüdische Religionsphilosoph Abraham Heschel, der amerikanische Arzt und Autor Alexander Lowen, der amerikanische Autor Ken Wilber, der deutsche Mönch und Seelsorger Anselm von Grün, der deutsche Philosoph, Künstler und Professor Günter Schulte und viele andere. Mitte der 60-er Jahre betont der jüdische Religionsphilosoph Abraham Heschel, dass der moderne Mensch das Staunen verloren hat. Heschel vertritt die Auffassung, dass es sinnlos ist, ethische Werte zu dozieren. Der Lehrer muss den Schüler im Unbewussten treffen, dort, wo der unsicher ist. Persönlichkeitsentfaltung kann nur in der Tiefe des Individuums entstehen. Der amerikanische Arzt und Therapeut Alexander Lowen nähert sich seiner Sicht vom Zustand der Gesellschaft von einer anderen Seite, wenn er betont, dass durch die Amerikanisierung der Erfolg deren goldenes Kalb geworden ist. Der Mensch tut alles, um diesen zu erlangen. Wenn er sein Ziel erreicht hat, spürt er, dass er seine Seele dafür geopfert hat. Denn das Ziel verlangt viel von ihm, er muss Gefühl vom Verstand trennen, seine Person von der Bindung zur Gesellschaft und Familie lösen. Auf diese Weise verarmt der ach so Erfolgreiche seelisch und geistig, seine Seele muss Schaden nehmen. Diesen Verlust seiner inneren Ruhe und seines inneren Gleichgewichts kann er kaum ertragen. Er wird aggressiv und destruktiv. Lowen betont, dass Erfolg und Macht nicht das eigentlich Wesenhafte der Person, das Selbst, hervorbringen können, der Mensch erlangt auf diese Weise nicht seine Identität. Besonders der junge Mensch, der heute in der Scheinwelt von Konsum, Statussymbolen und Stars aufwächst, ist in der Gefahr, sich in diesen Scheinbildern zu verlieren und sie für das wirkliche Leben zu halten.

Immer wieder schockieren Skandale die Gemüter der Menschen. So zuletzt die Veröffentlichung über sexuellen Missbrauch von Schülern der Odenwald Schule. Erst vor gut drei Jahren wurden die zahlreichen Fälle von sexuellem Missbrauch bekannt. Ein Sturm der öffentlichen Empörung fegte durch die Medienlandschaft. Seitenlang wurde in schockierenden Berichten über diesen Skandal und andere Missbrauchsfälle in kirchlichen Einrichtungen publiziert. Eifrig wurden zahlreiche Diskussionsrunden und Ethikkonferenzen an runden Tischen zusammengerufen. Leider recht erfolglos. Im Frühjahr dieses Jahres wird erneut von sexuellen Übergriffen in demselben Institut berichtet. Ein neuer Sturm des Entsetzten eilt durch die Presse. Die Zahl der Opfer steigt nun auf 40 Schüler, manche von ihnen sollen sogar Selbstmordgedanken haben. Jetzt fragen Sie sicher erneut, was denn das Werk und die Biografie C.G. Jungs mit diesen gruseligen Geschehnissen zu tun haben. Erneut behaupte ich: sehr viel! Ich glaube, dass diese grausamen Vergehen nicht durch Kommissionen, Gespräche an runden Tischen und Diskussionen über ethische Werte erfolgreich zu lösen sind, dieses Unterfangen ist auf Dauer sinnlos:

Jung selber sagt, dass Weltheilung nur im Individuum stattfindet, das sich nach Heilung sehnt und ausstreckt. Den Menschen, der sich individuiert und damit zur Persönlichkeit wird, sieht Jung zum Reformer seiner Zeit und Zeitgeschichte werden. Bloße Reformen anzugehen, ist für Jung ein sinnloses Unterfangen. Nur die Seele, die ihren Schatten, ihre Sterblichkeit und eigene Todesangst bejaht, kommt auch mit den tiefen Selbstheilungskräften der Seele in Beziehung. Denn tief in seiner Seele lagern heilende Kräfte, die die erlittenen Schmerzen in segensreiche Perlen der Heilung wandeln können. Alle bedeutenden Werke der Kulturgeschichte entstehen aus dieser Dialektik von Ohnmacht und Vollmacht. Ohnmacht kann sich auf diese Weise in Sinn und Schöpfung wandeln.

Im 15. und 17. Band seiner Gesammelten Werke widmet sich Jung diesen großen Schöpfungen der Kulturgeschichte, die, wie er es sieht, aus dem Unbewussten geschaffen werden, keinen aus der Ratio geborenen Hintergrund haben. Jung betont, dass das große Kunstwerk immer objektiv zeitlos und überpersönlich ist, denn große

Kunst wird immer aus dem Unbewussten geschaffen. Sie entsteht aus der Tiefe der Seele und ist darum zu jeder Zeit hochaktuell, hochpolitisch und richtungsweisend.

Auch Lowen betont in seiner Schrift „Lust", dass das Lernen und Lehren mehr ist als bloßes Vermitteln oder Auswendiglernen von Daten oder Informationen. Der Mensch, der wirklich etwas gelernt hat, kann sein Wissen mit seinen Gefühlen und seinem Leben in Beziehung setzen, d.h., er kann daraus Nutzen für sich ziehen. Darum fordert Lowen ein Bildungssystem, in dem lehren wichtiger ist als lernen. Auch die Dissertation im modernen Bildungssystem sieht Lowen zu einer bloßen Ansammlung technischer Daten verkommen. Schöpferisches Denken wird zugunsten der Forschung geopfert. So bleibt solch eine Doktorarbeit letztendlich für den Doktoranden und auch für die Gesellschaft ziemlich ohne Nutzen. Auch Micha Brumlik gibt in seinem 2005 erschienenen Buch über Jung zu bedenken, dass man in den sechziger Jahre des letzten Jahrhunderts glaubte, dass die Gesellschaft mit Geld, Sex und Beziehungsspielen einen ungeheuren Aufschwung nehmen wird. Gedankliche Urheber dieser These waren Freud und Sartre. Nun, im 21. Jahrhundert erkennt man, dass die avisierten Ideen keine tragenden Werte besitzen, sie stehen für keinen gesellschaftlichen Kontext. Weit und breit sieht Brumlik kein Werk und keinen modernen Denker, der die Herausforderung der Zeit und Zukunft beantworten kann. Allein im Werk Jungs, den Brumlik einen konservativen Erneuerer nennt, findet er tiefere Kräfte wirksam, die die zukünftigen Herausforderungen der Zeit beantworten können. Aus diesem Grund glaubt er, dass dem Werk Jungs eine unerwartete Renaissance in der Postmoderne bevorsteht. Darum möchte auch ich Sie nun in die Welt C.G. Jungs entführen und Sie mit dem Geheimnis der Spiritualität vertraut machen. Lassen sie sich ein Stück weit betören, verzaubern und beseelen durch die Geschichte eines geheimnisvollen und charismatischen Menschen, dessen Leben eher dem Stoff eines bildhaft schönen Hollywoodfilms gleicht, als dem Lauf eines „normalen" Lebens. Folgen Sie mir nun zum Vortrag!

2 Biografie und Träume C.G. Jungs

Am 26. Juli 1875 wird Jung in Safenwil geboren. In der Einleitung seiner Autobiographie betont er, dass sein Leben die Selbstverwirklichung des Unbewussten ist, er selbst sieht seine Aufgabe darin, dessen Bewandtnis zum Nutzen der Menschen zu erforschen. Denn alles, was im Unbewussten liegt, will offenbar werden, soll es der Seele nützen, muss seine Gesetzmäßigkeit erkannt werden. Jedes Werk, jedes Buch ist für Jung ein Baustein seines Lebens. Sein Leben ist arm an äußeren Erlebnissen. Die dominierende Kraft ist für ihn die Macht des Unbewussten, neben der für ihn die Erinnerung an äußere Erlebnisse verblasst. Das menschliche Leben versteht Jung als ein Wunder, das oftmals schon im Keime erdrückt wird, zu viele Beeinträchtigungen innerer und äußerer Art stürmen darauf ein. Das Geheimnis des Lebens kann für ihn nur von innen her beantwortet werden, es verkörpert eine an sich konstante Größe, betrachtet man die allgemein gültigen Gesetzmäßigkeiten, denen alle unterliegen. Die äußeren Erfolge und Geschehnisse können aber die inneren nicht ersetzen. In seiner Autobiografie erzählt Jung davon, dass seine Auseinandersetzung mit dem Unbewussten immer von Fülle und Reichtum bestimmt war, hinter denen alles andere zurücktrat. Seine frühesten Kindheitserinnerungen reichen in das zweite und dritte Lebensjahr hinein. Er erinnert sich, wie er im Kinderwagen liegt und in die Sonne blinzelt. Schon in seinem dritten Lebensjahr hat er einen seiner bedeutsamsten Kindheitsträume. Darin steht Jung auf einer Wiese, er entdeckt ein Loch im Boden. Neugierig tritt er an das Loch heran und blickt hinunter. Sein Blick fällt auf eine Steintreppe, die er zögernd hinabsteigt. Unten befindet sich eine Tür, die von einem grünen Vorhang verhängt ist. Der Vorhang ist schwer. Vorsichtig schiebt Jung ihn beiseite und erblickt einen Raum, der zehn Quadratmeter groß ist und in dessen Mitte ein roter Teppich liegt, auf dem ein goldener Thronsessel steht. Der Sessel erscheint Jung prachtvoll und strahlend. Auf ihm steht ein kleines Männchen, das seinen Kopf hin und her wiegt. Dieses Männchen isst genüsslich ein großes Stück Menschenfleisch. Plötzlich ruft Jungs Mutter in das Loch hinein, dass dieses Männchen der Menschenfresser sei. Jung bekommt Angst und flüchtet. Schlagartig wacht er schweißgebadet auf. Jahrelang beschäftigt ihn dieser Traum. Erst im Alter von fünfzig Jahren erschließt sich ihm dessen Sinn: Dieses Gebilde, das aufrechte Männchen, stellt seiner Meinung nach einen rituellen Phallus dar. In Gänze soll dieser Traum ihm offenbaren, dass sein Leben in die Erde geweiht ist, worin sich wieder die ständig präsente Verbindung Jungs mit der Erde als Trägerin aller tradierten Möglichkeiten oder Vorkommnisse beweist. In diesen Kindheitsträumen nimmt Jungs geistiges Leben seinen Anfang.

Mit elf Jahren beginnt seine Zeit im Gymnasium in Basel. Nun gelangt er in die Welt der großen Leute, deren Söhne gut gekleidet sind. Jung hingegen muss oftmals mit Löchern in den Schuhen zur Schule gehen. Auf dem Schulweg begegnet ihm wieder das Wunder des Lebens in Pflanzen, Steinen und Tieren. Die Natur erscheint ihm ein Mysterium. Schon damals versinkt Jung in deren unbewussten Kräften. In dieser Zeit beginnt er, sich verstärkt für Religion und Spiritualität zu interessieren. Oftmals lauscht er seinem Vater in der Kirche bei der Predigt. Was dieser jedoch über Gott sagt, erscheint ihm schal und hohl.

Für Jungs Vater ist nur der Gott der Bibel verpflichtend. Jung hingegen findet die Kraft der Mythologie auch in der Natur, in der Macht des Unbewussten und der Weisheit aller Völker. Die religiöse Enge seines Vaters erschreckt ihn. Ängstlich liest er in der Bibel über das Schicksal von Zöllnern, Mördern und anderen Sündern. Er entwickelt Minderwertigkeitsgefühle und bangt, ob er der göttlichen Gnade gewiss sein kann. Jungs gesamte Jugend ist unter dem Begriff des Geheimnisses zu verstehen, durch das er in eine unerträgliche Einsamkeit gelangt. Oftmals weiß er viele Dinge, die andere Menschen nicht einmal erahnen und über die er noch nicht einmal zu reden wagt. Von Anfang an bestimmt eine Schicksalsbestimmtheit sein Leben. Er spürt, dass er in ein Leben gestellt ist, das er zu erfüllen hat. Er fühlt aber auch, dass er sich auf eine Sicherheit verlassen kann, die er niemanden erklären kann. Er beginnt, eine Art Doppelleben zu führen und spaltet seine Persönlichkeit in zwei Pole auf, die er Nummer eins und zwei nennt.

Persönlichkeit Nummer eins will sich im Hier und Jetzt verankern. Persönlichkeit Nummer zwei fühlt sich der Welt des Unbewussten verpflichtet. Beständig liegen diese zwei Persönlichkeiten in Jungs Seele miteinander im Wettstreit. Jung quälen Selbstzweifel, Selbsttäuschungen und Irritationen aller Art.

Als das Ende seiner Schulzeit naht, weiß er nicht, welches Fach er studieren soll. Zunächst denkt er darüber nach, naturwissenschaftliche Fächer zu wählen, auch den Bereich der Kulturwissenschaft findet er sehr interessant. Auch der plötzliche Tod seines Vaters ist ein weiteres Erlebnis, das sein Leben maßgeblich beeinflusst. Nun ist er sich nicht gewiss, ob er sein Studium überhaupt finanzieren kann. Dank der Hilfe seines Onkels kann Jung sein Studium beenden. Darüber hinaus erhält er ein Stipendium der Basler Universität. In dieser Zeit der Arbeit lernt er, dass nichts selbstverständlich ist, er lernt die einfachen Dinge des Lebens zu schätzen, ist glücklich, wenn er sich einmal in der Woche eine Zigarre leisten kann. Diese Erfahrung des existentiell harten Lebenskampfes bestimmen Jungs Gefühls- und Handlungswelt. Zu Beginn seiner Studienzeit hat er erneut einen Traum, der ihn zugleich erschreckt und ermutigt. Jung ist mitten in einer dunklen Nacht an einem unbestimmten Ort. Mühsam kämpft er sich gegen den Sturm und den Nebel an. Mitten im

Nebel sieht Jung ein kleines Licht. Schützend hält er beide Hände vor die Augen, denn das Licht droht jeden Moment zu erlöschen. Jung begreift, dass für ihn alles davon abhängt, dass er dieses kleine Licht am Leuchten hält.

Plötzlich hat er das Gefühl, dass jemand ihm folgt. Er blickt zurück und sieht eine große schwarze Gestalt, die ihm folgt. Jung fürchtet, von dieser dunklen Gestalt verschlungen zu werden. Schlagartig wird ihm bewusst, dass das kleine Licht sein eigenes Bewusstsein ist, das er gegen die dunklen Mächte verteidigen muss. Jungs Erkenntnis ist für ihn umwerfend, sie ist die einzige Weisheit, die er besitzt. Seine Aufgabe ist es, das Licht gegen die Angriffe der Außenwelt zu verteidigen. Trotzdem muss er in die Welt der Irrungen, Wirrungen, Oberflächlichkeiten und Eitelkeiten einsteigen, dem kann er sich nicht entziehen. Zugleich fühlt Jung sich der Welt des Unbewussten verpflichtet, die ihm Kraft und Vision verleiht. Doch kann er sich der Realität nicht entziehen, sein Weg führt zwangsweise ins Außen und Beschränkte, sein Lebensunterhalt verlangt das. Nun fühlt er sich wie Adam, der aus dem Paradies verstoßen worden ist. Wenige Monate später beginnt Jung, Medizin zu studieren. Dieses Studium erscheint ihm jedoch wenig geeignet, die wirklichen Konflikte des menschlichen Lebens anzugehen, die Jung in der Tiefe der Seele beheimatet sieht. Schon früh gelangt er zu der Einsicht, dass es ohne die Erkenntnis der Seele keine wissenschaftliche Entwicklung gibt. 1898 beschließt Jung, sich für die Fachrichtung Psychiatrie zu entscheiden. Am 10. Dezember 1900 beginnt er seine Assistentenstelle am Burghölzli, das zu der damaligen Zeit die weltführende Psychiatrie war. Mit der Arbeit dort beginnt für Jung ein neuer völlig desillusionierender Lebensabschnitt. Bewusstsein, Pflicht, Gehorsam und Langeweile treten an die Stelle der schöpferischen Kräfte von Jungs Jugend. Es gibt nur Banales, Gewöhnliches und Oberflächliches. In dieser Zeit beginnt Jung seine eigenen psychiatrischen Studien. Im Fokus seines Interesses steht die Frage, was in den Geisteskranken vorgeht? Seine Kollegen sehen den Patienten nicht wirklich an. Sie erblicken in ihm nur ein Wesen, das mit Etiketten und Stempeln versehen wird. Die Seele des Menschen interessiert sie nicht. Die Ärzte arbeiten nur mit statistischen Durchschnittswerten und -aussagen, darum können sie auch nicht heilen oder helfen. Jung hingegen gelangt zu der Einsicht, dass der Patient eine Lebensgeschichte hat, in der der Schlüssel zur Genesung liegt. Für ihn beginnt die Therapie mit der Erforschung der persönlichen Geschichte. Sie ist das Geheimnis des Patienten, an der ist er zerbrochen, ihre Aufarbeitung ist der Schlüssel zur Heilung. Dem Arzt obliegt es, den Weg durch diese Geschichte zu finden, dazu muss er die richtigen Fragen stellen. 1905 habilitiert sich Jung und wird Oberarzt im Burghölzli. Die Beschäftigung mit den Patienten lässt in ihm die Erkenntnis reifen, dass Verfolgungsideen und Halluzinationen einen Sinnkern enthalten. Jung ist der festen Auffassung, dass dahinter eine Lebensgeschichte, ein Hoffen und ein Bangen stehen. Es liegt nun am Dialog zwischen Patient und Arzt, diese Geschichte zu verstehen und positiv zu wandeln. In den Gesprächen mit den Geisteskranken begegnet Jung viel Sinnvollem und auch wesentlichen Eckpfeilern der gesamten Menschheitstradition. Er gelangt zu der Erkenntnis, dass auch in augenscheinlich apathisch wirkenden Patienten etwas Sinnvolles für die gesamte Menschheitsgeschichte vor sich geht. Im Leid der Geisteskranken öffnet sich für ihn der Urgrund der Seele. Diese Einsicht stellt für ihn ein mächtiges Gefühlserlebnis dar. Die Gespräche mit seinen ihm anvertrauten Patienten nimmt er sehr ernst, er sieht sie als Menschen und wirkliche Gegenüber an, die auch das Spektrum seines Wissen und Lebens erweitern und beschenken. In seinen beratenden Gesprächen und Sitzungen versucht er, sich in die Gefühlswelt seiner Patienten einzuleben. Die Methoden der Psychotherapie und Analyse sind für ihn so verschieden, wie auch die Menschen sind. Für Jung ist der entscheidende Punkt der Therapie, dass er als Mensch einem anderen Menschen gegenübersteht. Die Analyse erscheint ihm als ein Dialog. Analytiker und Patient sitzen sich gegenüber. Der Arzt hat etwas zu sagen, der Patient aber auch. Für diese Form der Behandlung sieht Jung eine rein medizinische Ausbildung nicht wirksam. Die Seele ist für ihn weit mehr, als nur eine statistische Ansammlung von Daten und durchschnittlichen Werten. Sie ist für ihn nicht nur ein persönliches, sondern schlechthin das Weltproblem. In einem Seminar, das Jung am Anfang seiner Karriere an der Universität Basel hält, betont er, dass die Mannigfaltigkeit der Psyche über jede menschliche Verschiedenheit und über jedem Zeitgeschehen steht. Anfang und Ende aller Menschentaten liegen in ihr. Ihre Probleme sind ewig und stets von gleich brennender Aktualität. Wer sich in sie vertieft, wird in ihr den Schlüssel zu allem Furchtbaren und Schöpferischen finden. Sowohl die Keime aller niederträchtigen Taten der Menschheitsgeschichte und auch die Vision aller edlen Unternehmungen und Ideale leben in ihr. In diesem Seminar betont Jung, dass die Psychologie zwar eine der jüngsten Wissenschaften ist, jedoch eine der bedeutsamsten und zukunftsweisendsten. Weder Hungersnot, Erdbeben oder auch Krebsgeschwüre versteht Jung als die bedrohenden Elemente der menschlichen Natur, die Bedrohung beruht allein auf der fehlgeleiteten Seele. Denn solange der

Mensch nicht in sich selber Ordnung schafft, wird er immer nur zum haltlosen Opfer und gehorsamen Diener der Masse. Niemals kann er so zu einem freien Mitglied der Gesellschaft werden. Jung betont, dass jedes Kollektiv, jedes Volk nur ein Spiegel des seelischen Zustandes des durchschnittlichen Einzelwesens darstellt. Den Menschen, der jedoch den Weg mutig in das Dunkle und die Abgründe der eigenen Seele wagt, den sieht Jung auch in der Macht, kraft- und sinnvoll seinen Weg in der Außenwelt zu gehen und dort zu bestehen. Er wird sich weder im Labyrinth der Innerlichkeit noch in der Anonymität der Masse verlieren.

Die Seele ist für Jung weit komplizierter und vieldeutiger als der Körper. Darum fordert er auch vom behandelnden Arzt, dass der sich voll und ganz in die Gespräche mit dem Patienten einlässt, er ist mit seiner ganzen seelischen Kraft gefordert, den großen Krisen des Lebens Stand zu halten. Sowohl Patient als auch Arzt müssen sich auf das Genaueste beobachten und ihre Träume, Gedanken und Gefühle schonungslos offenlegen. Jung betont, dass der Arzt sich immer wieder fragen muss, welche Botschaft der Patient ihm mitbringt. Die Frage, was der Klient für den Therapeuten bedeutet, muss im Fokus von dessen Interesse stehen. Jung begreift, dass der Arzt nur dort heilen kann, wo er selber die Verwundung spürt. An dieser Stelle seiner Autobiografie gibt er zu bedenken, dass viele Menschen nach Stellung, Macht und Geld streben, jedoch nicht in der Lage sind, ihre innere Leere durch Statussymbole zu füllen. Zwangsweise halten sie sich häufig in einer fürchterlichen inneren Enge auf. Da sich ihre Leere nicht füllt, werden sie neurotisch. Den Grund für dieses Verhalten sieht Jung im Verlust des Glaubens mit seiner speziellen Wertebetonung. Was der Mensch nun fürchtet, ist die Auseinandersetzung mit sich selbst in seinem tiefsten Inneren, ohne rettenden Anker. Zumeist flüchtet er davor sein ganzes Leben lang, denn das Risiko des inneren geistigen und geistlichen Erlebnisses ist den meisten Menschen fremd und unheimlich. Für Jung ist die Auseinandersetzung mit dem eigenen Unbewussten und dem Unbewussten seiner Patienten das wichtigste Ereignis seines Lebens, es ist für ihn der Lebenskampf und die Lebensfrage schlechthin. In seiner Autobiografie betont er, dass alles, was im Unbewussten liegt, offenbar werden will und muss, soll Heilung möglich werden. Jedes Gespräch und jede Begegnung mit einem Patienten wird für ihn zu einem Meilenstein seiner eigenen Menschwerdung und Heilung. In seiner Autobiografie gesteht Jung, dass viele seiner Patienten ihm die Wirklichkeit seines eigenen Lebens näher gebracht haben. Das Zusammentreffen mit Individuen unterschiedlicher Natur empfindet er als größtes

Geschenk seines Lebens. Seine Patienten werden zu Freunden und Wegegenossen. Die Gespräche mit ihnen im Burghölzli und später in seiner Praxis bilden die Grundlage zu seinem Werk. Jung ist fasziniert von diesen Begegnungen. In den Gesprächen mit seinen Patienten lernt er die Welt, die Zeitgeschichte und auch seine eigene Seele besser kennen und verstehen. Was Jung aber spontan begreift: Er kann nicht weiter im Burghölzli tätig sein kann. Er fühlt, dass seine Vision und der Sinn seines Lebens sich dort nicht erfüllen lassen. Denn seine Kollegen verstehen das Phänomen der Geisteskrankheiten lediglich als ein Stoffwechselproblem. Jung hingegen erkennt in ihrer Erscheinung eine Seele, die nicht den richtigen Weg gefunden hat, mit ihren Gefühlen umzugehen. Der Therapeut muss sich in die Kindheits- und Familiengeschichte des Patienten einfühlen, in der der Schlüssel zur Heilung und Wandlung liegt. Jung ist der festen Überzeugung, dass Geisteskrankheit in den meisten Fällen heilbar ist. Sie ist für ihn lediglich Ausdruck für ein Stück unentwickelter Persönlichkeit. Hinter ihr verbirgt sich eine Seele, die noch nicht den besten Weg ihrer Selbstwerdung gefunden hat. Jung sieht in dem Kranken einen wertvollen Menschen, der oft über weit größere schöpferische Kräfte verfügt, als der Mensch der durchschnittlichen Statistik und Norm. Besonders fasziniert Jung der Fall eines jungen Patienten, auf den er 1906 in der Heilanstalt trifft. Seit seiner Jugend ist der an Schizophrenie erkrankt. Der Kranke ist von schlichtem Gemüt. Er hat die Volksschule besucht und war als Angestellter im Büro tätig. Jung selber ist zu diesem Zeitpunkt noch nicht mit den Mythologien näher vertraut. Eines Morgens bei der Visite beobachtet Jung, wie der Kranke permanent aus dem Fenster schaut und in die Sonne blinzelt. Darauf angesprochen, bittet der Patient Jung, dasselbe zu tun, dann könne er eine interessante Entdeckung machen. Als Jung ihn fragt, was er denn da sehe, ist der sehr enttäuscht, da Jung nicht dasselbe sieht, wie er. Erstaunt eröffnet der Patient ihm, dass er den Sonnengott sehe, der der Ursprung des Windes ist. Jung notiert dieses Gespräch. Etwa vier Jahre später hält er sich zu mythologischen Studien in der Pariser Nationalbibliothek auf. Dort findet er auf einem Papyrus genau die rituellen Übungen, die der Patient vollzogen hat. Was sich bei diesem allerdings falsch entwickelt hat: Er glaubt, dass er Christus und Sonnengott zugleich ist. Seine Beziehung zu Jung ist wohlwollend, da dieser seinen Gedanken ein offenes Ohr schenkt. Obwohl dieser Geisteskranke nie von der altägyptischen Mythologie gehört hat, geschweige denn eine Reise nach Ägypten unternommen hat, ist er mit diesem Ritus vertraut. Jung schließt daraus, dass es sowohl im Unbewussten Geisteskranker als auch im Unbewussten aller Menschen archetypische und mythologische Bilder gibt, jede Seele hat Anteil daran. Diese archaischen Bilder können jederzeit ins Bewusstsein treten, es sind die spirituellen Seelenanteile, die Heilung für die Seele versprechen. Und gerade dieses für die Heilung schöpferische Potential muss in liebevoller Kleinarbeit gemeinsam von Patient und Arzt entfaltet werden. Gelingt dieser Weg, sieht Jung sich ein Stück Weltheilung vollziehen. Ausdrücklich betont er, dass diese nur im Individuum möglich ist. Wie schon gesagt, negiert Jung die Bedeutung von Reformen, sie erscheinen ihm sinnlos. Einzig und allein die Seele, die ihr individuelles Leiden verändert, wandelt auch den Zeitgeist und seine Gedanken. Für Jung gibt es keine guten, schlechten oder minderwertigen Menschen. Das Böse ist für ihn ein Kunstprodukt der Moderne. Das Prinzip des Lebens versteht Jung in dem Wiedererleben der traumatischen Erfahrungen der Kindheit, die den Menschen an den Rande des Wahnsinns und der Zerstörung führen können. Denn beinahe alle seelischen Störungen beruhen auf traumatischen Kindheitserfahrungen. Jung sieht darin, wie er es nennt, „eine heilige Verstörung". Sie zwingt den Menschen, seine eigenen Abgründe zu integrieren und zu wandeln. Das wegweisende Prinzip ist für Jung immer das Selbst, das Ziel jeder Persönlichkeitsentwicklung, und nicht das Ich. Die historische und biblische Gestalt Jesu versteht Jung als Archetypus des Lebens schlechthin. Sowohl in seiner Opferbereitschaft, in seinem Vertrauen, in seiner Vision und Auferstehung werden alle Fragen des Lebens beantwortet.

Für Jung ist der Prozess der Individuation ein Charisma und ein Fluch zugleich, ein gefährliches Abseits von der Masse. Sie zieht Vereinsamung nach sich. Was sie schenkt, ist die Verwurzelung tieferer, verlässlicher Kräfte. Sie verlangt Mut, Opferbereitschaft, Vision, Vertrauen und Treue zum eigenen Gesetz. Sie ist ein Gnadenakt, der Gang über den Abgrund. Wenn sie gelingt, ist sie ein Geheimnis und eine wunderbare Kraftquelle. Dieser Akt ist vergleichbar einem Tanz über den Abgrund. Er bedeutet einen permanenten Wandlungs- und Läuterungsprozess der eigenen Person, in dem sich die Figuren des Unbewussten immer wieder aufs Neue offenbaren und konstellieren.

Das Unbewusste ist für Jung immer eine eigene Realität, dessen Phantasien wirksam sind. In Träumen, Visionen und Archetypen kommt es zur Geltung. Die Individuation ist zu verstehen als permanenter Wandlungs-und Integrationsprozess, dessen Tiefen und Höhen nur durch göttliche Kräfte gemeistert werden können. Jung versucht diesen Weg im festen Vertrauen auf seine zu erfüllende Bestimmung, die er in der Erforschung des Unbewussten sieht. Das bedeutet zunächst für ihn Verzicht auf die Karriere. Was er gewinnt, ist eine höhere Stufe der Erkenntnis. Jung verlässt das Burghölzli. Diese Situation stellt ihn vor eine große private und berufliche Herausforderung. Jung ist gerade erst am Anfang seiner Karriere. Er hat fünf Kinder und eine Frau, die er ernähren muss. Auch seinen wissenschaftlichen Standpunkt hat er noch nicht gefunden. Nun lebt er in einem Vakuum. Jung beschließt, nach Weggenossen zu suchen. 1907 nimmt er Kontakt zu Freud auf, den er im selben Jahr zum ersten Mal in Wien trifft. Zwar hat er schon 1900 Freuds Traumdeutung gelesen, zu der er zu diesem Zeitpunkt jedoch noch keinen rechten Zugang findet. 1903 beschäftigt er sich erneut mit dem Gedankengang Freuds. 1906 verfasst er einen Aufsatz über seine Sicht der Geisteskrankheiten, den er in zahlreichen Zeitungen veröffentlicht und über den seine Kollegen lachen. Jedoch erhält Jung über diesen Aufsatz Kontakt zu Freud. Ihr erstes Gespräch in Wien dauert 13 Stunden. Jung ist fasziniert von Freuds Klarheit, Kraft und Mut, noch nie hat er einen Mann von so großer geistiger Kraft getroffen. Er sieht in Freud einen Visionär, der es wagt, am Anfang des 20.Jahrhunderts an die Kraft des Unbewussten, des Traumes und der frühkindlichen Sexualität zu glauben. Die feine Gesellschaft verachtet Freud dafür. Seine Werke werden lediglich verstohlen in der Vorhalle weniger akademischer Institutionen diskutiert. In der Gesellschaft selber ist Freud eine persona non grata. Wer mit ihm in Kontakt tritt, wird in akademischen Kreisen ausgegrenzt. Das schmälert nicht Jungs Begeisterung für Freud. Er beschließt, mit diesem nach Amerika zu reisen, um dort gemeinsam Vorträge zu halten. Nur ein einziger Aspekt der Gedankenwelt Freuds befremdet Jung von Anfang an: Freuds Auffassung von dem Wesen der Libido, das Jung zu einseitig und starr erscheint.

Unter der Kraft der Libido versteht Freud lediglich ein alleinig sexuelles und triebhaftes Phänomen, das keine tieferen Kraftquellen in sich birgt. Die bloß triebhafte Interpretation der sexuellen Energie erscheint Jung von Anfang an befremdlich, wenn nicht sogar zu primitiv, nicht haltbar. Libido ist für Jung immer auch spirituelle Kraft, die die Macht des Glaubens, die Kraft Gottes und die Weisheit aller Völker beinhaltet. Von Anfang an fühlt Jung bei Freud eine Bitterkeit und Starrheit, wenn dieser über die Bedeutung von Sexualität spricht. Bei Jung schleicht sich der Verdacht ein, dass Freud mit seiner Theorie über die Sexualität das frühkindliche Trauma mit seinem Vater und dessen sexuellen Übergriffen zu verarbeiten sucht. Unmittelbar beim ersten Kontakt spürt auch Freud, dass Jung ihm mit einer gewissen Distanz begegnet, Jung kann seine Gedanken über die Libido nicht teilen. Deren unterschiedliche Interpretation führt später auch zum Bruch zwischen den beiden. Auch jede Form der Kunst ist für Freud lediglich verdrängte Sexualität. Eindringlich fordert Freud Jung immer wieder auf, niemals seine Sexualtheorie aufzugeben und sie gegen den Schlamm des Okkultismus zu verteidigen. Den Streit zwischen der triebhaften Sexualität und der mythologischen Macht der Libido sieht Freud als Symbol für den Kampf der Gegensätze von dunkel und hell, Licht und Schatten, wohingegen Jung immer für gleitende Übergänge appelliert. Das Jahr 1909 führt dann zum Bruch zwischen Freud und Jung. Als beide von der Vortragsreise aus Amerika nach Zürich heimkehren, beschließt Jung, den fünften Band seiner Gesammelten Werke „Symbole der Wandlung" zu verfassen. Schon lange vor der Veröffentlichung dieses Bandes weiß er, dass diese ihn die Freundschaft mit Freud kosten wird. Wie erwartet, kündigt Freud nur zwei Wochen später Jung die Freundschaft. Jung ist zunächst verärgert über diese rigorose Abstafung durch seinen ersehnten Ziehvater Freud. Allerdings hat er mit seinem Werk die gemeinsame Linie verlassen, eine Kommunikation scheitert an der Starrheit Freuds. In diesem Werk schildert Jung die Sexualität als spirituelle Kraft der Ahnenreihe und der Schöpfungsriten aller Kulturen. Sexualität ist für ihn eine große mystische Kraft, die auch in den Wandlungsriten der katholischen Messe und den ägyptischen und babylonischen Schöpfungsriten zu Tage tritt, und nicht allein Trieb.

Nach dem Bruch mit Freud verliert Jung alle Freunde. Er ist nun in Gefahr, als Mystiker und Spinner zu gelten. Im vierten Band seiner Gesammelten Werke verarbeitet er diese Trennung. In den Aufsätzen dieses Bandes nennt Jung Freud einen Zerstörer und Stümper. Allein auf weiter wissenschaftlicher Flur taucht er in eine Phase der Ohnmacht und Verzweiflung ein. Hilflos lässt er sich in die Phantasien des Unbewussten fallen. Jung fürchtet, in diesen zu versinken. Wie Sumpfpflanzen ziehen sie ihn in die Tiefe. Ein unaufhörlicher Strom von Phantasien strömt auf ihn ein. Hilflos sucht Jung seinen Weg, um nicht darin zu versinken. Beinahe furchtsam steht er einer fremdartigen Welt gegenüber und fühlt doch, dass er einem höheren Willen gehorchen muss. Manchmal fürchtet Jung, die Beute des Unbewussten zu werden. Als Psychiater weiß er, was das heißt. Wehmütig hält er sich dabei das

Schicksal Hölderlins und Nietzsches vor Augen, die im Kampf mit dem Unbewussten versunken sind und diesen verloren haben. In den Jahren zwischen 1918 und 1920 begreift Jung, dass es keine lineare Bewegung in der Persönlichkeitsentwicklung gibt. Eine eigenständige Entwicklung gibt es höchstens zu Beginn des Lebens. In späteren Jahren läuft alles auf das Selbst der Person hin. Diese Erkenntnis erleichtert Jungs wissenschaftliches Agieren, sie gibt ihm Festigkeit. Durch einen Traum im Jahr 1927 erfährt er erneut Festigkeit und Stärkung. Er befindet sich in Liverpool. Es regnet und ist sehr finster. Mit einer Handvoll Schweizer Landsleute geht Jung in der Mitte der Straße, wo ein Magnolienbaum steht. Dieser Baum strahlt ein ungeheures Licht aus. Jung versteht diesen Traum als Symbol für seine Lebenssituation. Alles ist höchst unerfreulich und fade, dunkel und ungewiss. Jedoch strahlt in diese Finsternis, Verzweiflung und Angst die Kraft des Selbst, der Jung vertraut und die ihn auch schließlich zu seiner Bestimmung führt. Jung versteht, dass die Jahre, in denen er den Bildern des Unbewussten nachgeht, die wichtigsten seines Lebens sind, in denen alles Wesentliche entstand und sich entschied. Seine spätere Tätigkeit besteht lediglich darin, das auszuarbeiten, was in diesen Jahren aus dem Unbewussten auf ihn einströmt und ihn überflutet. All diese Gedanken sind der Urstoff seines Lebenswerkes. Jung hat schon sehr früh begriffen, dass sich sowohl jeder menschliche Körper wie auch jede Seele aus den Einzelheiten der gesamten Ahnenreihe zusammensetzt. Das Neue in jeder menschlichen Seele ist nur die neue Kombination und Mischung uralter Bestandteile. Körper und Seele haben für Jung einen historischen Charakter, der sich in jedem Fall mit neuen Bestandteilen mischt.

Am Ende seiner Biographie bestärkt Jung seinen Glauben, wenn er davon spricht, wie wichtig es ist, dass der Mensch einer numinosen Kraft vertraut, er muss an etwas Überpersönliches und Heiliges glauben. Hat der Mensch dies nie erfahren, verpasst er etwas Wichtiges im Leben. Er muss fühlen, dass er in einer Welt lebt, die in gewisser Weise geheimnisvoll und mysteriös ist. Das Unerwartete und Unerklärliche gehört zum Leben des Menschen, nur dann ist es ganz und sinnvoll. Für Jung ist die Welt von Anfang an unendlich groß und unfassbar. Er betont in seiner Autobiographie, dass er ständig große Mühe gehabt hat, sich neben den Gedanken des Unbewussten zu behaupten. Es ist ein Dämon in ihm, der ihn beflügelt. Jung gesteht, dass er manchmal rücksichtslos agiert, wenn dieser Dämon ihn antreibt. Nie kann er sich bei dem Erreichten aufhalten, beständig muss er weitereilen, um seine Vision zu verwirklichen. Seinen Zeitgenossen ist er ein Rätsel. Zeitlebens verstehen sie die Vision und Intention seines Werkes nicht, die sie nur als sinnloses Davonlaufen interpretieren. Jung gibt zu, dass er viele Menschen brüskiert hat, hat brüskieren müssen. Sobald er fühlt, dass sie ihn nicht verstehen, eilt er weiter. Ehrlich gibt Jung zu, dass er mit den Menschen keine Geduld hat, eine Ausnahme sind seine Patienten. Beständig muss er seinem inneren Gesetz nachlaufen, das ihm auferlegt ist und keine Wahl lässt. Als schöpferischer Mensch fühlt Jung sich im Bann seines Dämons leben, der alle Kräfte seiner Seele an sich reißt und ihn unfrei macht. Diese Unfreiheit weckt in ihm ein Gefühl der Trauer. Oft meint er, auf einem Schlachtfeld zu leben. Dank der göttlichen Kräfte kann Jung diesen Kampf bestehen. In seiner Autobiographie betont er, dass der Dämon und das Schöpferische in ihm sich rücksichtslos durchgesetzt haben. Das Gewöhnliche, Profane zog den Kürzeren. Am Ende gesteht er, dass er mit dem Fortlauf seines Lebens zufrieden ist, es ist reich und hat ihm viel gebracht. Viele seiner Dummheiten bereut er, auch unter seinem Eigensinn leidet er. Zugleich ist er letzterem auch dankbar, denn ohne diesen hätte er niemals sein Ziel erreicht. Jung ist enttäuscht, erstaunt und erfreut zugleich, ist betrübt, niedergeschlagen und enthusiastisch. Was er sicher weiß: Er wurde geboren, sein Leben auf dieser Welt ist attestiert. Die Welt, in der er lebt, erscheint ihm roh, grausam und zugleich von göttlicher Schönheit. Der Widerspruch setzt sich fort: Jung glaubt, dass es in der Welt sowohl Sinn als auch Unsinn gibt.

Seine Autobiographie, die den schlichten Titel „Träume, Gedanken und Visionen" trägt, publiziert Jung im Alter von 83 Jahren. Sie zählt zu den bedeutsamsten Publikationen der Kulturgeschichte. Sie ist das faszinierende und unergründliche Dokument eines Lebens und Werkes, ein Meilenstein in der Geschichte der Geisteswissenschaft. Sie besticht durch eine unglaubliche visionäre Kraft, durch Verzicht, Mut und authentischen Lebenskampf. Immer wieder versucht Jung, das Geheimnis des Lebens zu ergründen.

Nicht nur Jung, sondern auch zahlreiche andere Wissenschaftler betonen auch in der heutigen Zeit die Bedeutung von Literatur. Zu Anfang des Vortrages nannte ich in diesem Kontext den jüdischen Religionsphilosophen Abraham Heschel und Alexander Lowen. Auch der amerikanische Buddhist und Naturwissenschaftler Ken Wilber und der deutsche Mönch und erfolgreichste Autor im deutschsprachigen Raum, Anselm von Grün weisen auf den sozialen Wert der Kultur hin. Wilber ist der Auffassung, dass die heutige Gesellschaft die erste ist, die ohne eine Kette des Seins lebt. Was er damit meint: Das Heute wird bestimmt von der Ratio, für die Spiritualität bleibt kein Zugang, der Mensch verharrt auf der vernunftbestimmten Stufe. Aus diesem Grund fehlt ihm das lebenswichtige Fundament. Seine Katastrophe besteht gerade in der Trennung der Wertsphäre von Kunst, Naturwissenschaft und Spiritualität, die zu einer Verflachung und Verdummung der Gesellschaft führt.

Auch von Grün gibt zu bedenken, dass in der heutigen Zeit die Kraft des Glaubens negiert wird. Er betont, dass es in der Individuation immer um Selbst- und nicht um Ichwerdung geht. Hierbei verweist der Mönch in seinen zahlreichen Schriften auf biblische Bilder, die diesen Wandlungsprozess dokumentieren. Ein Bild, das die Bibel nennt, ist die Erzählung von der Perle, die aus dem dreckigen Acker geborgen wird. Die Liste der Namen der Schriftsteller, Theologen und Philosophen, die auch heute noch den Wert der Kultur hoch schätzen, ist groß. Ich hoffe, dass meine Ausführungen Ihnen neue Erkenntnisse über die Welt der Kultur und Psyche geben konnten!

Von David Hilberts ehrgeizigem Programm einer axiomatisch-mathematischen Formalisierung der Weltzusammenhänge zu den Gödelschen Unvollständigkeitssätzen

Hartmut W. Mayer[1]

1 Einführung und Überblick

Die *„Grundlagenkrise der Mathematik"*, die mit den *Gödelschen Unvollständigkeitssätzen* 1930/31 kulminierte, erschütterte die Grundpfeiler der Mathematik, Logik und Informatik mit Auswirkungen bis heute auf die Philosophie, vielleicht vergleichbar mit dem Schock, ausgelöst durch die Unschärferelation Werner Heisenbergs. In der Tat kann man die *Gödelschen Unvollständigkeitssätze* als eine logische Unschärferelation formalisierter Gedankensysteme bezeichnen. David Hilberts ehrgeizigem Programm einer möglichst umfassenden axiomatisch-mathematischen Beschreibung von allem, was wir über die Welt als geschlossene formale Theorie formulieren können, wie auch Bertram Russells und Alfred North Whiteheads Logizismus-Programm (also dem Versuch, die Mathematik allein durch die Logik zu begründen), wurden durch Kurt Gödel absolute Schranken gesetzt. Und absolute Schranken stellen immer ein philosophisches Problem dar, insbesondere dann, wenn das Denken selbst universell betroffen ist.

Unser Thema umfasst schwerpunktmäßig den Zeitraum von 1900 bis 1931 (mit einer Rückblende auf die euklidischen Axiome) und stellt sich zur Aufgabe, das ehrgeizige *Hilbert Programm* bis zum Nachweis seiner Unrealisierbarkeit durch den erst 25-jährigen Kurt Gödel zu skizzieren. Das *Hilbert Programm* fordert u.a. die *Widerspruchsfreiheit* und *Vollständigkeit* der axiomatisierten Mathematik. Diese sollte dann das Fundament für die gesamte Physik bilden und – so war Hilberts Hoffnung – auch das Fundament für weitere Weltzusammenhänge, sofern diese nach den Vorgaben des Hilbert Programms formulierbar sind. Wir stoßen hier auf zwei Kernbegriffe: *„Widerspruchsfreiheit"* und *„Vollständigkeit"*. Weitere hier einzuführende Begriffe sind *„Wahrheit"* und *„Gültigkeit"*, eine Terminologie, die die strikte Unterscheidung von *„Semantik"* und *„Syntax"* erfordert.

---

[1] APHIN e.V.

Der vorliegende Aufsatz wurde vom Verfasser für den „*Arbeitskreis philosophierender Ingenieure und Naturwissenschaftler (APHIN I 2014 – Prolegomena)*" im Zeitraum 28. - 30. November 2014 im Cusanus-Geburtshaus, Bernkastel Kues gehalten. Der 45-minütige Vortrag und die vorliegende Nachschrift sind insofern eine Herausforderung, als zwischen einer verständlichen Darlegung komplexer Sachverhalte einerseits und der Vermeidung einer trivialen Nivellierung zu balancieren war.

Neben einer Einführung in das Hilbert Programm wird dem Gödelschen Beweis nachzuspüren sein. Es wird versucht, eine verständliche Beweis-Skizzierung anzubieten, um die künstlerisch anmutende Virtuosität und Ästhetik der Beweisschlüsse transparent zu machen. Von besonderem Interesse sind natürlich anwendungsbezogene wie philosophische Implikationen. Eine wichtige Konsequenz der *Gödelschen Unvollständigkeitssätze* ist, dass es keinen Computer mit einer endlichen Schritt-für-Schritt-Abarbeitung seiner Programme geben kann, der das menschliche Gehirn völlig erfassen würde. Gödels Erkenntnisse besagen nicht, dass es ewig unerkennbare mathematische Wahrheiten gibt, wie Gödel oft fälschlich und mystifizierend ausgelegt wird. Seine Beweise zeigen aber, dass die menschlichen Denkprozesse nie vollständig formalisiert werden können und somit die menschliche Kreativität immer ihre dominierende Rolle behält.

Vom Zuhörer bzw. Leser werden keine logischen oder mathematischen Vorkenntnisse verlangt, allerdings werden uns die folgenden formal-logischen Termini für das Weitere helfen:

$\exists x$ für: „*es existiert ein x mit der Eigenschaft …*" – (umgedrehtes E)

$\forall x$ für: „*für alle x gilt…*" – (umgedrehtes A)

$\rightarrow$ für: „*folgt*"; $\wedge$ für: „*und*"; $\vee$ für: „*oder*"; $\neg$ für „*nicht*".

2 Das Hilbert-Programm

David Hilbert wurde 1862 in Königsberg geboren und starb 1943 als berühmter Mathematikprofessor in Göttingen. Nahezu alle modernen mathematischen Forschungsrichtungen tragen seine Handschrift. Das Scheitern des Hilbert Programms durch die Ergebnisse von Kurt Gödel stellt keine Einschränkung seiner großen wissenschaftlichen Leistungen dar. Im Gegenteil, erst durch das Aufstellen des Hilbert Programms konnten dessen Möglichkeiten und Grenzen untersucht werden. Das Hilbert Programm lässt sich in Ergänzung wie im Kontrast zur euklidischen Geometrie erläutern. Euklid stellte vor ca. 2250 Jahren mit seinen fünf Axiomen die Beschreibung der gesamten klassischen zwei- und dreidimensionalen klassischen Geometrie sicher. Alle auch noch so komplizierten geometrischen Folgerungen fußen auf diesen fünf elementaren Grundsätzen. Zudem wurden durch Variation des 5ten Axioms (dem sogen. *Parallelenaxiom*) auch die *nicht-euklidischen Geometrie(n)* der relativistischen Physik formulierbar. Überraschend ist die intuitive Trivialität dieser fünf Axiome, wie z.B. die ersten zwei Axiome: *„Man kann eine gerade Strecke von einem Punkt zu einem anderen Punkt ziehen"* und *„Man kann eine Strecke kontinuierlich zu einem Strahl verlängern"*. Wir haben es hier mit der sogenannten *„klassischen Axiom"*-Definition zu tun: Axiome sind intuitiv einleuchtende Grundsätze über die Wirklichkeit und unser Denken. Die Auffassung, Axiome als intuitive, evidente, erste, unbeweisbare Elementarsätze anzusehen, war bei Euklid, Aristoteles, Kant und weiter bis in das 19./20. Jahrhundert vorherrschend. Für Kant war ja der Raum eine apriorische Anschauungsform, die euklidischen Axiome repräsentieren für ihn apriorische und synthetische Wahrheiten.

Mathematische Untersuchungen der euklidischen Geometrie führten dazu, Axiome rein formal und ohne ontologische Wahrheitszuweisung anzusehen. Es war die Variation des *Parallelen-Axioms* im *„mathematischen Labor"*, die zu neuen, rein spielerisch-formalen Kalkülen über den Raum führte, ohne Anspruch auf „Realitätstreue". Erst später fanden einige dieser spielerischen Modelle für eine Theorie der gekrümmten Raum-Zeit Geometrie durch die Physik Verwendung, wobei die anfänglich inhaltsleeren mathematischen Begriffe und Theoreme dann auch empirisch interpretiert wurden.

Die Möglichkeit, mit Axiomen *„syntaktisch spielen"* zu können ohne Bezug zur Empirie, führte unter der Federführung von Hilbert zu der neuen *„formalen Axiom"*-Definition: Axiome in der Mathematik sind seither rein formale Grundaussagen ohne empirischen, anschaulichen oder intuitiven Status. Ein Axiomen-System ist somit ein reines Spiel mit Grundsymbolen, aus denen die abgeleiteten Sätze aus den Axiomen rein syntaktisch-logisch (d.h. *„gültig"*) folgen. Ein solches axiomatisches Kalkül basiert u.a. auf formalen Grundzeichen (Alphabet), einer Grammatik für die Grundzeichen, Deduktionsregeln für die Ableitung neuer Theoreme. Eine semantische Bedeutungstheorie als *Interpretation des syntaktischen Kalküls* muss hiervon unterschieden werden, insbesondere, welche Sätze *Wahrheit* transportieren. *Gültigkeit* in der Syntax, also die logisch korrekte Ableitung eines Theorems T, ist somit von der *Wahrheit* der interpretierten Aussage T' in der Semantik zu unterscheiden. „*Wahrheit*" bezeichnet eine Eigenschaft von semantischen Regeln, „*Gültigkeit*" verweist auf die korrekte Bildung neuer Theoreme gemäß dem definierten Spiel der Syntax. Idealerweise sollten alle *wahren* semantischen Aussagen auch in der korrespondierenden Syntax *gültig* sein, dann spricht man von *Vollständigkeit* einer Theorie. In anderen Worten: Ein System ist *(semantisch) vollständig*, wenn jedes richtige, semantische Theorem auch syntaktisch abgeleitet werden kann. [Der Leser wird an dieser Stelle darauf aufmerksam gemacht, dass in der Literatur unterschiedliche Konzepte bzw. Definitionen für die *Vollständigkeit* vorliegen. Es kann hierauf nicht weiter eingegangen werden.]

Für den Beweis der Gödelschen Unvollständigkeitssätze ist ein Verständnis des Zusammenhangs zwischen *Syntax*, *Semantik* und *Vollständigkeit* unerlässlich. Deshalb sollen zwei (vereinfachende) Beispiele angeführt werden:

Beispiel 1: Die *Semantik des Schachspiels* repräsentiert sich in der Fachliteratur über Schach: Der Beschreibung der Schach-Regeln, der Taktik und Strategie, der Beurteilung von guten und schlechten Zügen, oder Aussagen wie „*Weiß gewinnt in 4 Zügen*". Die Behauptung der *Vollständigkeit* der Schachtheorie müsste den Nachweis erbringen, dass jede *wahre* semantische Aussage über Schach auch tatsächlich auf dem Schachbrett *gültig* (*Syntax*!) beweisbar wäre.

Beispiel 2: Eine Programmiersprache besteht aus einem Alphabet von Zeichen, aus denen nach definierten formalen Regeln (= Grammatik) Zeichenfolgen gebildet werden. Die Grammatik für die Programmiersprachen ist Teil der *Syntax*, während die inhaltliche Bedeutung durch die *Semantik* ausgedrückt wird. Das Befolgen der formalen Grammatik bildet *gültige* Zeichenfolgen; die Bedeutungszuweisung, z.B. mit Hilfe eines Interpreters oder Compilers, kann dann zu *wahren* Aussagen führen. Die Behauptung der *Vollständigkeit* des Programms müsste den Nachweis erbringen, dass jede *wahre* semantische Aussage auch tatsächlich mit dem Computer *gültig* berechenbar wäre. [Nebenbei bemerkt: Zu Ehren von Kurt Gödel gibt es seit 1993 den jährlichen „*Gödel Preis*" für herausragende Veröffentlichungen in der theoretischen Informatik].

Hilbert sah sich ermutigt, als er für die klassischen Axiome der euklidischen Geometrie tatsächlich intuitionsfrei die Begriffe Punkte, Geraden und Ebenen formalmathematisch ersetzen konnte und so die gesamte Geometrie ohne Empirie-Bezug formalisiert werden konnte. Hilbert soll gesagt haben, man könne statt „*Punkte, Ge-*

raden und Ebenen" jederzeit auch „*Tische, Stühle und Bierseidel*" sagen, falls nur die Axiome erfüllt sind. Hilbert konnte beweisen, dass die euklidischen Axiome „*vollständig*" in dem Sinne sind, dass alle wahren geometrischen Aussagen (z.B. dass die Winkelsumme eines Dreiecks 180 Grad beträgt) aus den fünf Axiomen formal abgeleitet werden können, und er bewies, dass diese Axiome „*unabhängig*" voneinander sind, d.h., dass alle Axiome benötigt werden und somit kein Axiom aus einem anderen folgt. Weiterhin zeigte er die „*Widerspruchsfreiheit*" der Axiome, d.h., es ist nicht möglich, dass ein Theorem T existiert, welches aus den Axiomen sowohl als *gültig* als auch als *nicht-gültig* ableitbar ist. *Widerspruchsfreiheit* bedeutet somit formal ausgedrückt: $\neg(\exists T: T \wedge \neg T)$, oder in Worten: Es gilt nicht, dass ein korrekt abgeleiteter Satz T existiert, für den man zeigen kann, dass auch nicht-T gültig ist.

Die gesamte Mathematik sollte nach Hilbert auf ein Spiel mit Zeichen reduziert werden. Kernforderungen des Hilbert Programms für alle formalen Systeme beinhalten somit (neben anderen Kriterien) die *Vollständigkeit* der Theorie, sowie die *Unabhängigkeit* und *Widerspruchsfreiheit* der Axiome. Weiterhin dürfen nur „*finitistische*" (d.h. nur endlich viele) Axiome und Schlussregeln zugelassen werden. Und natürlich dürfen die Axiome nur *rein formal*, also ohne Intuition oder Empirie-Bezug formuliert sein.

Im Jahre 1889 konnte Giuseppe Peano mit fünf Axiomen die Arithmetik (d.h. die natürlichen Zahlen, also: 0, 1, 2, ... n, n+1, ...) und ihre Eigenschaften als formales, syntaktisches Kalkül beschreiben. Nachdem nun Hilbert sein Programm (insbesondere die Vollständigkeit) für die euklidische Geometrie und die Aussagenlogik beweisen konnte, verfolgte er als nächstes Ziel, die Arithmetik gemäß seinem Programm zu gestalten. Ist auch die Arithmetik, d.h. die Theorie der natürlichen Zahlen, widerspruchsfrei und vollständig? Falls vollständig, dann wäre zu zeigen, dass jede semantisch wahre zahlentheoretische Aussage mit diesen Peano-Axiomen auch wirklich formal-syntaktisch beweisbar ist. Hilbert und seine Kollegen arbeiteten hart an diesem Ziel. Gödel aber zeigte 1930/31, dass dieses Ziel unerreichbar ist, insbesondere, dass die Arithmetik wesenhaft unvollständig ist.

3 Gödels Beweis der Unmöglichkeit des Hilbert Programms

Kurt Gödel wurde 1906 in Brünn/Tschechien geboren und starb 1978 in Princeton/New Jersey. Er war seit Princeton ein enger Freund Albert Einsteins und zählt zu den genialsten Mathematikern und Logikern des 20. Jahrhunderts. Er publizierte auf den unterschiedlichsten wissenschaftlichen Gebieten. Obwohl Mitglied des Metaphysik-feindlichen Wiener Kreises (Rudolf Carnap u.v.a.) arbeitete er an (bisher leider unveröffentlichten) diversen metaphysischen *Philosophischen Bemerkungen* (Eva-Maria Engelen in *Die Zeit, No. 41, 1.Okt. 2014*). Der übersensible Wissenschaftler litt unter der Furcht, dass man ihn vergiften wolle und soll sich zu Tode gehungert haben, als seine Frau längere Zeit im Krankenhaus lag.

Die *Gödelschen Unvollständigkeitssätze* gehören zu den wichtigsten Sätzen der modernen Logik, publiziert und vorgetragen 1931 [„*ÜBER FORMAL UNENTSCHEIDBARE SÄTZE DER PRINCIPIA MATHEMATICA UND VERWANDTER SYSTEME I*"]. Gödel zeigt die Unvollständigkeit hinreichend starker Systeme (wie Arithmetik, Algebra, Mengenlehre, höhere Logik), d.h., dass es hier immer wahre Aussagen geben muss, die man weder gültig beweisen noch widerlegen kann. Die Sätze zeigen damit die Grenzen der formalen Systeme ab einer bestimmten Komplexität auf und widerlegen damit die Möglichkeit des Hilbert Programms. Im Vorwort seiner Publikation schreibt Gödel: *„Es liegt daher die Vermutung nahe, dass diese Axiome und Schlussregeln dazu ausreichen, alle mathematischen Fragen, die sich in den betreffenden Systemen überhaupt formal ausdrücken lassen: auch zu entscheiden. (....)"*. Gödel referiert hier auf das Hilbert Programm und fährt fort: *„Im Folgenden wird gezeigt, dass dies nicht der Fall ist, (....)"*.

Der *1. Unvollständigkeitssatz* besagt, dass es arithmetische Formeln gibt, die mit Mitteln der Arithmetik selbst weder beweisbar noch widerlegbar sind. Der *2. Unvollständigkeitssatz* besagt, dass ein solches System die eigene Widerspruchsfreiheit nicht beweisen kann.

<u>Beispiel 3</u>: Der *1. Unvollständigkeitssatz* soll zuerst an einem Beispiel anschaulich gemacht werden, bevor der Beweis selbst skizziert wird. Eine der großen offenen Fragen der Zahlentheorie seit Jahrhunderten ist: *„Gibt es unendlich viele Primzahlzwillinge?"* Diese semantische Frage stellt die entweder richtige oder falsche Behauptung auf, dass es unendlich viele Primzahlen gibt, die nur durch eine dazwischen liegende (gerade) Zahl getrennt sind. (Beispiele von Primzahlzwillingen sind: 3 und 5, 5 und 7, 11 und 13, 17 und 19 etc.) Für die ersten n=100 natürlichen Zahlen gibt es genau 8 Primzahlzwillinge, für die ersten n=1000 Zahlen genau 35. Auch wenn die Häufigkeit mit steigendem n abnimmt, immer wieder werden mit Computerprogrammen weitere Primzahlzwillinge gefunden. Man vermutet heute, dass es unendlich viele Primzahlzwillinge gibt. Diese primitiv anmutende Frage der Zahlentheorie konnte

bis heute nicht bewiesen werden. Ist es möglich, dass sie mit Mitteln der arithmetischen Syntax unbeweisbar ist, also ein Beispiel für den *1. Unvollständigkeitssatz* liefert? Wir wissen es nicht – aber die These wird ernsthaft diskutiert. [Ein weiteres, hier nicht behandeltes Beispiel ist der *Satz von Goodstein*, der in der Peano-Arithmetik zwar formuliert, aber nicht bewiesen werden kann. Dies konnte erst 1982 gezeigt werden].

4 Der erste Unvollständigkeitssatz

Der Beweis des *1. Unvollständigkeitssatzes* gliedert sich in vier Schritten:
1. Die „*Gödelisierung*" (Arithmetisierung durch sogen. „Gödelzahlen")
2. Die Arithmetisierung der Beweisbarkeitsfunktion
3. Die Konstruktion des sogen. Gödelsatzes G
4. Der Nachweis der Unbeweisbarkeit des Gödelsatzes G

Schritt 1: Die „*Gödelisierung*"
(Arithmetisierung durch sogenannte „Gödelzahlen")

Da ein axiomatisches Kalkül auf einer endlichen Anzahl von Grundzeichen (dem Alphabet) basiert, kann man jedes Zeichen des Alphabets umkehrbar eindeutig (in mathematischer Terminologie sagt man auch „*eineindeutig*") durch eine natürliche Zahl verschlüsseln. Wie bei einer Geheimschrift lässt sich so jedes Theorem durch eine einzige Zahl darstellen; noch radikaler ausgedrückt: Jeder Beweis für ein Theorem wird umkehrbar eindeutig durch eine einzige Gödelzahl kodiert.

Beispiel 4: Ein vereinfachtes Beispiel (bei Gödel ist das wesentlich komplizierter!) soll dies demonstrieren. Wir codieren alle Symbole der Syntax durch zweistellige Ziffern. Z.B. „$\forall$": durch 11; „(": durch 12; „)": durch 13; „+": durch 14; „=": durch 15; „x": durch 18; „y": durch 19. (Analog würde man alle anderen benötigten Zeichen verschlüsseln.) Dann wird aus dem wahren semantischen Satz: „*Es gilt das Kommutativgesetz für das Vertauschen von Summanden bei der Addition*" und der entsprechenden syntaktischen Formulierung „$\forall$ x $\forall$ y (x + y = y + x)" die Kodierung 11 18 11 19 12 18 14 19 15 19 14 18 13, oder die Gödelzahl: 11181119121814191519141813, aus der sich das Kommutativgesetz der Arithmetik wieder rückübersetzen lässt. Der Leser sollte sich hier vergegenwärtigen, dass in analoger Weise auch ein syntaktischer Beweis für das Kommutativgesetz oder für beliebige andere gültige Theoreme ebenfalls durch eine Gödelzahl darstellbar ist.

Schritt 2: Die *„Arithmetisierung der Beweisbarkeitsfunktion"*
Als nächstes bildet Gödel die *Beweisbarkeit* und *Unbeweisbarkeit* formal auf Gödelzahlen ab. Was heisst, dass etwas *beweisbar* ist? Ohne dass wir einen konkreten Beweis angeben müssten, bedeutet die Aussage *„Der Satz q ist beweisbar"* folgendes: Es gibt eine gültige Folge p, mittels der ich q beweisen kann, formal: $\exists\, p: p \rightarrow q$. Somit lässt sich auch die Behauptung *„Der Satz q ist beweisbar"* durch eine einzige Gödelzahl darstellen. Die Behauptung *„Der Satz q ist nicht beweisbar"* ist nun einfach die Negation von $\exists\, p: p \rightarrow q$, also $\neg(\exists\, p: p \rightarrow q)$, der sich wiederum als eine eineindeutige Gödelzahl darstellt. Mit diesen Zahlen kann Gödel nun rechnen, es gelingt ihm eine Beweisbarkeitsfunktion im folgenden Sinn aufzustellen: Alle Sätze, deren Gödelzahlen dieser Beweisbarkeitsfunktion genügen, sind gültige Theoreme, wohingegen Sätze, deren Gödelzahlen dieser Beweisbarkeitsfunktion nicht genügen, mit den Mitteln des syntaktischen Kalküls auch nicht bewiesen werden können. Gödel hat somit die arithmetische Syntax mit all ihren Axiomen und beliebig komplizierten Beweisen von Theoremen auf arithmetische Zahlen umkehrbar eindeutig abgebildet. Der Clou hierbei ist, dass er mit diesen Zahlen zudem auch „rechnen" kann.

Schritt 3: Die *„Konstruktion des Gödelsatzes G"*
Beispiel 5: Zuerst eine Vorbemerkung: Berühmt wurde das *Lügner-Paradoxon* von dem Kreter Epimenides (7. Jhd. v.Chr.), der gesagt haben soll: *„Alle Kreter sind Lügner"* (ein selbstbezüglicher Satz, da Epimenides auch Kreter ist). Vergleichbar sind selbstbezügliche Sätze wie: *„Was ich jetzt sage ist eine Lüge"* oder *„Dieser Satz ist falsch"*. Sätze dieser Art werden als wahr bewertet, wenn sie falsch sind, und als falsch, wenn sie wahr sind. Es liegt hier eine logisch unzulässige Vermengung der Objektsprache mit ihrer Metasprache zugrunde. Gödel gelingt es nun (logisch zulässig!), innerhalb der Arithmetik einen *selbstbezüglichen Satz* **G** zu konstruieren, der semantisch als wahr anzusehen ist, aber syntaktisch unentscheidbar ist. Wenn aber bezüglich der Arithmetik ein semantisch wahrer Satz syntaktisch nicht entscheidbar ist, dann ist damit die *Unvollständigkeit der Arithmetik* gezeigt.

Der Gödelsatz **G** lässt sich semantisch etwa so formulieren: *„Ich bin nicht beweisbar"*. Gödels Konstruktionsprinzip für diesen selbstbezüglichen Satz lässt sich vereinfacht so darstellen: Wie unter Schritt 2 dargestellt, wird die Gödelzahl für die Aussage *„Der Satz q ist nicht beweisbar"* ermittelt, nennen wir die Zahl Q. Dann wird der Satz **G** aufgestellt: *„Der Satz, der der Gödelzahl Q entspricht, ist nicht beweisbar"*, für den man erneut die Gödelzahl Q' findet. Die Selbstbezüglichkeit von **G** ist ersichtlich. Dieser

Gödelsatz **G** lässt sich formal-syntaktisch über seine korrespondierende Gödelzahl Q' darstellen. Die logisch unzulässige Formulierung des Lügner-Paradoxons wurde von Gödel somit in eine zulässige Aussage im syntaktischen Kalkül der Arithmetik umgestaltet.

Schritt 4: Der *„Nachweis der Unbeweisbarkeit des Gödelsatzes G"*
Gödel zeigt nun, dass der Gödelsatz **G** nicht beweisbar ist. Wäre **G** gültig, dann auch seine Negation, also ¬**G**. Und analog, wäre ¬**G** gültig dann auch **G**. **G** und ¬**G** wären somit äquivalent. Das aber hieße, dass die Arithmetik nicht widerspruchsfrei wäre (siehe oben Definition von *widerspruchsfrei*). Gödel kann somit logisch korrekt folgern: Ist die Arithmetik widerspruchsfrei, dann ist **G** nicht formal beweisbar, d.h. dann gibt es unentscheidbare Aussagen in der Arithmetik. Somit ist die Arithmetik unvollständig. Der Leser mag sich nun die Frage stellen, warum man einem so geschachtelten, praxis-irrelevanten, selbstbezüglichen Satz **G** überhaupt eine solche Bedeutung zumisst. Es ist richtig, dass der Gödelsatz **G** verschraubt aussieht. Es kommt hier aber nur darauf an, die Unvollständigkeit der Arithmetik zu beweisen, was gelungen ist. Denken wir auch an die möglicherweise unentscheidbare Hypothese in Beispiel 3 über Primzahlzwillinge.

5 Der zweite Unvollständigkeitssatz

Der *2. Unvollständigkeitssatz* kann jetzt in knapper Form skizziert werden. Gödel zeigt hier, dass die Arithmetik ihre eigene Widerspruchsfreiheit nicht beweisen kann, und dass das Gleiche auch auf Kalküle ab einer gewissen Komplexität zutrifft (wie für die Mengenlehre, Algebra, höhere Logik etc.). Den Beweis zerlegen wir in die folgenden sechs Teilschritten (A bis F):

Schritt A: Behauptung: Der Gödelsatz **G** ist semantisch wahr, obwohl seine Gültigkeit im Kalkül nicht bewiesen werden kann.

Beweisidee: Dies folgt aus metamathematischen Überlegungen etwa folgender Art: Wäre **G** beweisbar, dann wäre er falsch, da **G** ja gerade konstatiert, dass **G** nicht beweisbar ist. Und wir wissen bereits aus Schritt 4 (oben), dass **G** unentscheidbar ist, falls die Arithmetik widerspruchsfrei ist. Von der Widerspruchsfreiheit der Arithmetik können wir dank weiterer Untersuchungen (außerhalb der Peano Axiomatik) ausgehen. (Siehe auch Schritt E unten).

Schritt B: Behauptung: Da **G** semantisch wahr, aber formal unentscheidbar ist, ist die Arithmetik unvollständig.

Beweisidee: Die Definition der Vollständigkeit besagt, dass jede wahre Aussage formal beweisbar sein muss. **G** ist wahr (Schritt A), aber unentscheidbar (Schritt 4). Darüber hinaus gelingt Gödel (Schritt E) sogar der grossartige Coup, formal-syntaktisch beweisen zu können: „*Falls die Arithmetik widerspruchsfrei ist, ist **G** unentscheidbar*".

Schritt C: Behauptung: Die Arithmetik ist ihrem Wesen nach unvollständig und kann auch nicht durch Erweiterung vollständig gemacht werden.

Beweisidee: Könnte man nicht einfach **G** oder andere Sätze als Axiom(e) dem Peano System neu hinzufügen? Gödel zeigt, dass die Arithmetik auch nicht durch beliebige Erweiterung zusätzlicher Axiome vollständig gemacht werden kann. Es liegt hier ein fundamentales Problem komplexer Kalküle vor, die irreparabel, also notwendig und *wesenhaft unvollständig* sind.

Schritt D: Behauptung: Gödel konstruiert eine syntaktische „*wohl definierte*" Formel **A**, die semantisch besagt: „*Die Arithmetik ist widerspruchsfrei*".

Beweisidee: Wäre die Arithmetik nicht widerspruchsfrei, dann könnte man jede beliebige Aussage und auch ihr Gegenteil entscheiden. Dann aber wären alle beliebigen Sätze der Arithmetik entscheidbar. Das ist aber gleichbedeutend mit: Gibt es auch nur eine nicht entscheidbare Aussage (z.B. **G**), dann ist die Arithmetik widerspruchsfrei. Der Satz: „*Es gibt eine nicht entscheidbare Aussage q*" ist der gesuchte Satz **A** mit der äquivalenten Bedeutung „*Die Arithmetik ist widerspruchsfrei*". **A** lässt sich nach Schritt 2 (oben) wie folgt syntaktisch formulieren: $\neg(\exists p: p \rightarrow q)$.

Schritt E: Behauptung: Es wird syntaktisch-formal bewiesen, dass $A \rightarrow G$.

Beweisidee: Der Beweis lässt sich nicht einfach skizzieren. Der Leser möge einfach staunen und darauf vertrauen, dass man einen Beweis rein formal syntaktisch führen kann, der besagt: „*Wenn die Arithmetik widerspruchsfrei ist, dann ist sie unvollständig*".

Schritt F: Behauptung: Formaler Beweis, dass **A** unentscheidbar ist, d.h., die Widerspruchsfreiheit der Arithmetik kann nicht bewiesen werden.

Beweisidee: Dieser Schritt erscheint plausibel: Wäre **A** gültig, dann wäre mit $A \rightarrow G$ auch **G** selbst gültig. Die Gültigkeit von **G** ist aber nicht entscheidbar (Schritt 4 oben).

6 Konsequenzen der Gödelschen Beweise

Gödel zeigt, dass sich die Widerspruchsfreiheit eines hinreichend komplexen mathematischen Kalküls unmöglich nachweisen lässt unter ausschließlicher Verwendung der vom Kalkül gegebenen Mittel. Bereits für die relativ simple Arithmetik bedeutet das, dass nicht alle Aussagen mit arithmetischen Mitteln entscheidbar sind, die Arithmetik somit *unvollständig* ist. Die Folgerung ist: Es kann kein umfassendes System für die ganze Mathematik (und damit auch nicht für jegliches formalisierte Denken) geben, das durch axiomatische Fixierung vollständig beschreibbar wäre. Damit ist das Hilbert Programm gescheitert. Um mich zu wiederholen (siehe oben): Gödels Erkenntnisse besagen nicht, dass es ewig unerkennbare mathematische Wahrheiten gäbe, wie Gödel oft fälschlich und mystifizierend interpretiert wird. Seine Beweise zeigen aber, dass die menschlichen Denkprozesse nie vollständig in einem umfassenden System zu erfassen sind. Es liegt hier eine objektiv vorhandene *logische Unschärferelation* vor. Diese Erkenntnis spricht aber für unsere Kreativität, diese logische Unschärfe nicht nur zu erkennen, sondern über die Beschränktheit hinaus kreativ denken zu können. Dies kann durch informelle Schlüsse geschehen, die dann auf einer neuen Stufe formalisiert und ggf. evident bewiesen werden. Auch wenn das menschliche Gehirn seine absolute, objektive (nicht nur subjektive!) Grenze hat, so scheint es doch ein besonderes Vermögen zu besitzen, das mit einem festen, formalen Programm nicht vergleichbar ist.

Natürlich haben die *Gödelschen Unvollständigkeitssätze* Auswirkungen auf die Informatik. Den finiten (d.h. endlichen) Axiomen und Schlussregeln der Mathematik entsprechen in der Informatik (zumindest bisher?!) die syntaktischen Programmfestlegungen; den abgeleiteten mathematischen Theoremen entsprechen die erzeugten Zeichenfolgen des Programms. Kein Computer (mit einer endlichen Schritt-für-Schritt-Abarbeitung) kann somit das menschliche Gehirn vollständig simulieren.

Da die Kreativität für nicht-formale Schlussfolgerungen unerschöpflich erscheint, kommt die Mathematik einem künstlerischen Prozess sehr nahe. Wir haben hier die Chance, erneut unser kreatives menschliches Denkpotential zu bewundern.

Literatur

Neben dem Originalartikel von Gödel [1931] bietet Nagel und Newman [1958] in englischer Sprache einen guten wissenschaftlichen Einstieg in die Unvollständigkeitssätze. Eine populärwissenschaftliche und ästhetisch schöne Lektüre offeriert Hofstadter [1979]. Eine wissenschaftlich anspruchsvolle Darstellung der Gödelschen Unvollständigkeitssätze mit wichtigen neuen logischen und erkenntnistheoretischen Erkenntnissen (auch in den vier Jahrzehnten nach Gödel) bietet Stegmüller [1973].

Kurt Gödel: „*ÜBER FORMAL UNENTSCHEIDBARE SÄTZE DER 'PRINCIPIA MATHEMATICA' UND VERWANDTER SYSTEME I*". Monatshefte für «Mathematik und Physik» 38 (1931), 173-198

Douglas R. Hofstadter: „*Gödel, Escher, Bach: ein Endloses Geflochtenes Band*". Paperback. New York 1979

Ernest Nagel and James R. Newman: „*Gödel's Proof*". New York University Press 1958. Paperback.

Wolfgang Stegmüller: „*Unvollständigkeit und Unentscheidbarkeit*" *Die metamathematischen Resultate von Gödel, Church, Kleene, Rosser und ihre erkenntnistheoretische Bedeutung.* 3. verbesserte Aufl., Springer-Verlag 1973.

Ethik des Kopierens und die Philosophie des Transhumanismus

Miriam Ommeln[1]

1 Einleitung

Mitreißend und wortgewaltig schreibt der Philosoph Friedrich Nietzsche: *„Ich lehre euch den Übermenschen. Der Mensch ist Etwas, das überwunden werden soll. Was habt ihr gethan, ihn zu überwinden?"* (KSA 4, 14 (3)) Und Sie ahnen schon, wer auf diese Frage antworten könnte: zum Beispiel die Post- und Transhumanisten. Nietzsches permanente Rede vom „Untergang" bzw. „dem Untergehenden" wirkt zudem in diesem Umfeld bestärkend und scheint unterschiedlichen Gedankenansätzen Vorschub zu leisten: angefangen von dem ängstlich wirkenden Gedankenwunsch einer kompensatorischen Optimierung des Menschen über eine selbstverliebt perfektionistische Selbstverbesserungs-Haltung bis hin zu den sich selbst, oder partiell, zur Auflösung bringenden Transformationsgedanken einer Verschmelzung im Cyborg, einem kybernetischen Organismus. Die Spielarten des Cyborgs sind heutzutage zahlreich ausgeprägt und erlangen in den futuristisch anmutenden Fantasien und Gedankenexperimenten von allumfassenden Künstliche-Intelligenz-Wesen und dem Konzept der technologischen Singularität ihren vorläufigen Höhepunkt.

Wenn der Körper des Menschen mit Technologien aus- und umgebaut werden soll sowie Neurochip-Implantate integriert werden, muss man ihn zuvor neu dimensionieren. Er muss neu vermessen, nachgemessen und ausgemessen werden. Körper und Leib müssen neu geformt werden. Man muss sie nach dem neuen Menschen-Bild nachbilden bzw. nachfertigen; wobei die Nachgestaltung ebenso die Vernunft des Leibes abbilden können sollte. Der beschriebene Nachbildungscharakter stellt, im Grunde genommen, einen Akt des Kopierens dar, wobei die Entstehungs- und Herstellungsmethode den Cyborg als eine bewegliche Plastik ausweist. Es liegt der Gedanke mehr denn nahe, dass es sich eher um ein Kunstwerk handelt als um eine technische Aufwertung und Erhöhung, dass es sich also eher um Ästhetik als um Technik handelt, zumal die Kunst sich schon immer, als *conditio sine qua non*, technischer Hilfsmittel bediente. Die technische Reproduzierbarkeit dieser ‚Bauteile' steht

---

[1] Karlsruher Institut für Technologie (vormals Universität Karlsruhe).

hierzu in keinem Widerspruch, da auch sie lediglich eine Kopie, im Dienste der Kunst, verkörpern.[2]

1.1 Science Fiction Literatur: Anfänge und Aussichten

Bevor ich näher auf die Aspekte des Kopierens eingehe, möchte ich gerne einen kleinen Ausflug zu dem visionären Charakter der Cyborg-Entstehung bzw. des Übermenschen in seiner allgemeinsten Form einfügen. Die Science Fiction Literatur wird vorwiegend von Geisteswissenschaftlern dominiert, nicht von Naturwissenschaftlern, ihre Vorstellungskraft und erzählerisches Können des Schmackhaftmachens bestimmt oftmals die Visionen der Techno-Freaks, Nerds und der Naturwissenschaftler sowie der interessierten allgemeingebildeten Leserschaft. Es ist ein Phänomen, dass in diesem frühen Entwicklungsstadium von Forschung sowie Technik- und Produktgestaltung, also quasi in der allerersten Designphase, diese Visionen gerne übernommen werden, während sich in der Nachprototyp-Phase das ursprüngliche Goutieren, die anfängliche Begeisterung, zumeist und wie eine Naturgesetzlichkeit wiederkehrend in heftigste Abwehr wandelt, in ein gern gepflegtes Ressentiment gegenüber den Urhebern dieser faszinierenden Visionen, – die der Geisteshaltung und kulturellen Leistung von Geisteswissenschaftlern entsprungen sind.

Besonders interessant und bedenkenswert wird die gesellschaftliche Situation, wenn sich die Urheber irgendwann scheinbar gegen ihr eigenes Werk wenden und es in Frage stellen. Dem zuvor akzeptierten Vordenker wird verübelt, dass er – was eigentlich getan hat? Sein Werk weiterhin durchdenkt, es weiterhin gründlich beobachtet und es kritisch hinterfragt und erforscht hat? Kurz, dass er in seiner wissenschaftlichen Begierde nicht aufgehört hat zu denken und sich deshalb die Freiheit nahm, seine Einschätzung bezüglich der Dinge ändern zu dürfen oder gar zu müssen? Der Vorsprung und die längere Beschäftigung mit den jeweiligen Dingen wird ihm nun leicht zum Verhängnis, – und doch tat er nichts anderes als ein gewissenhafter Naturwissenschaftler auch tut. Ein wahrhaft kurioser Sachverhalt.

Hierbei bleibt der übergreifende interdisziplinäre Bezug dennoch insofern ein Stück weit ganz direkt erhalten, wenn zum Beispiel japanische Robotik-Spezialisten es geradezu lieben, in ihren Vorträgen einen irgendwie ethischen Bezug zu Immanuel

---

[2] Näheres dazu: Ommeln, Miriam, *Die Verschränkung von ethischen und ästhetischen Aspekten am technologischen Produkt des Ingenieurs: Design-techno-logik*. In: (Hg.) Maring, Matthias.: *Verantwortung in Technik und Ökonomie*, Universitätsverlag Karlsruhe, 2009.

Kant einzubauen, nach dem momentan vorherrschenden Zeitgeist, um gesellschaftliche Konformität zu demonstrieren oder herzustellen.

Die Adaption von Friedrich Nietzsches Gedanken an den Transhumanismus entspricht einer etwas anderen Situation, nicht nur, weil Nietzsche seinem Konzept vom Übermenschen stets treu blieb und seine Meinung darüber nicht änderte, sondern weil seine wie Sprengkraft wirkenden Visionen im Dienste einer transhumanistischen Rechtfertigung und Rückbegründung darüber hinaus noch gefährlich deformiert und zerstückelt werden. Anders gewendet: Sie werden entsprechend der heutigen Copy&Paste- oder der Mush-up-Kultur lediglich in Teilen reproduziert oder beliebig neu zusammengefügt, wobei das Verhältnis von Original und Kopie, von Original und Fälschung verwischt; es kann leichthin zu einem Wechselspiel zwischen Authentizität und Fake kommen, d.h. zur mimetischen Nachahmung und Aneignung, die auf ihren Fälschungscharakter verweist, oder auch nicht.[3]

Nietzsche ist sich bereits damals diesem Phänomen äußerst bewusst, das eigentlich erst heute zu einem aktuellen Zeitphänomen und einer Copyright-Problematik geworden ist, wenn er festhält: „99 Theile alles ‚Schaffens' ist Nachmachen, in Tönen oder Gedanken. Diebstahl, mehr oder weniger bewußt." (KSA 9, 428) Anders als bei den meisten Artefakten und Arbeiten zieht Nietzsche das Extreme und subversiv Provokative in Betracht, wenn seine Kritik am Artefakt nicht nur die jeweils kontextuelle Bedingung des nachgemacht Identischen umfasst, sondern vor allem den erkenntnistheoretischen Aspekt im Blick behält, der auch die Kritik an der Gesellschaft und ihren Normen und Moralen betreffen kann. Bei Nietzsches Artefakt, dem *Mensch selbst*, kann das bedeuten, dass der Kontext so groß und ausgreifend werden kann, dass das Mittel, also seine Bedingungen, sich angleichen. Das hieße, dass Mittel und Kontext ineinander übergehen und ununterscheidbar verschmelzen; sprich, dass der Kontext zum Mittel oder das Mittel zum Kontext würde. Wie das bei einem transhumanistischen, idealen Cyborg der Fall wäre. Oder als ob Kunstwerk und Künstler identisch werden würden.

---

[3] Näheres dazu: Ommeln, Miriam, *Die ethische Januskössstigkeit der Medienkunst: Die Blickwinkel von Kunst und Informatik*. In: (Hg.) Maring, Matthias, *Bereichsethiken im interdisziplinären Dialog*, KIT Scientific Publishing, Karlsruhe 2014. Und: Ommeln, Miriam; Pimenidis, Alexis, *Kunstfreiheit statt Hackerparagraph*. In: *Proceedings des 26th Chaos Communication Congress* (26C3), (Hg.) Chaos Computer Club, 2009, auch unter: http://events.ccc.de/congress/2009/Fahrplan/events/3572.en.html.

2 Zwischen Kopie und Fälschung: Ethik und Erkenntnistheorie des Nachmachens

Wie verortet Nietzsche den Menschen? „Das Nachmachen, das Äffische, ist das eigentlich und ältest Menschliche – bis zu dem Maaße, daß wir nur die Speisen essen, die Anderen gut schmecken. – Kein Thier ist so sehr Affe als der Mensch. – Vielleicht gehört auch das menschliche Mitleiden hierher, sofern es ein unwillkürliches inneres Nachmachen ist." (KSA 9, 55, 3 [34]) Dass Kunst und Technik gleichermaßen dazu gehören, ist selbstredend; die Bionik, die Logik oder die Mathematik usw. fallen genauso unter die Kategorie ‚Nachmachen' und ‚Copieren', wie die Mimik, die Gebärde oder die Bewegungen.

Es ist also nicht von vorne herein zu verurteilen, sondern das „*Nachahmen* ist das Mittel aller Kultur [...]", denn „dadurch wird allmählich der Instinkt erzeugt. *Alles Vergleichen (Urdenken) ist ein Nachahmen.* So bilden sich *Arten,* daß die ersten nur ähnliche Exemplare stark nachahmen, d.h. dem größten und kräftigsten Exemplare es nachmachen. Die Anerziehung einer *zweiten* Natur durch Nachahmung. [...]. Unsre Sinne ahmen die Natur nach, indem sie immer mehr dieselbe abkonterfeien." (KSA 7, 489f) Im Abbilden und Kopieren bemächtigt der Mensch sich der Dinge, indem er sie sich einverleibt und aneignet. Dies geschieht durchaus mit Genuss. Das Kopieren ist allerdings keine einfache, sondern eine schwierige und vielschichtige, komplexe Angelegenheit. Die „*Einkehr in fremde Individualität*" und Dinge bedeutet eine zeitweilige oder andauernde „Aufhebung des eigenen Charakters", die einer „Veränderung des moralischen Charakters" (vgl. KSA 7, 312f) gleichkommt und sowohl zu positiven als auch zu negativen mimetischen Effekten führen kann: „Wenn Einer sehr lange und hartnäckig Etwas *scheinen* will, so wird es ihm zuletzt schwer, etwas Anderes zu *sein*." (KSA 2, 72 (51))

Das Nachmachen-wollen kann leicht in ein Nachmachen-müssen umschlagen und ein unkontrollierbares Moment enthalten. Aus der veränderten, perspektivischen moralischen Haltung resultiert eine Blockade des Erkenntnismittels. Das zu erkennende Original, das Nachzumachende wird verfälscht, d.h. verkannt. Insofern birgt das Kopieren eine weitere Gefahr in sich, die selbst auf einer Täuschung beruht, da die historische „Zeit vorwärts läuft, möchten wir glauben, daß auch Alles, was in ihr ist, vorwärts läuft... daß die Entwicklung eine Vorwärts-Entwicklung ist..." (vgl. KSA 13, 408) Dieser vermeintliche Fortschritt bzw. naturalistische Fehlschluss wird von Nietzsche, wie folgt, aufgegriffen: „*Kritik der Entwicklung.* Falsche Annahme einer *naturgemässen* Entwicklung. Die *Entartung* ist hinter *jeder* grossen Erscheinung her; in jedem Augenblick ist der Ansatz zum Ende da. Die Entartung liegt in dem leichten Nachmachen und Äusserlich-Verstehen der grossen Vorbilder: d.h. das Vorbild reizt die eitlern Naturen zum Nachmachen und Gleichmachen oder Überbieten. Die Kette von einem Genius zum andern ist selten eine gerade Linie: […]." (KSA 8, 77f)

Es besteht mithin der Verdacht, dass ein Cyborg, als Mush-up-Artefakt und doppelte Kopie des Menschen und der Naturdinge, keine echte (mimetische) Weiterentwicklung und Verbesserung des Menschen darstellt, sondern eine Verwechslung vorliegt, die auf allzu leichten, vordergründigen Analogien fußt, wie beispielsweise der, dass das Gehirn wie ein Computer sei und somit eine entartete Kopie vorliegen könnte.

Nietzsche erläutert den psychologischen Sachverhalt anhand eines Genies: „Das Genie wird verkannt und verkennt sich selber, und dies ist sein Glück! Wehe, wenn es sich selber erkennt! Wenn es in die Selbstbewunderung, den lächerlichsten und gefährlichsten aller Zustände verfällt! Es ist ja am reichsten und fruchtbarsten Menschen nichts mehr, wenn er sich bewundert, er ist damit tiefer hinabgestiegen, geringer geworden als er war – damals, wo er sich noch *an sich selber* freuen konnte! Wo er noch an sich selber litt! Da hatte er noch die Stellung zu sich wie zu einem *Gleichen*! Da gab es noch Tadel und Mahnung und Scham! Schaut er aber zu sich *hinauf*, so ist er sein Diener und Anbeter geworden und darf nichts mehr thun als gehorchen, das heißt: *sich selber nachmachen*! Zuletzt schlägt er sich mit seinen eigenen Kränzen todt; oder er bleibt vor sich selber als Statue übrig, das heißt als Stein und Versteinerung!" (KSA 9, 413)

Was Nietzsche an dieser Stelle nur indirekt anspricht, sich aber wie ein roter Faden durch seine gesamte Philosophie hindurch zieht, hat, generell gesehen, eine vielfach größere Reichweite sowie fundamentale Konsequenzen für die Wissenschaft und die Erkenntnistheorie. Es betrifft die Selbsterkenntnis jeglicher Art. Zum Beispiel den Intellekt, von dem Nietzsche sagt: „Ein Erkenntniß-Apparat, der sich selber erkennen will! Man sollte doch über diese Absurdität der *Aufgabe* hinaus sein! (Der Magen, der sich selber aufzehrt! –)." (KSA 11, 154). Moderner und anders formuliert, bedeutet dies, dass ein axiomatisches System nicht jede seiner Aussagen beweisen oder widerlegen kann, zu der es auf logische Weise gelangt ist und dass es ein in sich geschlossenes System nicht geben kann. Es handelt sich hierbei um das Gödelsche Unvollständigkeitstheorem [vgl. Hartmut Mayer in diesem Band; die Hrsg.].

In Nietzsches unnachahmlicher und eindringlicher Art und Weise kann man es höchst anschaulich auch so ausdrücken: „Ein Werkzeug kann nicht seine eigene Tauglichkeit *kritisieren*: der Intellekt kann nicht selber seine Grenze, auch nicht sein Wohlgerathensein oder sein Mißrathensein bestimmen." (KSA 12, 133). Und allgemeingültiger: „Dies ist schlimmer noch als ein Streichholz prüfen wollen, bevor man es brauchen will. Es ist das Streichholz, das sich selber prüfen will, ob es brennen wird." (KSA 12, 37).[4]

Kommen wir zurück auf den Computer und seine Fähigkeiten bzw. auf seine Geist-Gehirn-Fusion. Interessant ist, nebenbei gesagt, was der Computerpionier Jaron Lanier, der seine anfängliche IT-Euphorie revidierte und der vorjährige Preisträger des Friedenspreises des Deutschen Buchhandels (2014) ist, zu der Mensch-Maschine-Problematik in seiner Friedenspreisrede äußert: „Der neue Humanismus behauptet, es ist richtig zu glauben, dass Menschen etwas Besonderes sind, nämlich dass Menschen mehr sind als Maschinen und Algorithmen. [...]. Wir glauben an uns selbst, und aneinander, [...]. Ohne Menschen sind Computer Raumwärmer, die ein Muster erzeugen."[5] Gerne spricht Lanier in seinen Schriften von „Zombies".[6] Und, Jaron Lanier weist überdies eine erstaunliche Nähe zu Friedrich Nietzsche auf.[7]

Die Bemerkung Laniers, dass Computer lediglich mustererzeugende Raumwärmer sind und dennoch mit den Begriffen ‚schön' im Sinne der Ästhetik oder ‚interessant' im Sinne der Technik versehen werden können, weist auf einen anderen eigentümlichen Charakter des Nachmachens und Kopierens hin, wenn das „Äusserlich-Verstehen" nämlich nicht leicht, sondern schwer ist. Nietzsches Feststellung bei der Beobachtung der Natur gibt einen ersten Aufschluss: „*Neutralität der grossen Natur.* – Die

---

[4] Der hieraus resultierende interpretative Charakter wird bei Nietzsche durch seine Begrifflichkeit des Perspektivismus zusammengefasst: „»Alles begreifen« – das hieße alle perspektivischen Verhältnisse aufheben das hieße nichts begreifen, das Wesen des Erkennenden verkennen." (KSA 12, 37, 1 [114]) Experimente mit selbstlernenden Computerprogrammen bestätigen diese Aussage Nietzsches insofern, da 100%iges Wissen sich selbst blockiert bzw. zu einem Crash führt, anstatt zu dem erhofften Allwissen. Diese Art von Seinsmodus wurde von Nietzsche vor allem Anbeginn ausgeschlossen.

[5] Vgl. unter: http://www.friedenspreis-des-deutschen-buchhandels.de/819312/.

[6] Vgl. z.B. Lanier, Jaron, *You Can't Argue with a Zombie*. Unter: http://people.advanced.org /~jaron/zombie.html.

[7] Näheres zu dieser Thematik, inklusive zu den vielfältigen philosophischen Aufsätzen von Jaron Lanier, findet sich bei: Ommeln, Miriam, *Die Technologie der Virtuellen Realität. Technikphilosophisch nachgedacht*, Lang, Frankfurt a.M. 2005. Siehe auch: Ommeln, Miriam, *Erkenntnistheorie im Virtuellen*. In: *Geschichte, Affekte, Medien*; (Hg.) Reschke, Renate; Gerhardt, Volker, Akademie Verlag, Berlin 2008.

Neutralität der grossen Natur (in Berg, Meer, Wald und Wüste) gefällt, aber nur eine kurze Zeit: nachher werden wir ungeduldig. ‚Wollen denn diese Dinge gar nichts zu *uns* sagen? Sind *wir* für sie nicht da?' Es entsteht das Gefühl eines crimen laesae majestatis humanae." (KSA 2, 642 (205)) Die Kränkung des Menschen, die er von den Dingen her erfährt, seine Schwierigkeiten bei der Erstellung einer Kopie verführen ihn dazu, die notwendige Projektion und Übertragung den Dingen selbst zu übertragen, also den Dingen selbst und vollständig zu überlassen, um seine Eitelkeit und sein Gesicht zu wahren. Mit Bezug auf den Turing-Test stellt Lanier fest, dass der Mensch die Neigung hat, sich dümmer zu stellen als er ist, um die Maschine besser dastehen zu lassen.[8] Diese Art und Weise des Kopierens geht mit einem doppelten Authentizitätsverlust einher: mit dem des Kopisten und mit dem des kopierten Dinges; vor allem der Kopist verliert die Fähigkeit, zwischen einer Fälschung und einem bewussten Fake zu unterscheiden. Glaubwürdigkeit und Echtheit werden veräußert und übertragend veräußerlicht. Die mimetische Fähigkeit wurde zugunsten eines permanent Symbiotischen, sprich eines Anderen, d.h. für ein fremdes Ding, z.B. für eine Künstliche Intelligenz, aufgegeben.

Eine weitere Art sich den Dingen zu überantworten besteht nach Nietzsche darin, Zwecke in die Dinge hineinzulegen, sie werden schlicht dafür postulierend in sie eingeschrieben. Eine derartige Projektion stellt der populärwissenschaftlich verstandene Darwinismus dar. Mit seinem angeblichen Versprechen der evolutionären Weiterentwicklung und Verbesserung des Menschen wird, neben und gerade wegen der ausgerufenen Macht des Stärkeren, eine emotionale Bedürfniskonstellation illusioniert, die den scheinbar automatisch beschützenden Charakter der Verbesserung hervorhebt, vergleichbar mit dem Cocooning Design der Werbebranche, die eine bequeme Wohlfühlzone verspricht. Solch ein Entfremdungscharakter läuft Nietzsche zuwider[9]: „Darwin hat den Geist vergessen […], *die Schwachen haben mehr Geist*… Man muss Geist nöthig haben, um Geist zu bekommen, – man verliert ihn, wenn man ihn

---

[8] Vgl. z.B. Lanier, Jaron, *Mindless Thought Experiments. (A Critique of Machine Intelligence)*. Unter: http://www.jaronlanier.com/aichapter.html. Und siehe vorherige Fußnote.

[9] „An dieser Stelle und nirgendswo anders muß man den Ansatz machen, um zu begreifen, was Zarathustra *will*: diese Art Mensch, die er concipirt, concipirt die Realität, wie *sie ist*: sie ist stark genug dazu –, sie ist ihr nicht entfremdet, entrückt, sie ist *sie selbst*, sie hat all deren Furchtbares und Fragwürdiges auch noch in sich, *damit erst kann der Mensch Größe haben*…" (KSA 6, 370 (5)).

nicht mehr nöthig hat. Wer die Stärke hat, entschlägt sich des Geistes [...]. Ich verstehe unter Geist, wie man sieht, die Vorsicht, die Geduld, die List, die Verstellung, die grosse Selbstbeherrschung und Alles, was mimicry ist [...]." (KSA 6, 121) Im Gegensatz zum Darwinismus, den er ablehnt, wäre Nietzsche der neueren Machiavellian Brain Hypothesis, auch Social Brain Hypothesis genannt, zugeneigt. Er konstatiert: „Das Böse ist des Menschen beste Kraft." (vgl. KSA 4, 359 (5))

Eine technische Herausforderung bestünde somit nun darin, die Boshaftigkeit, die List, also die *Täuschung an sich*, d.h. eine derartig intelligente, selbstständig agierende, autonome Täuschungs-Kopie, ein Fake, in die Kopie integrativ[10] mit zu übertragen. Die ethische Herausforderung gesellt sich noch hinzu, zumal, wenn man sich als ein Verfechter des ‚Wohles für alle, für die Gesellschaft' darstellt.[11] Beides sei dahingestellt... Nietzsches Position zu dem Komplex des Kopierens lässt sich in einer Hinsicht leicht wiedergeben: „Ja ich verachte jeden, der sein will wie ein Andrer! der hinblickt, um zu sehen, was die Andren zu seinem Thun sagen!" (KSA 9, 395)

3 Der Mensch als Übergang und Untergang

Lassen Sie uns nun an den Anfang wiederkehren und Nietzsche selbst resümieren: „Was groß ist am Menschen, das ist, daß er eine Brücke und kein Zweck ist: was geliebt werden kann am Menschen, das ist, daß er ein *Übergang* und ein *Untergang* ist." (KSA 4, 16f (4)) Die Metapher des Untergangs bedeutet weder eine Annihilierung noch eine Abwertung des Menschen.[12] Er wird wie ein übervoller „Becher verstanden, der überfließen will", der „wieder leer werden will", ähnlich der Sonne, die aufgeht und *untergeht* – von hier her nimmt Nietzsche seinen Begriff des Untergangs, der *gleichzeitig* auch immer ein (wiederkehrender) Übergang ist.[13]

Ganz klar und deutlich kennzeichnet Nietzsche als „Verächter des Lebens", wer „die Eingeweide des Unerforschlichen höher achtet" als den Übermenschen und erhofft, dem Leib „zu entschlüpfen".[14] Auf den Transhumanismus bezogen bedeutet

---

[10] Viren oder Hacking-Tools sind selbstredend ausgeschlossen, da ein positiv integratives System entstehen soll.

[11] „Ja wir wollen daß die Menschen mäßig und anständig und gerecht leben – aber Alle? Das wage ich nicht zu entscheiden. Die Menschheit <würde> zu rasch zu Ende sein!" (KSA 9, 414).

[12] Nietzsche begründet sein philosophisches Unterfangen: „Zarathustra antwortete: »ich liebe die Menschen" (KSA 4, 13).

[13] Vgl. ebd., S. 12 (1). Gleichermaßen „begann Zarathustras Untergang" (vgl. ebd.).

[14] Vgl. ebd., S. 9.

dies, dass weder ein vergesellschafteter und erst recht kein ‚vertechnisierter' Mensch, der seinem Leib mit Hilfe von Technologien entfleuchen möchte und ihn derartig ideologisieren muss, im Sinne von Nietzsches Übermenschen oder höherem Menschen verstanden werden kann.

Nietzsches Abneigung gegen alle sogenannte ‚Wahrheiten' und Verallgemeinerungen ist ein kaum zu überschätzender Aspekt seiner Philosophie. Sie beinhaltet in diesem Fall auch den impliziten Hinweis auf die Gefahr einer starren Festschreibung, wie sie irreversible technologische Implementationen und Entwicklungen in sich bergen können. Es ist eben, wie in allzu technikoptimistischer Sichtweise, nicht möglich, alles rückgängig zu machen oder alles zu konstruieren, – wie uns beispielsweise die Historie des Perpetuum mobile oder Johann Friedrich Böttgers Versuche des Goldmachens gelehrt haben. Eingeschriebene, integrierte Fehler von heute können fortgeschriebene Fehler von morgen sein. Die Gefahr dieser fehlerintoleranten Verankerung ist bei den transhumanistisch anvisierten Technologien ungeklärt, jedoch wahrscheinlich höchstgradig gegeben und absehbar. So kann Wissenschaft zwar den Weg aufzeigen, ihn aber nicht bestimmen und festlegen. Mit Nietzsche kann man diesen Sachverhalt wie folgt ausdrücken: „Ach, was seid ihr doch, meine gschriebenen und gemalten Gedanken! Es ist nicht lange her, da wart ihr noch so bunt, jung und boshaft, voller Stacheln und geheimer Würze, das ihr mich niesen und lachen machtet – und jetzt? Schon habt ihr eure Neuheit ausgezogen, und einige von euch sind, ich fürchte es, bereit, zu Wahrheiten zu werden: so unsterblich sehn sie bereits aus, so herzzerbrechend rechtschaffen, so langweilig!" – ‚so transhumanistisch!' möchte man ergänzen. „Und", fährt Nietzsche fort: „war es jemals anders? Welche Sachen schreiben und malen wir denn ab, [...], wir Verewiger der Dinge, welche sich schreiben *lassen*, was vermögen wir denn allein abzumalen? Ach, immer nur Das, was eben welk werden will und anfängt zu verriechen! [...]. Ach, immer nur Vögel, die sich müde flogen und verflogen und sich nun mit der Hand haschen lassen, – mit *unserer* Hand! Wir verewigen, was nicht mehr lange leben und fliegen kann, müde und mürbe Dinge allein!" (KSA, 240 (296.)) Einprägsamer und lakonisch gefasst: Eine Kopie ist eine Kopie, und kein Original. Aus ihr wurde aus erkenntnistheoretischer Sicht jeweils der Spannungszustand aus dem Erkenntnisziel herausgenommen, sodass eine fehlerfreie Kopie oder eine gelungene, d.h. wertsetzende Weiterentwicklung des Originals erschwert wird. Das Gedachte erhält einen normativen Charakterzug, der selbst nicht aus dem Denken stammt.

Da der Mensch nach Nietzsche ein Untergang und ein Übergang ist, heißt das, dass er zu Grunde gehen muss, was wiederum bedeutet, dass er den Dingen auf den Grund geht, sich selbst eingeschlossen. Diesen Weg zu gehen, ist äußerst gefährlich und ein Wagnis. Er erfordert Mut und Redlichkeit. Denn, wie in einem „Mischkrug" vereinigen sich Gegensätze, aus denen sich ein Werden ergibt, d.h. „[…], in Wahrheit ist in jedem Augenblick Licht und Dunkel, Bitter und Süß bei einander und an einander geheftet, wie zwei Ringende, von denen bald der Eine bald der Andere die Obmacht bekommt." (vgl. KSA 1, 825).

Der Mensch muss überwinden. Und desgleichen, der Mensch muss überwunden werden, denn „In vielen Dingen wird man lange *nicht empfinden* dürfen, weil hier noch *nichts Gewisses* gesagt ist." (KSA 9, 187, 5(32)) An eine Verschmelzung mit etwaigen Fledermausgehirnen oder mit exotischen Mondmaterialien nach Art transhumanistischer Zielvorstellungen bei Cyborgs wird hier nicht gedacht. Im Gegenteil, was Nietzsche fordert ist: „All die Schönheit und Erhabenheit, die wir den wirklichen und eingebildeten Dingen geliehen haben, will ich zurückfordern als Eigentum und Erzeugnis des Menschen. […], mit der er die Dinge beschenkt hat, um sich zu verarmen und sich elend zu fühlen!" (KSA 13, 41) Um (neu) empfinden bzw. denken zu dürfen, bedarf es vielmehr der Individuation. Einem ‚werde, der du bist'. Einem Untergang, einem Übergang, einer Überwindung von Gegensätzen und deren wiederkehrenden Bejahung. Dieses vollzieht sich durch die allseits bekannten Schlagworte von der „*Umwertung aller Werte*", die für Nietzsche bedeuten: „das ist meine Formel für einen Akt höchster Selbstbesinnung der Menschheit, […]." (vgl. KSA 6, 365 (1))

Die Selbstbesinnung ist ein Terminus, der in der Regel nicht in diesem Sinne im transhumanistischen Vokabular und Sprachgebrauch vorhanden ist. Von enormer Relevanz ist in diesem Zusammenhang, was Nietzsche von den Menschen, den „Schaffenden" verlangt und erwartet, die umwertend Dinge neu empfinden und benennen, und mithin neue Schwergewichte setzen: „eure Tugend gerade will es, dass ihr kein Ding mit »für« und »um« und »weil« tut." (KSA 4, 362 (11)) Noch einmal im Klartext: Nietzsches Philosophie kennt keine Zwecke, keine Ziele, keine Absichten, auch keine Kausalität, kein Subjekt, kein Objekt. Er hat sie schlichtweg abgeschafft, – die Größe dieses umwertenden Gedankens, seine Ungeheuerlichkeit, der mutige Versuch, ohne diese zu philosophieren, hat ihm denn auch öfter den Vorwurf eingebracht, keine systematische Philosophie zu besitzen bzw. zu betreiben.

Wenn in post- und transhumanistischen Deklarationen verkündet wird, dass sie ihre gesteckten Ziele in der Ermöglichung einer höheren Evolutionsstufe sehen und anvisieren, ergo eine Art neues *Telos* ausgerufen wird, oder das Primat der Rationalität zwecks der Intelligenzsteigerung verkündet wird etc., dann ist diese Denkweise diametral zu Nietzsches Gedankenwelt und verfehlt sie radikal, d.h. bis tief hinab zu den Wurzel von Nietzsches Philosophie. Jede konkrete, traditionelle Antwort auf die Frage „cui bono, *wem nützt es*?", erregt Nietzsches tiefstes Misstrauen und ist ein Ausdruck von Unredlichkeit. Wozu eine Mensch-Maschine-Schnittstelle – zur Bewusstseinserhöhung? Nietzsches Antwort darauf würde so, wie an dieser Stelle, oder ähnlich lauten: „Wollt ihr hoch hinaus, so braucht die eignen Beine! Lasst euch nicht empor *tragen*, setzt euch nicht auf fremde Rücken und Köpfe!" (KSA 4, 361 (10)), mithin auch nicht auf genmanipulierte Transformationen, selbstlernende Software, emergente künstliche Intelligenzen oder auf eine Netzwerkintelligenz. „Aushänge-Tugenden" (KSA 4, 360 (8)), die überredenden und angeblich zu ‚meinem' Wohle versprechenden Charakter für die Gesellschaft oder den Einzelnen aufweisen, sowie der ökonomische Zweckgedanke, dem Nietzsche kritisch gegenübersteht[15], sollten auf ihren suggestiven und übervorteilenden Gehalt hin überprüft werden: „Ihr Schaffenden, ihr höheren Menschen! Man ist nur für das eigne Kind schwanger. Lasst euch Nichts vorreden, einreden!" (KSA 4, 362 (11))[16]

3.1 Das Experiment der Zukunft

So weit, so gut. Wie schafft man es nach Nietzsche, sich nichts vormachen zu lassen, sondern sich bzw. den Menschen zu ‚überwinden' – gemäß der eingangs gestellten Frage, die nun zurückfragend auf Nietzsche selbst bezogen werden soll? Dafür bedarf es, ganz allgemein, erst einmal eines *erkenntnistheoretischen* Ansatzes. Nebenbei gesagt, lässt sich eine solche Ausformulierung nicht oder höchstens diffus verstreut und vage bei den Post- und Transhumanisten erkennen.

Interessanterweise steht Nietzsches Ansatz in der Tradition von Nikolaus von Kues und weist eine beachtenswerte Parallele zu ihm auf – die theologisch-platonischen Anklänge und Komponenten selbstverständlich ausgenommen: Es ist der tiefsinnige und visionäre Grundgedanke der *Coincidentia oppositorum*, dem ‚Zusammenfall der Gegensätze'. Den Grundcharakter der Wahrheit beschreibt Nietzsche zum Beispiel derart: „Ruhe – Bewegung, fest – locker: alles Gegensätze, die an sich nicht existiren und mit denen tatsächlich nur *Gradverschiedenheiten* ausgedrückt werden, die

¹⁵ Anm.: Aus der Vielzahl der Stellen seien beispielsweise Folgende angeführt: *„Grundgedanke einer Cultur der Handeltreibenden.* – […]. Der Handeltreibende versteht Alles zu taxiren, ohne es zu machen, und zwar zu taxiren *nach dem Bedürfnisse der Consumenten,* nicht nach seinem eigenen persönlichsten Bedürfnisse; »wer und wie Viele consumiren dieses«? ist seine Frage der Fragen. Diesen Typus der Taxation wendet er nun instinctiv und immerwährend an: auf Alles, und so auch auf die Hervorbringung der Künste der Wissenschaften, der Denker, Gelehrten, Künstler, Staatsmänner, der Völker und Parteien, der ganzen Zeitalter: er fragt bei Allem, was geschaffen wird, nach Angebot und Nachfrage, *um für sich den Werth einer Sache festzusetzen.* Diess zum Charakter einer ganzen Cultur gemacht, bis ins Unbegränzte und Feinste durchgedacht und allem Wollen und Können aufgeformt: das ist es, worauf ihr Menschen des nächsten Jahrhunderts stolz sein werdet: wenn die Propheten der handelstreibenden Classe Recht haben, dieses in euren Besitz zu geben! Aber ich habe wenig Glauben an diese Propheten: Credat Judaeus Apella – mit Horaz zu reden." (KSA 3, 155f (175)). Oder: „Unser Zeitalter, so viel es von Ökonomie redet, ist ein Verschwender: es verschwendet das Kostbarste, den Geist." (KSA 3, 158 (179)) oder in direkter Verbindung mit dem Übermenschen: „Die *Nothwendigkeit* zu erweisen, daß zu einem immer ökonomischeren Verbrauch von Mensch und Menschheit, zu einer immer fester in einander verschlungenen »Maschinerie« der Interessen und Leistungen eine *Gegenbewegung gehört.* […]. Mein Begriff, mein *Gleichniß* für diesen Typus ist, wie man weiß, das Wort »Übermensch«. […]. – Man sieht, was ich bekämpfe, ist der *ökonomische* Optimismus: […]: der Mensch wird *geringer.* – so daß man nicht mehr weiß, *wozu* überhaupt dieser ungeheure Prozeß gedient hat. Ein wozu? […]." (KSA 12, 462f, 10 [17]). Weitergehendes zu dieser Thematik und der vermeintlichen Solidarität sowie der heutigen ‚Friends'-Kultur findet man bei: Ommeln, Miriam, *Wikipedia und Schwarmintelligenz: ein intelligentes Prinzip?* In: *Lebenswelt und Wissenschaft,* Kongress, (Hg.) XXI. Deutscher Kongress für Philosophie, 2008, unter: http://www.dgphil2008.de/fileadmin/download/ Sektionsbeitraege/18-1_Ommeln.pdf.

¹⁶ Die notwendige Wartung der Cyborgs lässt die Entstehung eines profitablen und riesengroßen Dienstleistungssektors erwarten, von dem originären Verkauf des Enhancement-Zubehörs und dessen Produktpalette einmal ganz abgesehen, mitsamt den dazugehörigen Begleiterscheinungen, die eine Unzahl von Fragen aufwerfen, wie etwa die notwendigen Software- und Neurochip-Implantate-*Updates*: wie werden diese ausgeführt? Fremd-, fern-, und zentralgesteuert, freiwillig, kostenlos oder werden Zusatzleistungen angeboten? Wer soll dieses ‚Geschäft' wie und warum kontrollieren und zu welchem Zweck? Ab welcher grenzverwischenden cyborgialen Systemkomplexität werden einzelne technologische Patentansprüche, oder quasi ‚eingeschriebene' Nutzungs- und Verwertungsrechte, auf den puren Menschenleib und -körper übergreifend und übergriffig? Näheres zu dieser tiefgreifenden und einschneidenden Problematik bei: Ommeln, Miriam, *Das Paradoxon der Wissensgesellschaft: freier Informationszugang für alle.* In: (Hg.) Maring, Matthias, *Fallstudien zur Ethik in Wissenschaft, Wirtschaft, Technik und Gesellschaft,* KIT Scientific Publishing, Karlsruhe 2011.
Wird, wie heutzutage üblich, die eingebaute Selbstzerstörung ab Werk die zu erwartende Norm sein, also der geplante Produktverfall, die sogenannte *geplante Obsoleszenz*? Wo Geld verdient werden kann, gibt es immer Interessenlagen bzw. Lobbyisten sowie Betrug und billige Fälschungen und damit eine gefährlich riskante Entwicklungstendenz für ‚Leib und Leben', die insbesondere bei einem Cyborg an Schärfe und Brisanz dazugewinnen kann? Wo werden die persönliche und gesellschaftliche Freiheit, das Humanum, verortet? Das *Body-Hacking* bzw. die *Body-Security* wird sich, wohl oder übel, zur *dominierenden* und hervorragendsten *Fähigkeit* und Beschäftigung des Menschen entwickeln, da sie das alles andere übersteigende Mittel und Werkzeug zum Überleben werden könnte? Welche Entwicklungstendenzen wären konkret hiermit verbunden; könnten wir bestimmte, sogar wichtige Fähigkeiten dabei auch *verlieren*? Die vielfältigen Machtkämpfe jeglicher Art und auf allen Ebenen stellen

für ein gewisses Maaß von Optik sich als Gegensätze ausnehmen." (vgl. III 542, KSA 12, 384) Das *Zugleich* der Dinge sprengt Nietzsche aus dem parmenideischen Einheitsdenken, Cusanus verlassend, indem er Heraklits Lösung schätzend, zumal diese „niemand mit dialektischem Spürsinn und gleichsam rechnend errathen kann" (KSA 1, 828 (6)), weiterentwickelt. Die Mehrsinnigkeit und Offensinnigkeit der Dinge erhält Nietzsche, indem das dynamische Element *innerhalb seiner Theorie* bis zum Äußersten, dem ‚Werden' getrieben wird, was in seiner Denkfigur der ‚ewigen Wiederkunft des Gleichen' gipfelt.[17]

Also sprach Nietzsche, wenn er davon spricht, dass das Leben als ein Experiment zu behandeln sei bzw. eine „Experimental-Philosophie" gelebt werden könne oder solle, nicht von einer Art beliebigen, transhumanistischen Cyborg-Experiment, bei dem der Mensch ‚verkabelt' und in einzelne intelligente Signale und Informationen sequenziert wird, sondern davon, dass: „Eine solche Experimental-Philosophie, [...] bis zum Umgekehrten hindurch" will, sie will „dieselben Dinge, dieselbe Logik und Unlogik der Knoten. Höchster Zustand, den ein Philosoph erreichen kann: dionysisch zum Dasein stehn –: meine Formel dafür ist amor fati..." (vgl. KSA 13, 492, 16 [32]). Nietzsche bewegt sich in einem erkenntnistheoretischen Rahmen, der das *Perspektivische* auszuloten versucht und fragt: „Inwieweit verträgt die Wahrheit die Einverleibung? – das ist die Frage, das ist das Experiment." (KSA 3, 470 (110)). Anders formuliert: Wo, wie und wann beginnt der Untergang oder der Übergang des Erkenntnissuchenden bzw. seiner so genannten Wahrheiten.

---

nicht nur eine juristische, technische und gesellschaftspolitische Herausforderung dar, sondern zunächst und vor allem eine kulturelle und geistige. Solche *praktischen* Fragen nach der *konkreten Realisierung und Umsetzung* von Konzepten lassen das gerne angeführte post- und transhumanistische Schlagwort von der negativen Freiheit unausgereift oder realitätsfremd erscheinen; vom nicht näher geklärten *konkreten* Umgang mit dem psychologisch-gesellschaftlichen *Nachmach*-, Mitmach- und Gruppenzwang ganz zu schweigen.

Darüber hinaus wären weitere – generelle – Fragen zu klären und jeweils eine stichhaltige Antwort von den Post- und Transhumanisten einzufordern, wie beispielsweise: Warum und wozu soll *überhaupt* etwas am Menschen bzw. der Gesellschaft verbessert und *enhanced*, d.h. erhöht und erweitert werden? Wie groß ist die Liebe zum Menschen? Wo liegt die (begründbare) Grenze zur Utopie?

[17] Ausführlich und detailliert dazu bei Ommeln, Miriam, *Die Verkörperung von Friedrich Nietzsches Ästhetik ist der Surrealismus*, Lang, Frankfurt/M. 1999; vor allem Teil 1, Kapitel 3 und 5 zur Zeitatomenlehre, der Raumatomistik, dem dynamischen Empfindungspunkt und der ornamentalen Formenkette. Sowie: Ommeln, Miriam, *Dionysisch philosophieren: Nietzsches Erkenntnisansatz neu ‚beleuchtet'. Die Rehabilitierung der Aletheia innerhalb der Wissensstruktur des Logos*. 2011.

Den Post- und Transhumanisten kann Nietzsche sogar eine konkrete Antwort bezüglich seiner Zukunftsprognose mitgeben: „Einem kommenden Zeitalter, welches wir das *bunte* nennen wollen und das viele Experimente des Lebens machen soll, wird eigenthümlich sein: *erstens* die Enthaltung in Bezug auf die letzten Entscheidungen (sobald man nämlich eingesehen hat, wodurch diese bisher ihre ungeheure Überschätzung erhalten haben, hören sie auf für uns bedeutend zu sein); *zweitens* die Voreingenommenheit gegen alle Sitten und alles nach Art der Sitte Bindende; *drittens* eine größere Ehrlichkeit im Sichtbar-werden-lassen so genannter böser Eigenschaften." (KSA 9, 48, 3(6))

4 Schlussfolgerung: Gemeinsames Gelächter von Kunst und Technik

Beim allgemeinen Umgang mit Nicht-Wissen bzw. mit einseitig-beschränktem Wissen kristallisiert sich für Nietzsche folgende Erkenntnis und Anforderung heraus: „Die Wissenschaft lieben, ohne an ihren Nutzen zu denken! Aber vielleicht ist sie ein Mittel, den Menschen in einem unerhörten Sinne zum Künstler zu machen! Bisher sollte sie dienen." (KSA 9, 451, 11 (23)) Dieses Verständnis von Kunst ist weniger Produktdesign, als vielmehr der *Komplementär*zustand zu Technik, zu *einem höheren Technikverständnis*. Der Cyborg stellt sich von daher als eine nihilistische *décadence*-Ausformung dar, da er in seiner Nachbildung einer gottähnlichen Idealisierung gleichkommt, die sich in einer unendlich langen Reihe dieser dienenden Funktion befindet. Der Cyborg ist mithin ein *technischer und ästhetischer Abzug*, d.h. eine Kopie, statt kreatives, zukunftsermöglichendes Original.

Der Wahrheitsgehalt ergibt sich mit aus dem jeweiligen Defizienzzustand bzw. dem Komplementärverhältnis, das bei der Technik in der Kunst bzw. in der Ästhetik seine erkenntnistheoretische Entsprechung findet. Dieses sich gegenseitig befruchtende Gegen-Verhältnis kann das Potential haben, die Grenzen aufzusprengen, wie sie in Analogie dazu in den Axiomen des Gödelschen Unvollständigkeitstheorems vorzufinden sind. In verallgemeinernder, entsprechend geeigneter Weise kann man dies sicherlich ebenso für ein interdisziplinäres Verhältnis von Geistes- zu Naturwissenschaftlern und vice versa geltend machen.

Es sei nun an dieser Stelle die nahe liegende und berechtigte Frage erlaubt, ob man denn überhaupt *denken* kann, ohne einen gewissen Schalk, einer kleinen Boshaftigkeit, einem kleinen Stachel? Neutrales denken, nach- und weiterdenken, ist das möglich? Im Sinne eines ‚Jenseits von Gut und Böse', also nicht der gemeinen Niedertracht, sondern aus der holistischen Vogelperspektive und mit der ‚große[n] Vernunft des Leibes' (vgl. KSA 4, 39ff) betrachtet, muss diese Frage mit einem eindeutigen Nein beantwortet werden. Nietzsche schreibt u.a. hierzu: „Diesen Übermuth und diese Narrheit stellte ich an die Stelle jenes Willens, als ich lehrte ‚bei Allem ist Eins unmöglich – Vernünftigkeit!' Ein *Wenig* Vernunft zwar, ein Same der Weisheit zerstreut von Stern zu Stern, – dieser Sauerteig ist allen Dingen eingemischt: um der Narrheit willen ist Weisheit allen Dingen eingemischt! Ein Wenig Weisheit ist schon möglich; aber diese selige Sicherheit fand ich an allen Dingen: dass sie lieber noch auf den Füssen des Zufalls – *tanzen*." (KSA 4, 209) Losgelöst von aller Zweckhaftigkeit der Dinge verwirft Nietzsche die Vernünftigkeit, genau genommen verwirft er sie gleichzeitig zusammen mit den Zwecken. Und stellt somit fest: „Und doch, was wäre nötiger als Heiterkeit? Kein Ding gerät, an dem nicht der Übermut seinen Theil hat. Das Zuviel von Kraft ist der Beweis der Kraft." (KSA 6, 57) In dem Begriff des *Lachens*, das zugleich eine Begegnung und Gabe von Geist und Herz ist, kulminiert dieser Sachverhalt.

Er soll nochmals konkreter an dem Paradebeispiel eines Philosophen, eines Weisen, verdeutlicht werden. „Das griechische Wort, welches den ‚Weisen' bezeichnet, gehört etymologisch zu sapio ich schmecke, sapiens der Schmeckende, sisyphos der Mann des schärfsten Geschmacks; ein scharfes Herausmerken und -erkennen, [...]." (KSA 1, 816). Diese ursprüngliche Bedeutung der Sisyhos-Figur zeichnet sich durch Schalk und skrupellose Schläue aus; er findet höchst ausgefallene Lösungen, durchaus frevelnd, analog zu Kunst und Wissenschaft, und bleibt dabei seiner sprichwörtlichen Sisyhosarbeit verpflichtet.

Was deutlich daraus hervorgeht, sind folgende relevante Aussagen: Älter als der Technikgebrauch ist das Geschmacksurteil. Und, das Lachen ist ein durch und durch ästhetisches Verhalten des Menschen. Wo Lachen jedoch mit Ästhetik gleichbedeutend ist, kann es nicht von derart dominant technikaffiner und rationaler Natur sein, dass es einen Cyborg unterstützt. Nietzsche sagt: „Wie Vieles ist noch möglich! So *lernt* doch über euch hinweglachen! Erhebt eure Herzen, ihr guten Tänzer, hoch! höher! Und vergesst mir auch das gute Lachen nicht!" (KSA 367 (20))

Meine Ausführungen möchte ich jetzt gerne, mehr oder weniger, mit einer Provokation Nietzsches beschließen: „Je höher von Art, je seltener geräth ein Ding."[18] (KSA 4, 364 (15))

Literatur
Nietzsche, Friedrich: *Friedrich Nietzsche, Sämtliche Werke*, Kritische Studienausgabe (KSA), in 15 Bde., (Hrg.) Colli G.; Montinari M., München 1967f.

---

[18] „Wollt Nichts über euer Vermögen; es giebt eine schlimme Falschheit bei Solchen, die über ihr Vermögen wollen. Sonderlich, wenn sie grosse Dinge wollen! Denn sie wecken Misstrauen gegen grosse Dinge, diese feinen Falschmünzer und Schauspieler: – bis sie endlich falsch vor sich selber sind, schieläugig, übertünchter Wurmfrass, bemäntelt durch starke Worte, durch Aushänge-Tugenden, durch glänzende falsche Aushängewerke. [...]. Nichts nämlich gilt mir heute kostbarer und seltener als Redlichkeit." (KSA 4, 360 (8)).

Kausalität bei Kant –
Der Mensch zwischen Naturnotwendigkeit und Freiheit

Rolf Abresch[1]

„Man kann sich nur zweierlei Kausalität in Ansehung dessen, was geschieht, denken, entweder nach der Natur, oder aus Freiheit." (Immanuel Kant, Kritik der reinen Vernunft)

1 Das Rätsel der Kausalität

Trotz oder gerade wegen ihrer (trivialen) Evidenz ist Kausalität immer noch umstrittene qualitas occulta; ihre Realität wird nach wie vor bezweifelt oder behauptet.[2] Kant war von ihrer Existenz überzeugt und davon, ihre Geheimnisse ebenso gegen Hume wie gegen den Rationalismus gelüftet zu haben. Zusammen mit den Naturwissenschaften soll Philosophie Erkenntnis und Wissen (epistéme) initiieren, eruieren, strukturieren, formulieren, tradieren und forcieren. Die Beschäftigung mit dem eminent wichtigen Thema der Kausalität ist deswegen sicherlich nicht zuletzt auch eine philosophische Aufgabe.[3]

Seit je haben die Menschen dem offenkundigen und unerschütterlichen, geordneten und wiederkehrenden *Zusammenhang* (nexus) von Dingen und Ereignissen in der Welt vertraut. Eine kausale Verknüpfung von Ursache und Wirkung (als Kausalität also oder als Kausalnexus oder Kausalprinzip) gilt uns als selbstverständlich und naheliegend. Dem Naheliegenden gegenüber sind wir allerdings, wie Heidegger erkennt, „stumpf" und „dumpf". Dem Kausalnexus gilt also unser „Urvertrauen". Er vor allem scheint die Basis für unser Weltwissen und unsere Weltorientierung zu sein. Den *Philosophen* (auch Theologen und Naturwissenschaftlern) aller Zeiten allerdings ist die so sicher scheinende *Verknüpfung* von Ereignissen schon immer ein Grund, kritisch nachzufragen. Zwar sind manche, etwa der Philosoph J. Mackie, sicher, dass Kausalität der *Zement des Universums* ist, der (mit Goethes Faust) „die Welt im Innerns-

---

[1] APHIN e.V.
[2] Vgl.: Bunge, Mario, Kausalität - Geschichte und Probleme; Uwe Meixner, Theorie der Kausalität.
[3] Vgl.: auch: Pirmin Stekeler-Weithofer, Philosophiegeschichte, 221f.

ten zusammen hält." Dass das Seiende ist und das Nichtseiende nicht, dafür garantiert z.B. bei Leibniz metaphysisch bzw. ontologisch ein *Satz vom Grunde*, den auch Kant als philosophisches Prinzip übernimmt.

Mittlerweile ist es vor allem die beobachtete, erfahrene und erforschte Relevanz der *Naturgesetze* und des ihnen vermutlich geschuldeten (Kausal-) Zusammenhangs, die uns (und anderen Lebewesen?) die *schlafwandlerische* Sicherheit unseres Erleidens und Handelns gibt und die Welt ebenso erfahren lässt – ungeachtet zum Beispiel der Unschärfen in der Mikrophysik![4] Ob das Kausalprinzip selbst ein Naturgesetz ist oder in Zusammenhang mit Naturgesetzen gebracht werden muss oder ob Naturgesetze nicht mehr sind als Supervenienzen auf ganz anderen, tiefer liegenden (ggf. auch nichtkausalen) physikalischen Gegebenheiten und Strukturen der Raumzeit bzw. der Welt oder ob Kausalität nur eine façon de parler und nicht mehr ist, das bleibe zunächst dahin gestellt.

Die im (weitesten Sinne) *technische* Welt, in der wir leben, folgt ohne Zweifel einer im Ganzen durch den homo faber *realisierten* Kausalität am Leitfaden jener Naturgesetze bzw. Erfahrungen und hat unserem Urvertrauen nicht nur keinen Abbruch getan, sondern es im Gegenteil im Sinne eines Vertrauens in die „Grenzenlosigkeit des Machbaren" noch verstärkt. Vor allem in der *Forschung* und in *Experimenten* versichern wir uns dieser Kausalzusammenhänge und beschreiben sie mathematisch. Das alles gilt natürlich auch für unsere ganze *soziale und empirische Welt*, deren Netze wir (vor allem im Sinne von Naturnotwendigkeit als nexus effectivus, danach aber auch im Sinne von Freiheit und Ethik als nexus moralis) zur Sicherung und Vervollkommnung des Lebens immer enger am Leitfaden von z.B. auch medizinischen, psychologischen, soziologischen, politischen, juristischen, ökonomischen (und, und, und) Wissenschaften mit ihren Kausalverknüpfungen zu gestalten versuchen.

Um hier Heidegger noch einmal zu hören: Er nannte den Satz vom Grunde den *Grundsatz aller Grundsätze*, den er über die übrigen meta-*logischen* Grundsätze wie den Satz vom Widerspruch, vom ausgeschlossenen Dritten und von der Identität stellte.[5] Vor allem bezog er sich auf Leibniz, der als Erster den Satz vom Grunde, der das Kausalprinzip von Ursache und Wirkung einschließt, überhaupt so spezifiziert habe:

---

[4] Nicht-menschliche Lebewesen bewegen sich wohl (ohne für Kant ein Thema zu sein!) alleine in Kausalzusammenhängen aus Naturnotwendigkeit.

[5] Vgl. Martin Heidegger, Der Satz vom Grund, 10.

„Nihil (est) sine ratione."⁶ 2300 Jahre (seit den griechischen Naturphilosophen), behauptet Heidegger, habe der Satz vom Grunde geschlummert, bevor Leibniz ihn formuliert habe, „weil (wie schon gesagt) unser Verhältnis zum Naheliegenden seit je stumpf ist und dumpf. Denn der Weg zum Nahen ist für uns Menschen jederzeit der weiteste und darum der schwerste."⁷

Arthur Schopenhauer formulierte es so: „Zuerst und vor allen Dingen im Himmel und auf Erden ist der Satz vom zureichenden Grunde, nämlich als Gesetz der Kausalität. Denn er ist eine veritas aeterna (ewige Wahrheit): d.h. er selbst ist an und für sich, erhaben über Götter und Schicksal."⁸ Die Dramatik der Schopenhauerschen Sätze könnte man für überzogen halten angesichts der Tatsache, dass unser alltägliches Fragen nach Ursachen, nach dem Warum, doch *banal* ist. Hier muss aber zugunsten Schopenhauers – und damit auch Kants – gesagt werden, dass es natürlich zwar auch um das „Warum" unseres alltäglichen und vordergründigen (oft kindlichen) Fragens geht, darüber hinaus aber vor allem um das dann ganz und gar nicht mehr banale „Weswegen des Warum", um eine Lehre der Kausalität selbst also.

Vor allem Theologen und der Theologie nahestehende Philosophen sehen – fundamental wie Schopenhauer – den wahren, *transzendenten* (nicht *transzendentalen*!) Ursprung des Satzes vom Grunde oder der Kausalität in Gott (als causa sui, causa prima und causa finalis) und damit – von ihm abgeleitet – auch den Ursprung aller *weltimmanenten* Sekundär-Ursachen (Thomas von Aquin, Spinoza, Cusanus, christliche und sonstige Theologie etc.). Immer auch ist ja schon die vermutete Unerbittlichkeit und Offenkundigkeit des Kausalgesetzes seit den alten Griechen dem Schicksal (moira, anangke, tyche, fatum) oder eben (einem) Gott (Präsidenten etc.) zugeschrieben worden.

Für den *skeptischen* Empiristen David Hume aber, dem Kants Philosophie bedeutende Einsichten gerade im Zusammenhang mit Kausalität verdankt, ist Kausalität vor allem schlicht *Erfahrungssache* und – fern von aller Metaphysik (!) oder einer allgemeinen sowie notwendigen Gesetzlichkeit – nichts als Gewöhnung an den als regulär erfahrenen Ablauf von Dingen und Ereignissen – und die *assoziative* Erwartung einer *ähnlichen Wiederkehr*. Er beschrieb seine Auffassung von Kausalität so: „Wir

---

⁶ Couturat, Opuscules et fragments inédits de Leibniz, Paris 1903, 515 (hier angegeben nach Heidegger, a.a.O.): „Statim enim hinc nascitur axioma receptum, *nihil esse sine ratione, seu nullum effectum esse absque causa.*"
⁷ Heidegger, a.a.O., 5. Was Leibniz' *Urheberschaft* betrifft, hat sich Heidegger sicherlich geirrt.
⁸ Arthur Schopenhauer, Über die vierfache Wurzel des Satzes vom zureichenden Grunde, 35.

können eine Ursache definieren als ein Objekt, auf das ein anderes folgt, wobei allen Objekten, die dem ersten ähnlich sind, Objekte folgen, die dem zweiten ähnlich sind. Oder mit anderen Worten: Hätte es das erste Objekt nicht gegeben, dann hätte das zweite nie existiert."[9]

Der pragmatische Philosoph Michael Esfeld nennt dies die (metaphysische) Humesche Supervenienz, weil bzw. wenn und soweit dem Beobachteten eine *nichtkausale* fundamental-physikalische Struktur der Welt (der Raumzeit) zugrunde liegen könne.[10] David Lewis, wie Esfeld ein moderner Theoretiker der Kausalität, stützt sich bei seinen Erklärungen der Kausalität nicht nur wie Esfeld auf die genannte fundamental-physikalische Theorie (mit *dispositionalen* Ansätzen), sondern auch auf eine *sprachliche* Analyse der Kausalität – allerdings in *kontrafaktischer* Manier (wie oben von Hume formuliert). Auch Bertrand Russell hatte Anfang des letzten Jahrhunderts behauptet, „dass das Konzept der Kausalität der Vergangenheit angehöre" und, wenn man nur bis auf die Ebene physikalischer Fundamentaltheorien hinunter ginge, erkenne, dass Kausalität von etwas abgeleitet werden könne, „das selbst keine Ursache-Wirkungsbeziehung" sei.[11]

Ludwig Wittgenstein, ein Protagonist des linguistic turn hin zur (Sprach-)analytischen Philosophie, für den die Grenzen der Sprache die Grenzen der *Welt* sind, hält mit Hume die Behauptung von einer Kausal*gesetzlichkeit* für Aberglauben und sagt in seinem *Tractatus logico-philosophicus*: „Auf keine Weise kann aus dem Bestehen irgendeiner Sachlage auf das Bestehen einer, von ihr gänzlich verschiedenen Sachlage geschlossen werden. Einen Kausalnexus, der einen solchen Schluß rechtfertigt, gibt es nicht. (…) Der Glaube an den Kausalnexus ist der Aber*glaube*."[12] Er zieht diesen Schluss, weil die *Elementaraussagen* der Sprache, vor aller *logischen* Verknüpfung, unabhängig voneinander sein *müssen*. Die materialen *Sachlagen*, für die diese Elementaraussagen stehen, sind deswegen ebenfalls unabhängig. Das heißt also für Wittgenstein: sie *können* auch kausal nicht verbunden sein.[13]

---

[9] Hume, David, Eine Untersuchung über den menschlichen Verstand, Kap. VII. Hier die Übersetzung des Textes bei David Lewis; in: Günter Posch (Hrsg.), Kausalität, 102.
[10] Vermutlich eine Überinterpretation Humes, der nur den Gesetzmäßigkeiten einer rationalistischen Metaphysik entkommen wollte, die aus Erfahrung nicht ableitbar waren.
[11] Nach: Michael Esfeld, Kausalität, in: A. Bartels/M. Stöckler (Hrsg.), Wissenschaftstheorie, 89.
[12] Wittgenstein, Tractatus logico-philosophicus, 5.135-5.1361.
[13] Vgl. Wittgenstein, a.a.O. und *Philosophische Untersuchungen*.

Die *Physik* erklärt Kausalität vor allem als *Transfer* von Erhaltungsgrößen, die, wie Impuls und Energie, auf der naturgesetzlichen Grundlage des ersten und zweiten Hauptsatzes (Erhaltung der Energie bzw. Zunahme der Entropie) der Thermodynamik von einem verursachenden Ereignis zum verursachten anderen (unter Erhaltung von Gesamtenergie bzw. Gesamtimpuls des Systems) weiter gegeben werden und sie so kausal verbinden.

Für die moderne *Biologie* besteht das Kausalprinzip über die physikalische Kausalität hinaus unter anderem in der genetischen Bestimmung und kybernetischen (rückgekoppelten) Selbstorganisation oder Autopoiesis oder Homöostase des lebendigen Organismus – was auch der Kantischen Position im Zusammenhang mit der Selbstorganisation des Organismus und der Kantschen Vorstellung von einem teleologischen Naturzweck nahe kommt.

In der *Ethik* ist Kausalität – ähnlich wie bei Kant – immer schon und immer noch eine Verursachung aus Freiheit oder aus intelligiblen Gründen; wie sie es auch in der *Ästhetik* (als Theorie von Kunst) ist, die vor Kant eher selten in kausalen Zusammenhängen erörtert wurde (z.B. als *Mimesis* [Nachahmung in der Kunst/dritter Mensch] bei Platon oder *Katharsis* [Reinigung auf dem Höhepunkt der Tragödie] bei Aristoteles). Wenn man – wie John Dewey – Ethik und Ästhetik naturalistisch als (in der Evolution erworbene) Glückserfüllung deuten wollte, könnte für sie nur eine physikalische Kausalität (nexus effectivus) gelten.

Aber Achtung: Die Philosophie Kants nimmt insgesamt Bezug auf *ontologische* Vermögen unseres *Gemüts* (Seele) und stützt sich dabei weder auf physiologische noch auf psychologische Prämissen, sondern eben auf *ontologische* (daseiende und erworbene!) Vermögen wie *Verstand*, *Vernunft* und *Gefühl* (d. i. Lust *nur* beim Schönen und Erhabenen) und ist auf *Erkenntnis, sittliches Handeln* und *teleologisches Urteil* (Naturzweck bzw. Schönheit) gerichtet.

Ob und wie Kant eine Schneise in das Dickicht der Kausalität schlägt, wie er in seiner kritischen Philosophie bis dato unvereinbare oder auch nur schwierig zu vereinende Positionen (etwa formale und materiale Logik, Subjekt und Objekt, Sinnlichkeit und Verstand, Freiheit und Notwendigkeit) neu zueinander bringt und begründet, das soll anschließend gezeigt werden; nämlich als Kausalität mit mehrfachen Wurzeln. Sie ist umfassend und erbringt zugleich einen wesentlichen Teil der Antwort auf Kants zentrale Frage: *Was ist der Mensch?* (mit den drei Teilfragen: Was können wir wissen? Was sollen wir tun? Was dürfen wir hoffen?); denn der Mensch erweist sich als Objekt und als Subjekt aller Kausalitäten.[14]

2 Kants Lösung des Rätsels

In der kritischen und transzendentalen Philosophie Kants bedeutet *Kausalität* die Verknüpfung (nexus) von kompatiblen Ereignissen in einer *notwendigen* zeitlichen Folge von Ursache und Wirkung nach Gesetzen oder Prinzipien. Sie wird nicht aus *empirischen* Ereignissen, also Erfahrung, gewonnen, sondern entstammt einem *transzendentalen Vermögen* des menschlichen *Gemüts*: nämlich: durch den *Verstand* das unbestimmt Mannigfaltige der sinnlichen Anschauung mit ihrer nicht-kognitiven Synthesis durch die produktive Einbildungskraft nicht nur quantitativ und qualitativ, sondern vor allem *relational* unter Begriffe zu bringen, kognitiv zu machen und so als *Natur* erst zu konstituieren – bzw. danach zu *erfahren*; darüber hinaus aber durch *Vernunft* mit intelligiblen Gründen sich *frei* zu *sittlichem* Wollen und zweckmäßigem Urteil zu bestimmen.[15]

Kausalität erscheint bei Kant also *zweifach*: (1) *mechanisch-physikalisch* als Geschehen nach Naturgesetzen bzw. als ein Handeln aus Antrieben der Natur (insgesamt: *Naturnotwendigkeit*) beim unbelebt und belebt Stofflichen unter dem Begriff *nexus effectivus*, den ein *transzendentales* (Erkenntnis-)Vermögen des *Verstandes* mittels *Kategorien* als *einer* Bedingung der Möglichkeit von Erfahrung (und damit Natur) zuallererst anwendet; der den Menschen danach aber auch befähigt, diese Natur *empirisch* über *Grundsätze* als ein Verbundenes (erkennend) zu erfahren bzw. zu erforschen; (2) *sittlich aus Freiheit* als *nexus moralis (*sive libertatis causa), der einem *transzendentalen* (Begehrungs-)Vermögen der *Vernunft* des Menschen entstammt und uns a priori als Prinzip befähigt, einem Sittengesetz folgend aus *Gründen* das Gute frei zu *wollen* und zu tun (arbitrium liberum); daran anschließend aber auch teleologisch nach *Zweckmäßigkeit* als *nexus finalis* aus einem reflektierenden *Urteilvermögen* des Menschen, das

---

[14] G.W.F. Hegel, Wissenschaft der Logik II, 227: Hegel verwirft hier allerdings die „Anwendung des Kausalverhältnisses" auf das Organische und das Geistige. Darauf soll nicht näher eingegangen werden.

[15] Kants Philosophie (etwa ab 1769) ist *kritisch*, weil sie gegen den Rationalismus die Grenzen ermittelt, *innerhalb* derer *Erfahrung* allein zu machen ist; sie ist *transzendental* (lat. transcendere = übersteigen), weil sie gegen den Empirismus unsere, die *Erfahrung übersteigenden* (ihr voraus liegenden!), Vermögen a priori als Bedingung der Möglichkeit des Erkennens, des sittlichen Handelns und des teleologischen Urteilens aufdeckt und benennt.

Kant zwischen den beiden obigen Vermögen ansiedelt und das den dazu gehörigen Kausalitäten einerseits einen teleologischen *nexus vitalis* (Naturzweck: bei jedem lebendigen Organismus), andererseits einen teleologischen *nexus aestheticus* (*Schönheit*: beim Menschen allein) beigesellt.[16]

Diese Kausalitäten können im Wesentlichen den drei großen *Kritiken* Kants und den – je in ihnen thematisierten – *oberen* ontologischen *Seelenvermögen* zugeordnet werden: nämlich der *Kritik der reinen Vernunft* (Erkenntnis), der *Kritik der praktischen Vernunft* (Begehren) und der *Kritik der Urteilskraft* (Lust). Die Vermögen manifestieren sich in der *Sprache* nach den Regeln der *formalen* Logik als Urteile des Verstandes und Schlüsse der Vernunft. Von hier aus hat Kant die Kategorien und Ideen der *transzendentalen* Logik (Analytik und Dialektik) entwickelt. Brennpunkt (nämlich Senke und Quelle) aller Kausalitäten aber ist die *3. Antinomie* in der *Kritik der reinen Vernunft*, die man auch einen „Weltknoten" der gesamten Philosophie Kants nennen könnte.[17]

Kant unterscheidet bei den Seelenvermögen obere und niedere, die allesamt unter dem Einheit stiftenden Vermögen des transzendentalen Selbstbewusstseins (Apperzeption) stehen. Obere Vermögen sind also: das *Erkenntnisvermögen* (Sinnlichkeit und Verstand) als gesetzgebend durch *Naturbegriffe*, das *Begehrungsvermögen* (Sittengesetz und Vernunft) als gesetzgebend durch *Freiheitsbegriffe* und das *Gefühlsvermögen* (Lust und Urteilskraft) als regulativ durch *Zweckmäßigkeitsbegriffe*. Ein *oberes* (transzendentales) Vermögen ist auch die *produktive Einbildungskraft* mit der *spontanen, nicht-kognitiven* Synthesis des Mannigfaltigen der Anschauung, die ein passiv rezipierter Eindruck der unerkannten *Dinge an sich* ist; wohingegen die *reproduktive* Einbildungskraft ein niederes Vermögen ist, das nur Empirisches synthetisiert.

Ein *unteres* Begehrungsvermögen ist auch das *pragmatische, praktisch-technische* Wollen, das als *arbitrium brutum* ebenfalls Naturnotwendigkeit ist. Die Kausalitäten, die

---

[16] Ich habe die Begriffe nexus effectivus und nexus finalis aus der *Kritik der Urteilskraft (§65)* als die grundlegenden ausgewählt. Sie umfassen die Aristotelischen *Ursachen* causa efficiens bzw. causa finalis. Kants nexus aber trifft den Begriff der Kausalität als *Verknüpfung* von Ursache *und* Wirkung (auch als Reihe) sehr viel besser. Die Begriffe nexus moralis (als nexus libertatis causa), nexus vitalis und nexus aestheticus habe ich – im Sinne Kants – als Arbeitsbegriffe analog gebildet.

[17] In der sogenannten 3. Antinomie der *Kritik der reinen Vernunft* lässt Kant die Kausalität nach Naturgesetzen auf die anscheinend damit unvereinbare *(kontradiktorische)* Kausalität aus Freiheit treffen und entwickelt von dieser (transzendentalen) Freiheit aus mit der Auflösung der Antinomie seine praktische Philosophie (via *Grundlegung zur Metaphysik der Sitten*) in der *Kritik der praktischen Vernunft* sowie im weiteren seine Philosophie des Gefühls – das heißt von Lust – in der *Kritik der Urteilskraft*. Der Begriff „Weltknoten" stammt (in anderem Zusammenhang) von Schopenhauer.

ihren Ursprung in niederen/unteren Vermögen haben, sind als *Empfindungen* oder Handlungen (Prädikabilien) eine andere Art des nexus effectivus, die *Antrieben der Natur* oder *hypothetischen Imperativen* bzw. *Vorschriften* folgen und auf *eigenes* Glück zielen. Kant nennt sie (Rand-)*Korollarien* seiner theoretischen Philosophie. Nur die *oberen* Vermögen des Sinnes-/Verstandes- und Vernunftwesens Mensch sind Ursprung der genannten Kausalitäten. Die Vermögen sind nicht nur Vermögen des *Subjekts*, sondern auch solche der *Gattung* Mensch und sichern so Intersubjektivität und Universalität, das heißt: die Identität und Einheit der Welt in Zeit und Raum.

Die Kausalitäten gehören: entweder beim unbelebt Stofflichen *absteigend* – bloß von der Wirkung zur Ursache gehend – zu einem *physikalischen Reich ohne Zwecke* (R.A.) des Verstandes mit dem nexus effectivus; oder beim Moralischen *aufsteigend* – nämlich von der Ursache zur Wirkung unter dem teleologischen Prinzip eines sittlichen Zwecks – zu einem *Reich der Zwecke* (Kant) der Vernunft mit dem nexus moralis. Dabei *verschafft* der ebenfalls *teleologische* nexus vitalis (= Naturzweck) des Lebendigen dem belebten Organismus zusätzlich einen Platz in der *Welt der Zwecke*; der teleologische nexus aestheticus (= Schönheit/Erhabenheit) *erweitert* die moralische *Welt der Zwecke* des Menschen. In beiden Reichen sind es vor allem diese Kausalitäten, die in vertikaler und horizontaler Verknüpfung (nexus) der Relata die *eine* Welt der Natur und Kultur des Menschen formen – der selbst ihr *Endzweck (!)* ist.

In der Mitte zwischen nexus effectivus und nexus moralis, zwischen Natur und Freiheit, in einer ihr zukommenden Schlüsselstellung, ist die *3. Antinomie* zu platzieren, die nach einem apagogischen Beweis der Wahrheit kontradiktorischer Thesen über Kausalität nach Naturgesetzen bzw. aus Freiheit eben diese *Freiheit* des Menschen gegen seine Einbindung in *Naturnotwendigkeit* mit allen Folgen für Kants praktische und teleologische Philosophie als zunächst nur *denkbar* erklärt.

Die Absicht Kants war es bekanntermaßen, mit der *Kritik der reinen Vernunft* die Grenzen aufzuzeigen, innerhalb derer Erfahrung möglich ist, und damit andererseits aber auch – diese Grenzen überschreitend – *Metaphysik als Wissenschaft* möglich zu machen. Wie diese Grenzen transzendental (*und an Erfahrung gebunden*) durch *Sinnlichkeit* und *Verstand* überschritten werden, haben wir im Vorherigen *kurz erläutert*; wie sie durch *Vernunft* (und *nicht* unmittelbar an Erfahrung gebunden) überschritten werden können, das haben wir oben *angedeutet* – um nun ihre Bedeutung mit Kants Entwicklung einer *transzendentalen Dialektik* und der *Idee der Freiheit* zu vertiefen.

Er zeigt nämlich, dass das Überschreiten jener Grenzen durch *Vernunft* allerdings in das uferlose Feld des *dialektischen Scheins* führt; dass aber ungeachtet dieser eher negativen Beurteilung Dialektik als Teil des Logos (Platon) von größter positiver Bedeutung für das Vernunftwesen Mensch ist. Kant nennt dieses Kapitel *transzendentale Dialektik*, weil Dialektik sich in Anlehnung an die griechischen Sophisten zwar *auch* mit Trug- und Scheinschlüssen („Sophistikationen der Vernunft") beschäftigt, die zu Gesetzen und Gegengesetzen (z. B. *Antinomien*) führen und oft kategorial einander widerstreiten und in die Irre führen, eine „Logik des Scheins" also besitzen – Aristoteles nannte die Sophisten *Lehrer der Scheinweisheit*.

Nichtsdestoweniger aber begründet Dialektik als Teil des Logos eben auch positiv die basalen unbedingten *Totalitäten* bzw. *Ideen* (darunter die *Idee der Freiheit*), die für unsere Vernunft unvermeidlich *und* unerlässlich sind.[18] Deswegen auch ist die Vernunft mit ihren *Ideen* die krönende ‚Überwölbung' von Sinnlichkeit und Verstand des Kantschen Gebäudes der *theoretischen* Philosophie dadurch, dass sie dem bisher als bedingt Erörterten den Schlussstein des Unbedingten, der Totalität, des Vollständigen und Absoluten hinzufügt; der notwendig ist, wenn *Metaphysik als Wissenschaft* über die bisherige Transzendentalität der Ästhetik und der Kategorien hinaus sich mit *Seele* (*rationale Psychologie*), *Welt* (*rationale Kosmologie*) und *Gott* (*rationale Theologie*) beschäftigen soll. Die aus diesen Dreien resultierenden *Prinzipien* der Vernunft, die Kant (in Analogie zu Platon) auch die einzigen(!) *transzendentalen Ideen* der Metaphysik nennt, sind: *Unsterblichkeit* (als das *Unbedingte* zu allen Bedingungen, denen der *Mensch* [mit Geburt und Tod] unterworfen ist), *Freiheit* (als das *Unbedingte* zu allen Bedingungen, denen die *Erscheinungen* [mit kausalen Veränderungen] der Welt unterworfen sind) und *Gott* (als das *Unbedingte* zu allen Bedingungen, denen *alles* Denken und Gedachte [mit allem Existierenden] unterworfen ist).[19]

Die Vernunft soll also mit den *Ideen* ordnend für den Verstand sein, was der Verstand mit den *Kategorien* (*darunter der Kausalität*) ordnend für die sinnliche Anschauung ist. Allerdings nennt Kant diese Aufgabe der Vernunft nicht *Gesetze gebend* wie jene

---

[18] KrV B 383/384: Geringschätzig *nur* von Ideen zu sprechen, lehnt Kant ab, denn: „(Die) praktische Idee (ist) jederzeit höchst fruchtbar und in Ansehung der wirklichen Handlungen (…) notwendig. In ihr hat die reine Vernunft sogar *Kausalität*, das wirklich hervorzubringen, was ihr Begriff enthält; daher kann man von der Weisheit nicht sagen: *sie ist nur eine Idee.*"

[19] Vgl. aber auch KrV B 356: Das Unbedingte und Absolute ist kein (wirkliches) Extremum oder Axiom, sondern als *kritisches* Problem durch Vernunft dem Verstand *aufgegeben*.

des Verstandes, sondern *Prinzipien gebend*; weil sie eben nicht dem sicheren (kategorialen *und* erfahrungsbezogenen) Fundament des Verstandes entspringt, sondern der (Erfahrung überwölbenden) dialektischen Vernunft; die deswegen auch nicht konstitutiv, sondern nur *regulativ* sein kann; *vernünftelnd* nennt Kant sie deswegen und sagt: „Wir erklärten (...) den Verstand durch das Vermögen der Regeln; hier unterscheiden wir die Vernunft von demselben dadurch, dass wir sie das *Vermögen der Prinzipien* nennen wollen."[20] Die dennoch enge Beziehung zwischen Verstand und Vernunft macht Kant auch dadurch deutlich, dass er eine Tafel der *kosmologischen Ideen* der *rationalen Kosmologie* nach der Tafel der Kategorien „einrichtet":

Diese Prinzipien der vier *kosmologischen* Antinomien erscheinen unter den Ideen *und* ihrem Widerspruch: als 1. Antinomie unter der Idee der absoluten *Vollständigkeit der Zusammensetzung* des gegebenen Ganzen aller Erscheinungen (in Bezug auf Weltanfang und Weltgrenze) – *und* der Behauptung des Gegenteils, als 2. Antinomie unter der Idee der absoluten *Vollständigkeit der Teilung* eines gegebenen Ganzen in der Erscheinung (in Bezug auf die Zusammensetzung der Welt aus einfachen oder zusammengesetzten Teilen) – *und* der Behauptung des Gegenteils[21], als 3. Antinomie unter der Idee der absoluten Vollständigkeit der Entstehung einer Erscheinung aus Freiheit – und der Behauptung des Gegenteils, sowie als 4. Antinomie unter der Idee der absoluten Vollständigkeit der *Abhängigkeit des Daseins* – und ihrem Gegenteil.[22] Kant handelt demnach die Antinomien jeweils in These und Antithese ab, wobei er sich bei der 3. Antinomie einer *apagogischen* (indirekten) Beweisführung bedient, die die Wahrheit der These aus der Falsifizierung der Antithese und die Wahrheit der Antithese aus der Falsifizierung der These bestimmt. Womit sich in unserem Falle beide je wechselseitig als *wahr* herausstellen.[23]

Vernunft als oberste „Erkenntniskraft" hat also das, was Sinnlichkeit und Verstand erarbeitet haben, noch einmal zu bearbeiten und die relevanten Regeln unter

---

[20] KrV, B 356.
[21] Auf die Erörterung der beiden ersten Antinomien kann man hier verzichten.
[22] Vgl. auch KrV B 454f. Die 4. Antinomie soll nur am Rande behandelt werden, weil im Zusammenhang mit der 3. Antinomie schon alles gesagt wird, was für unser Thema interessiert. Eine letzte Weltursache (causa prima) als oberste und höchste Kausalität, wie sie Vernunft in der 4. Antinomie als These behauptet, kann natürlich auch – unbedacht hypostasiert und als „transzendentales Ideal" personifiziert (KrV B 599f.) – zum (widerlegbaren) Gottesbeweis werden.
[23] Kant beurteilt an anderer Stelle die apagogische Beweisführung negativ, weil sie die Wahrheit der Sätze nicht direkt begründe. Hier beweist sie formallogisch nichts als die Wahrheit je beider Sätze nur *indirekt* – apagogisch!

die Einheit der Prinzipien (Ideen) zu bringen.[24] Ungeachtet dieser positiven Zielsetzung gilt dennoch in allen Fällen, dass es das „tragische Schicksal" der Vernunft ist, sich da in unvermeidbare *Widersprüche* zu verwickeln, wo sie nach dem Absoluten strebt. Nicht zuletzt entsteht eine Täuschung manchmal auch deshalb, weil die Vernunft – obwohl wir uns ja nur „innerhalb" der Totalität der kosmologischen Ideen (*Welt*) befinden – Aussagen über die *Welt als Ganzes*, über *Freiheit* und über *kausale Reihen der Erscheinungen* in ihrer *Gesamtheit* so macht, als ob es sich um Erscheinungen *in der Welt* (Natur) handelte. In der Tat sind aber *alle* Absolutheiten, von denen die Rede ist, nur *denkbar*, aber nicht erfahrbar.

Kant fasst so zusammen: „Der Verstand mag ein Vermögen der Einheit der Erscheinungen vermittelst der Regeln (Kategorien und Grundsätze, R.A.) sein, so ist die Vernunft das Vermögen der Einheit der Verstandesregeln unter Prinzipien (Ideen, R.A.). Sie geht also niemals zunächst auf Erfahrung, oder irgend einen Gegenstand, sondern auf den Verstand, um den mannigfaltigen Erkenntnissen desselben Einheit a priori durch Begriffe zu geben, welche Vernunfteinheit heißen mag und von ganz anderer Art ist, als sie vom Verstande geleistet werden kann."[25]

Die Thematik der *Antinomien* hatte Kant aus seinem „dogmatischen Schlummer" geweckt und nicht nur die Humesche Erörterung der Kausalität. Vor allem die *3. Antinomie* vereinigt doch – wie wir gleich noch genauer sehen werden – in der Tat beide Weckrufe. Die kritische Beschäftigung mit den Antinomien der Vernunft hatte ihm die Grenzen des Verstandes (und damit des Empirismus), andererseits aber auch die Grenzen der Vernunft (und damit des Rationalismus) gezeigt und zwischen beiden seine transzendentale Position finden lassen. An Christian Garve hatte Kant 1798 geschrieben: „Nicht die Untersuchung vom Daseyn Gottes, der Unsterblichkeit etc. ist der Punct gewesen, von dem ich ausgegangen bin, sondern die Antinomie der r. V.: ‚Die Welt hat einen Anfang –: sie hat keinen Anfang etc. bis zur vierten: Es ist Freyheit im Menschen, – gegen den: es ist keine Freyheit, sondern alles ist in ihm Naturnotwendigkeit'; diese war es, welche mich aus dem dogmatischen Schlummer zuerst aufweckte und zur Critik der Vernunft selbst hintrieb, um das Scandal des scheinbaren Widerspruchs der Vernunft mit ihr selbst zu heben."[26]

---

[24] Vgl. KrV B 355f.
[25] KrV B 358.
[26] AA XII (Briefwechsel 1795-1803), 257/258. Kant meint hier die 3. Antinomie.

Für das Thema „Kausalität bei Kant" bietet also die 3. Antinomie deshalb einen einzigartigen Ausgangspunkt, weil in ihm beide Bereiche der Kausalität, nämlich aus Naturnotwendigkeit und aus Freiheit, buchstäblich aufeinander treffen, einander je wechselseitig apagogisch verifizieren und damit sozusagen den „Weltknoten" schürzen, in dem sich seine theoretische und praktische Philosophie verbinden.

Die Kausalität aus Naturnotwendigkeit *mündet* in der 3. Antinomie; die als *praktische* ebenso gesetzgebende *moralische Kausalität* (nexus moralis sive nexus libertatis causa) nimmt ihren regulativen *Anfang* mit der (nur denkbaren!) *transzendentalen* Freiheit in der These der 3. Antinomie und wird mit der *praktischen* Freiheit – über die *Grundlegung zur Metaphysik der Sitten – gesetzgebend* in der *Kritik der praktischen Vernunft* als conditio sine qua non des sittlichen Handelns zum Abschluss gebracht. Auch der *nexus vitalis (sive finalis)* als regulative *Kausalität des Lebendigen* (das ist: *Naturzweck* als heuristische Ergänzung der mechanischen Kausalität), das heißt: eines apriorischen nexus finalis der reflektierten *Zweckmäßigkeit*, findet sich in nuce bereits in der von der Vernunft angestrebten *teleologischen* Totalität der dialektischen Ideen.[27] Dasselbe gilt für den *nexus aestheticus* (das ist: finale *Schönheit/Erhabenheit* in Ergänzung des nexus moralis sive libertatis causa) im Zusammenhang mit dem Geschmacksurteil in Natur und Kunst. Beiden causae finales lässt Kant erst spät in der *Kritik der Urteilskraft* die ihnen gebührende Bedeutung zukommen.

Unter der Überschrift „Von der Endabsicht der natürlichen Dialektik"[28] hatte Kant bereits in der *Kritik der reinen Vernunft* die theoretische Grundlage für den teleologischen nexus vitalis sive finalis in der späteren *Kritik der Urteilskraft* gelegt, wenn er sagt: „Diese höchste formale Einheit (durch die Ideen, R.A.), welche allein auf Vernunftbegriffen beruht, ist die *zweckmäßige* Einheit der Dinge, und das spekulative Interesse der Vernunft macht es notwendig, alle Anordnung in der Welt so anzusehen, *als ob* (Hervorhebung, R.A.) sie aus der Absicht einer allerhöchsten Vernunft entsprossen wären. Ein solches Prinzip eröffnet nämlich unserer auf das Feld der

---

[27] Schon in der Vorrede zur Auflage B (XX) der Kritik der reinen Vernunft sagt Kant: „Denn das, was uns notwendig über die Grenze der Erfahrung und aller Erscheinungen hinaus zu gehen treibt, ist das Unbedingte, welches die Vernunft (…) verlangt." In diesem Satz steckt bereits eine Menge Teleologie.

[28] Vgl. KrV B 697f.

Erfahrung angewandten Vernunft ganz neue Aussichten, nach *teleologischen* (Hervorhebung, R.A.) Gesetzen die Dinge der Welt zu verknüpfen, und dadurch zu der größten systematischen Einheit derselben zu gelangen."[29]

Fazit: Die 3. Antinomie bündelt Kants Antworten auf die existenzielle Frage seiner Philosophie: Was ist der Mensch? – und lässt uns damit auch einen bedeutenden Ausgangspunkt für alle Bereiche seiner Kausalitätslehre mit der folgenden *These* und *Antithese* finden:

These: Es gibt Kausalität aus Natur *und* aus Freiheit

„Die Kausalität nach Gesetzen der Natur ist nicht die einzige, aus welcher die Erscheinungen der Welt insgesamt abgeleitet werden können. Es ist noch eine Kausalität durch Freiheit zu Erklärung derselben notwendig anzunehmen."[30]

Sowohl im Falle der These (als auch im Falle der Antithese unten) bezieht sich Kant auf die notwendige Totalität der Vernunft und beweist – wie schon gesagt – zunächst die *These* apagogisch durch *Falsifizierung der Antithese*: Wenn es keine Freiheit gibt, sagt er, eine Kausalkette neu anzufangen, dann müsste *alles* einen in der Zeit vorhergehenden Zustand haben. Jede Verursachung (Kausalität) würde nach Gesetzen der Natur eine andere Kausalkette voraussetzen. Damit gäbe es in der Natur keinen ersten Anfang, sondern nur einen *unendlichen Regress*. Ohne einen ersten Anfang aber wäre jede Reihe unvollständig und die von der Vernunft geforderte Vollständigkeit (Totalität) einer Kausalreihe nicht möglich. „Also widerspricht der Satz (die Antithese, R.A.), als wenn alle Kausalität nur nach Naturgesetz möglich sei, sich selbst in seiner unbeschränkten Allgemeinheit, und diese kann also nicht als einzige angenommen werden."[31] Demnach stimmt die These. Und Kant unterstreicht: „Diesem nach muss eine Kausalität angenommen werden, durch welche etwas geschieht, ohne dass die Ursache davon noch weiter, durch eine andere vorhergehende Ursache nach notwendigen Gesetzen bestimmt sei, d. i. eine absolute Spontaneität der Ursachen, eine Reihe von Erscheinungen, die nach Naturgesetzen läuft, von selbst anzufangen, mithin *transzendentale* Freiheit, ohne welche selbst im Laufe der Natur die Reihenfolge der Erscheinungen auf der Seite der Ursachen niemals vollständig ist."[32] Er verstehe

---

[29] KrV B 714/715. Mit dem unachtsamen Wort „teleologische Gesetze" widerspricht Kant allerdings seiner Behauptung von der bloß reflektierten Regularität des nexus finalis!
[30] KrV B 472.
[31] KrV B 474.
[32] KrV B 474.

deshalb „unter Freiheit, im kosmologischen Verstande, das Vermögen, einen Zustand von selbst anzufangen, deren Kausalität also nicht nach dem Naturgesetze wiederum unter einer anderen Ursache steht, welche sie der Zeit nach bestimmte."

Die Freiheit sei in dieser Bedeutung eine rein *transzendentale Idee*, die erstlich nichts von der Erfahrung Entlehntes enthalte, zweitens deren Gegenstand auch in keiner Erfahrung bestimmt gegeben werden könne, weil es ein allgemeines Gesetz, selbst der Möglichkeit aller Erfahrung ist, dass alles, was geschieht, eine Ursache, mithin auch die Kausalität der Ursache, die selbst geschehen, oder entstanden, wiederum eine Ursache haben müsse; „wodurch denn das ganze Feld der Erfahrung (…) in einen Inbegriff bloßer Natur verwandelt wird. Da aber auf eine solche Weise keine absolute Totalität der Bedingungen im Kausalverhältnis heraus zu bekommen ist, so schafft sich die Vernunft die Idee von einer Spontaneität (der Freiheit, R.A.), die von selbst anheben könne zu handeln, ohne dass eine andere Ursache voran geschickt werden dürfe, sie wiederum nach den Gesetzen der Kausalverknüpfung zur Handlung zu bestimmen."[33]

Weil und wenn die These wahr ist, gilt allerdings angesichts beider Kausalitäten auch: Kein *Beobachter* in der phänomenalen Welt kann eine *Handlung* aus Naturnotwendigkeit durch das empirische Ich von einer Handlung aus Freiheit des intelligiblen Ich (etwa bei einer Rettungstat) unterscheiden. In der Reihe der Erscheinungen stehen ja beide Handlungen; ungeachtet der Tatsache, dass der *Entschluss aus Gründen* zur sittlichen Tat (arbitrium liberum), dem das Wollen und die Tat folgen, außerhalb von Raum und Zeit in einer intelligiblen, noumenalen Welt gefasst wird.[34]

Das Beispiel, das Kant wählt, um zu zeigen, wie ein neuer spontaner Anfang gemacht werden kann: nämlich, nach Entschluss *von einem Stuhl aufzustehen*, ist problematisch, weil dieses Aufstehen doch – wenn ohne sittlichen Zweck! – rein *pragmatisch* ist und nur *arbitrium brutum*. Das intelligible Begehrungsvermögen der menschlichen Vernunft mit seiner Freiheit, eine neue Kausal-Reihe *anfangen* zu können, ist bei Kant aber ausschließlich *praktisch* (und *nicht* pragmatisch!) und nur unter einem sittlichen *Sollen*, das *nirgends* in der Natur zu finden ist, möglich.[35] Das heißt: Alle Handlungen des Menschen sind *immer* ein mixtum compositum von (fast) praktisch bis (ganz)

---

[33] KrV B 560 (Zitierungen und Berichte). Anders als die hier definierte *transzendentale* Freiheit, ist die auf ihr fußende *praktische* Freiheit nicht *regulativ*, sondern *konstitutiv* (gesetzgebend).
[34] Die *sittliche* Handlung unterscheidet sich von der *pragmatischen* Handlung in der Welt der Erscheinungen durch nichts. Man sieht beiden den je völlig verschiedenen Ursprung nicht an.
[35] Vgl. auch KrV B 478.

pragmatisch, von arbitrium brutum bis arbitrium liberum. Insoweit gehört auch das „Aufstehen von einem Stuhl" in dieses Kontinuum: Als Handlung kann dies Aufstehen von rein *pragmatisch* (über ein beliebiges *Mixtum* beider) bis zu teilweise(!) *praktisch* reichen. Eine rein praktische Handlung hält Kant allerdings für unmöglich und verweist auf seine Erläuterung des kategorischen Imperativs, der nur für einen Heiligen überflüssig wäre.

Es ist interessant, dass Kants Beispiel des *pragmatischen* Aufstehens vom Stuhl von manchen dergestalt fortgedacht wird, dass auch ein planendes, intentionales *Denken* (Ich stehe jetzt auf, ich gehe hinaus, ich hole die Zeitung etc.) intelligibel genannt werden könne – und damit *außerhalb* von Zeit und Raum stehend. So könnte dann der damit zusammenhängende *Entschluss* frei den Beginn einer neuen (kausalen) Reihe von Erscheinungen (Handlungen) setzen – und so habe Kant eigentlich (*pragmatisch*) argumentieren wollen. Damit könnte (etwa im Sinne von Prauss) auch die Lücke zwischen dem empirischen und dem intelligiblen Charakter ganz *pragmatisch* geschlossen werden – was Kant aber misslungen sei. (Mehr über den empirischen und intelligiblen Charakter weiter unten.)

Diese Argumentation übersieht, dass Kants Intelligibilität nicht ins Denken verweist, das ja doch in Raum und Zeit *verbleibt*, sondern in die *sittlich*-noumenale Welt der Dinge an sich. Nur sie ist außerhalb von Raum und Zeit. Nur in ihr ist ein *arbitrium liberum*, das ist: Kausalität aus Freiheit, möglich. Der Versuch also, die *praktische* Philosophie Kants derart zu einer *pragmatischen* zu machen, dass man sie aus dem Bezug zum *unbedingten Sollen* des Sittengesetzes (das außerhalb der Natur ist) herauslöst, muss aporetisch bleiben; weil dies eben seiner *Absicht* strikt zuwider läuft.[36] Bestenfalls erlaubt das *untere Begehrungsvermögen* Kants, das ja nur *technisch-praktisch* (das heißt: pragmatisch!) ist, eine „kleine (scheinbare!) Freiheit" (arbitrium brutum) im Sinne eines modernen Kompatibilismus.

Moderne Physikalisten behaupten nämlich *naturalistisch*, die intentionale Handlungsplanung sei zwar nichts als eine *neuronale* Fortsetzung der Reihe der Geschehnisse und Handlungen *in* Raum und Zeit – sei aber doch schließlich Ausdruck unserer Freiheit. Es ist offenkundig, dass sie damit im Sinne Kants doch nur zur

---

[36] Vgl. dazu auch die Auffassung von G. Prauss, der der Meinung ist, dass es Kant nicht gelungen ist, eine *pragmatische* Handlungstheorie zu entwickeln; in: Pirmin Stekeler-Weithofer, Willkür und Wille bei Kant in: Kant-Studien, 81. Jahrgang 1990/Heft 3, 304 – 320.

Naturnotwendigkeit (zum nexus effectivus also) gehört und mit Freiheit als arbitrium liberum nichts zu tun hat.

Antithese: Es gibt Kausalität *nur* nach Naturgesetzen

„Es ist keine Freiheit, sondern alles in der Welt geschieht lediglich nach Gesetzen der Natur."[37]

Nun demonstriert Kant ebenso apagogisch die Wahrheit der *Antithese* durch *Falsifizierung* der These: Gäbe es nämlich, sagt er, Freiheit, dann begänne nicht nur durch Spontaneität eine Reihe der Erscheinungen, sondern Kausalität selbst würde damit anfangen. Das heißt: Es ginge nichts vorher, wodurch das Geschehene durch Gesetze bestimmt sei. Es wäre zufällig. Ein erster Anfang hätte also einen Zustand vorausgesetzt, der mit dem vorhergehenden in keinem Zusammenhang durch Gesetz steht. „Also ist die transzendentale Freiheit dem Kausalgesetz entgegen, und eine solche Verbindung der sukzessiven Zustände wirkender Ursachen, nach welcher keine Einheit der Erfahrung möglich ist, die also auch in keiner Erfahrung angetroffen wird, mithin ein leeres Gedankending."[38] Deswegen in Übereinstimmung mit der These: „Alle Handlungen des Menschen in der Erscheinung (sind damit) aus seinem empirischen Charakter und den anderen mitwirkenden Ursachen der Natur bestimmt, und wenn wir alle Erscheinungen seiner Willkür bis auf den Grund erforschen könnten, so würde es keine einzige menschliche Handlung geben, die wir nicht mit Gewissheit vorher sagen (…) könnten."[39]

Synthese: Naturnotwendigkeit und Freiheit sind *kompatibel*

„Ob nun gleich hieraus eine Dialektik der Vernunft entspringt, da in Ansehung des Willens die ihm beigelegte Freiheit mit der Naturnotwendigkeit im Widerspruch zu stehen scheint, und bei dieser Wegscheidung die Vernunft in spekulativer *Absicht den Weg der Naturnotwendigkeit viel gebahnter und brauchbarer findet als den der Freiheit: so ist doch in praktischer Absicht der Fußsteig der Freiheit der einzige, auf welchem es möglich ist, von seiner Vernunft bei unserem Tun und Lassen Gebrauch zu machen; daher wird es der subtilsten*

---

[37] KrV B 473.
[38] KrV B 473/474.
[39] KrV B 577/578.

Philosophie ebenso unmöglich, wie der gemeinsten Menschenvernunft, die Freiheit weg zu vernünfteln. Diese muß also wohl voraussetzen: daß kein wahrer Widerspruch zwischen Freiheit und Naturnotwendigkeit eben derselben menschlichen Handlungen angetroffen werde, denn sie kann ebenso wenig den Begriff der Natur, (...) als den der Freiheit aufgeben."[40]

Als Bedingung der Möglichkeit dieser kompatiblen *Verschränkung* von Kausalität aus *praktischer* Freiheit und aus Naturnotwendigkeit schreibt Kant dem Menschen einen *intelligiblen* und einen *empirischen* Charakter zu: Dieser ist Erscheinung der Sinnenwelt und *sensibel* gegenüber den Wirkungen einer freien Handlung und in seinen Handlungen in striktem Zusammenhang mit anderen Erscheinungen nach reinen Naturgesetzen – und jener ist *intelligibel* in der Bestimmung mit *Gründen* zum Wollen einer freien Handlung, die *Ursache* der Erscheinungen ist, aber unter *keinen Bedingungen der Sinnlichkeit* steht und deshalb auch in der Kausalreihe nicht erscheint. Eine Handlung des intelligiblen Charakters folgt also nicht aus Naturnotwendigkeit, sondern aus *Gründen* sittlichen Sollens, die in der Natur so nicht zu finden sind. Er ist demzufolge auch – selbst als *konstant* keiner Veränderung unterworfen – die je und je *aktuelle* Verursachung sittlicher Handlungen aus der noumenalen Welt in Raum und Zeit hinein – operari sequitur esse![41]

3 Kants Urteil

„(Die Aufgabe) war nun diese: ob Freiheit der Naturnotwendigkeit in einer und derselben Handlung widerstreite, und dieses haben wir hinreichend beantwortet, da wir zeigten, daß, da bei jener eine Beziehung auf eine ganz andere Art von Bedingung möglich ist, als bei dieser, das Gesetz des letzteren die erstere nicht affiziere, mithin beide von einander unabhängig und durch einander ungestört stattfinden können."[42] Und: „Der Wille mag auch frei sein, so kann dies doch nur die intelligible Ursache unseres Wollens angehen."[43]

---

[40] Grundlegung 117. Kant selbst hat unter der 3. Antinomie keine Synthese formuliert.
[41] Von hierher auch die *Konstanz* der subjektiven Maximen des kategorischen Imperativs.
[42] KrV B 584.
[43] KrV B 826.

Organismus-Constraint-Prozess

Spyridon Koutroufinis[1]

1 Einleitung

Die Entwicklung des Phänotypus eines Organismus beziehungsweise dessen Embryogenese galt als die zentrale Problematik des biologischen Denkens bis zur Entwicklung der Evolutionstheorie Charles Darwins und wurde in verschiedenen Epochen sehr unterschiedlich erklärt. Mit dem Aufkommen der mechanistischen Philosophie und Naturwissenschaft im 17. Jahrhundert begann der Siegeszug der Vorstellung, dass die Embryogenese auf materielle deterministische Vorgänge zu reduzieren ist.[2] Im 20. Jahrhundert wurde diese Idee von der Vorstellung des Gens verkörpert und als Begriff 1909 von Wilhelm Johannsen eingeführt. In den darauffolgenden zwei Jahrzehnten kristallisierte sich die Vorstellung, dass die Gene in den Chromosomen lokalisiert sind. Die in den 1950er Jahren entstandene Molekularbiologie verortete die Gene im DNS-Molekül. Das sogenannte ‚Zentraldogma der Molekularbiologie', das 1970 von Francis Crick seine endgültige Formulierung bekam, besagt, dass die Information für den Aufbau des Phänotypus immer von der DNS zur Messenger-RNS und dann zu den Proteinen weitergegeben wird, so dass sie niemals von einem Protein zum anderen oder von den Proteinen zur DNS übertragen werden kann (Crick 1970, 561).[3] Die Vorstellung der einseitigen Richtung des Informationsflusses führte in den 1970er Jahren zur Reduktion der Entwicklung eines Organismus auf den Ablauf eines sogenannten *genetischen Programms*, in dem die phänotypische Form des Organismus kodiert sei. Die zentrale und einseitige kausale Rolle, die den Genen, die in der Molekularbiologie auf Abschnitte der DNS reduziert werden, gegenüber dem restlichen Organismus zugeschrieben wird, ist die Basis der gen-zentrierten Biologie des Neodarwinismus.

In den letzten Jahrzehnten wurde die Vorstellung, dass die Gene den Organismus formen, stark kritisiert. Zudem hat die Integration systemtheoretischer Denkweisen der Selbstorganisations- und Komplexitätstheorie in die Biologie zusätzlich die Idee des genetischen Programms untergraben. Bedeutende theoretische Biologen und

---

[1] TU-Berlin.
[2] Diese Idee wurde von Descartes im Werk *Description du corps humaine* explizit vertreten (1996, 252-255).
[3] Crick formulierte es zum ersten Mal 1958.

Philosophen der Gegenwart betrachten Organismen als besonders *komplexe dynamische physikochemische Systeme*, die sich aus Interaktionen zwischen Genen und Proteinen *selbstorganisieren*.[4]

Die Philosophie der Biologie sollte diese Entwicklungen ernst nehmen und ihre Grenzen kritisch beleuchten, um mögliche negative Folgen zu antizipieren und ihnen entgegen zu wirken. So befürchte ich, dass viele Kritiker der neodarwinistischen genzentrierten Biologie unbewusst dabei sind, das biologische Denken des 21. Jahrhunderts auf eine *physikalistische* Grundlage zu stellen.

2 Zwei Arten von Dynamik

Alle Theorien der klassischen Physik – d. h. der gesamten Physik mit Ausnahme der Quantentheorie[5] – weisen eine essentielle Gemeinsamkeit auf. Die Dynamiken der mechanischen, elektrischen, thermodynamischen und anderen Systeme, die sie beschreiben, zeichnen sich durch ein gemeinsames Merkmal aus. Im Folgenden werde ich dieses Merkmal ausarbeiten und zeigen, dass seinetwegen die formalen Modelle der Selbstorganisationstheorie einer bestimmten Kausalitätslogik folgen, die typisch für physikalische Systeme ist. Danach werde ich zeigen, dass *alle Organismen eine essentiell verschiedene Logik exemplifizieren*.

2.1 Selbstorganisationstheorie und Systembiologie – Versionen physikalischer Dynamik

Eine für die modernen Naturwissenschaften fundamentale Idee ist die Idee des *dynamischen Systems*. Sie beruht auf der mechanistischen Systemontologie des 17. Jahrhunderts, von der die Aristotelische Substanzontologie abgelöst wurde. Die mechanistische Systemontologie reduziert die Form des raumzeitlichen Verhaltens eines dynamischen Systems auf die Interaktionen der materiellen Elemente dieses Systems. Die bekanntesten dynamischen Systeme der frühen Physik sind das idealisierte Sonnensystem, das reibungslose Pendel und der harmonische Oszillator, d. h. Abstraktionen, die das dynamische Verhalten von Systemen beschreiben, die aus nur einem

---

[4] Shapiro 2011; Kauffman 1993,1995; Walsh 2014; Pigliucci 2014; Ciliberti et al. 2007; Noble 2006, 2008.
[5] Dem Terminus ‚klassische Physik' wird nicht von allen Autoren dieselbe Bedeutung zugewiesen. Einige Autoren zählen auch die spezielle und allgemeine Relativitätstheorie zur klassischen Physik, was nicht immer ohne Widerspruch bleibt. Im vorliegenden Text wird auch die Theorie der Selbstorganisation der klassischen Physik zugeordnet.

oder aus wenigen Elementen bestehen. Mit der Entstehung der linearen Thermodynamik im 19. Jahrhundert gelang erstmals die Beschreibung von *isolierten* Vielteilchensystemen im thermodynamischen Gleichgewicht, d. h. von Systemen, die weder Energie noch Materie mit ihrer Umgebung austauschen. Das beste Beispiel dafür ist Gas, das in einem dichten Zylinder eingeschlossen ist, das dieselbe Temperatur mit der Umgebung hat.

Mit der massiven Einführung des Computers in die physikalische Forschung wurde es möglich, Systeme zu studieren, deren Dynamiken durch große Komplexe gekoppelter Differentialgleichungen modelliert werden. Die Erforschung komplexer dynamischer Systeme gehört heute zur Speerspitze der Forschung in Physik, Chemie, Biologie, Ökologie und anderen Disziplinen, wie z. B. Wirtschaft und Soziologie.

Der Hauptgrund für das wachsende Interesse an komplexen dynamischen Systemen ist, dass unter bestimmten Bedingungen die Regularität ihres raumzeitlichen Verhaltens und somit die Vorhersagbarkeit ihres Zustands zunimmt. Da in der Physik Ordnung als Vorhersagbarkeit verstanden wird, scheinen solche Systeme ihre Ordnung spontan zu erhöhen, was als *Selbstorganisation* bezeichnet wird. In der Physik ist demnach dann die Rede von Selbstorganisation, wenn die Regularität eines Systems nur aus den Interaktionen seiner materiellen Elemente emergiert, von denen kein einziges das makroskopische Muster des regulären Verhaltens in sich trägt. Nur ein offenes System, d. h. ein System, das mit seiner Umgebung Energie und/oder Materie austauscht, kann sich selbst organisieren. Dies erfordert, dass dem System energetische beziehungsweise materielle Randbedingungen extern auferlegt werden, auf die es durch Zunahme seiner raumzeitlichen Regularität reagiert. Mit anderen Worten, *offene Systeme organisieren sich selbst, um auf Einflüsse vonseiten ihrer Umgebung zu reagieren.* Das bekannteste Beispiel von Selbstorganisation ist das aus sechseckigen Zellen bestehende Muster, das als ‚Bénard-Konvektion' bekannt ist. Es beginnt sich spontan zu formen, wenn eine dünne Ölschicht von unten erhitzt wird und die Temperaturdifferenz zwischen dem Boden des Behälters und der Oberfläche der Flüssigkeit einen bestimmten Schwellenwert übersteigt. Nach mehreren Stunden füllt sich der Behälter mit sechseckigen Zellen, von denen jede in etwa 1 cm groß ist.

Es ist offensichtlich, dass das Verhalten selbstorganisierter Systeme sich deutlich von dem linearer Vielteilchensysteme unterscheidet, wie z. B. vom Verhalten eines in einem dichten Zylinder verschlossenen Gases. Während letztere sich zufällig verhalten, sind selbstorganisierte Systeme wegen ihrer raumzeitlichen Regularität zu einem hohen Grad vorhersagbar.

Um meine Position zu rechtfertigen, dass alle von der Selbstorganisationstheorie beschriebenen dynamischen Systeme Versionen einer und derselben Kausalitätslogik darstellen, muss ich einige Grundlagen der Theorie dynamischer Systeme anführen.

Ein System wird als *dynamisches System* bezeichnet, wenn zu jedem Zeitpunkt sein Zustand als eine endliche Menge von dynamischen Größen, den zeitabhängigen Variablen beziehungsweise Zustandsvariablen $x(t) = [x_1(t), x_2(t), ..., x_n(t)]$ beschreibbar ist, für die ein mathematischer Formalismus existiert, der den Wechsel von dem jeweils aktuellen Zeitpunkt t zum darauf folgenden $t + \delta t$ bestimmt. Dieser Formalismus repräsentiert die kausalen Relationen der Elemente des Systems. Die Menge der Zustandsvariablen $x_1, x_2, ..., x_n$ spannt einen *abstrakten Raum* auf, den sogenannten *Zustandsraum*. Die Entwicklung eines dynamischen Systems wird über einer Trajektorie im Zustandsraum dargestellt.

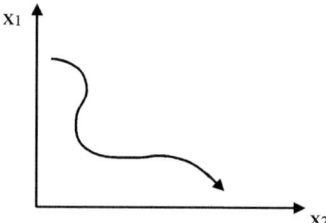

Fig. 1: Der Zustandsraum und die Trajektorie eines dynamischen Systems mit zwei Variablen.

Die Entwicklung eines dynamischen Systems hängt jedoch auch von einer Gruppe *extern* bestimmter statischer Größen ab, den sogenannten *Kontrollparametern*. Im Modell des idealen Pendels sind die Stärke des Gravitationsfeldes und die Länge des Pendels die relevanten Kontrollparameter. Bei den Modellen der Bénard-Konvektion werden die Viskosität der Flüssigkeit und die extern festgelegte Temperaturdifferenz zwischen dem Boden und der Oberfläche der Flüssigkeit von Kontrollparametern symbolisiert. Alle Kontrollparameter sind extern festgelegte Konstanten, die von der Entwicklung des Systems nicht beeinflusst werden. *Ihre Rolle ist, die Entwicklung der Variablen x(t) zu beeinflussen.*

Dass eine Größe eine Variable ist, bedeutet nicht notwendig, dass ihr Wert immer variiert wird. Die Werte von Variablen können auch stabil sein. Durch die aufeinander abgestimmte Wahl von Kontrollparametern ist es möglich, die Variablen eines Systems zu stabilisieren. In diesem Fall befindet sich das System in einem sogenannten ‚stationären Zustand'. Stabile Größen sind aber keine statischen Größen. Das System befindet sich in einem dynamischen und nicht in einem statischen Gleichgewicht.

Die Überzeugung, dass Organismen besonders komplexe selbstorganisierte dynamische Systeme sind, bildet das Fundament der sogenannten *Systembiologie*. Die Theorie der Selbstorganisation beziehungsweise die Theorie dynamischer Systeme ist ihr theoretisches Fundament. Die Systembiologie etablierte sich in den 1990er Jahren mit dem Ziel, die Zell- und Molekularbiologie in eine umfassende systemtheoretische Betrachtung zellulärer Vorgänge zu integrieren, um neue Medikamente gegen Krebs, Parkinson, Alzheimer und andere Krankheiten zu entwickeln. Viele Systembiologen operieren mit Systemen gekoppelter Differentialgleichungen, mit denen sie biomolekulare Vorgänge als genetische, metabolische und Signal-Pfade (pathways) modellieren.[6] Aus der Sicht der Theorie dynamischer Systeme können der Zellzyklus und die Embryogenese prinzipiell durch enorm komplexe Systeme gekoppelter Differentialgleichungen erklärt werden.

Ein für die Arbeitsweise der Systembiologen charakteristisches Beispiel stellt etwa folgendes Modell dar: Ein kleines genetisches Netzwerk bestehend aus zwei miteinander interagierenden Proteinen, die die Aktivität von zwei Genen regulieren, kann von zwei gekoppelten Differentialgleichungen beschrieben werden (Gardner et al. 2000, 339).

$$\frac{dU}{d\tau} = \frac{\alpha_1}{1+V^\beta} - U$$

$$\frac{dV}{d\tau} = \frac{\alpha_2}{1+U^\gamma} - V$$

In diesen dimensionslosen Differentialgleichungen repräsentieren die Variablen U und V die Werte der Konzentrationen der zwei interagierenden Proteine. Da die Bildung von U von V abhängt, dessen Bildung wiederum von U abhängig ist, sind

---

[6] Tyson et al. 2003, Ferrel and Xiong 2001, Meinhardt and Gierer 2000, Elowitz and Leibler 2000, Gardner et al. 2000, Murray 1993.

beide Gleichungen miteinander gekoppelt. Die Dynamik dieses kleinen Systems von nur zwei Variablen hängt von vier Kontrollparametern ab: α_1, α_2, β, γ. Das bedeutet, dass die Selbstorganisation von zwei dynamischen Größen eine Vorgabe von vier statischen Größen vonseiten der Modellierer verlangt. Für bestimmte Werte der Kontrollparameter und Anfangskonzentrationen der zwei Variablen kann das errechnete Verhalten der Variablen den tatsächlich beobachteten (gemessenen) Werten der zwei Proteine entsprechen. Einige Systembiologen versuchen durch die Kopplung sehr vieler solcher Pfade zu großen biomolekularen Netzwerken ganze Zellen,[7] d. h. den Zellzyklus, und andere gerichtete Vorgänge, wie z. B. die Embryogenese zu modellieren.[8] In 2012 wurde von einer Gruppe von Biophysikern und Biotechnologen der Stanford-Universität und des Craig Venter Institutes ein großes ‚whole-cell'-Modell vom Zellzyklus des Bakteriums *Mycoplasma Genitalium* veröffentlicht, das "*all* of its molecular components and their interactions" enthält (Karr et al. 2012, 389; kursiv von S.K.). Das Modell "includes more than 1900 experimentally observed parameters" (ebenda 391). Die meisten von ihnen "were implemented as originally reported" in "over 900 publications" und "several other parameters were carefully reconciled" von den Modellierern selbst (ebenda).

Nicht nur die Systembiologie, sondern auch die Theoretische Biologie der Gegenwart ist hauptsächlich mit der mathematischen Modellierung und Computersimulation biologischer Vorgänge beschäftigt. Beide Disziplinen werden in erster Linie von Physikern, Mathematikern und Informatikern betrieben.

Das bedeutendste Merkmal aller Arten von selbstorganisierten Systemen, wie z. B. der Bénard-Konvektion, der chemischen dissipativen Strukturen und der systembiologischen Modelle, ist, dass ihre Trajektorien, also ihre Entwicklungen innerhalb ihres Zustandsraumes, eine Tendenz haben, auf bestimmte begrenzte Bereiche des Zustandsraumes zu konvergieren.

Mit anderen Worten, *das Verhalten aller selbst-organisierten Systeme ist kanalisiert oder eingeschränkt beziehungsweise constraint.* Das gilt auch für biologische Phänomene: Biomolekulare Vorgänge, Zellen, vielzellige Organismen, Ökosysteme und die gesamte

---

[7] Karr et al. 2012, Panning et al. 2007.
[8] Guidicelli and Lewis 2004, Nijhout 2003, Meinhardt 2003, Meinhardt and Gierer 2000, Collier et al. 1996, Goodwin 1993, Murray 1993, Turing 1952.

Biosphäre verwirklichen nur eine extrem kleine Zahl der Zustände, die in ihren Zustandsräumen enthalten sind. Folglich ist das Studium biologischer Phänomene immer auch das Studium kanalisierender Faktoren oder, einfacher, *Constraints*.

Mit dem Terminus ‚Constraints' referiere ich auf alle Faktoren, die die Zahl der möglichen Zustände, die ein System einnehmen kann, einschränken. Die energetischen und materiellen Größen, die für die Dynamik eines Systems relevant sind, sowie auch die Relationen zwischen ihnen, sind Constraints. In den Modellen der Selbstorganisationstheorie und Systembiologie kommen zwei deutlich verschiedene Arten von Constraints vor. Ich unterscheide zwischen intrinsischen und extrinsischen Constraints.

Intrinsisch werden diejenigen Constraints bezeichnet, die von der Dynamik des Systems selbst erzeugt werden. In den Modellen dynamischer Systeme sind sie die zeitabhängigen Werte der Variablen x(t). Variablen sind Constraints, weil ihre Werte zu einem bestimmten Zeitpunkt den Zustand des Systems zum unmittelbar darauffolgenden Zeitpunkt entscheidend mitbestimmen.

Extrinsisch werden diejenigen Constraints formaler Modelle genannt, die die Dynamik des Systems kanalisieren, *ohne* selbst von dieser Dynamik errechnet zu werden. Die Kontrollparameter in den Modellen dynamischer Systeme sind extrinsische Constraints, weil sie Konstanten sind, die zur Errechnung der Werte der Variablen beitragen. Die vier Kontrollparameter des oben vorgestellten Modells sind Faktoren, die die Geschwindigkeit der Vorgänge beeinflussen (Gardner et al. 2000). Das vorhin erwähnte Modell aus der Stanford-Universität hat 1900 Kontrollparameter und weniger als 200 Variablen.

Die Begriffe ‚intrinsisch' beziehungsweise ‚extrinsisch' dürfen nicht als ‚intern' beziehungsweise ‚extern' in einem räumlichen Sinne verstanden werden. Die Ausdrücke ‚intrinsisch' beziehungsweise ‚extrinsisch' verwende ich im Sinne von ‚System abhängig' beziehungsweise ‚System unabhängig'.

Das komplexeste Constraint in Modellen der Physik und Systembiologie ist die Relation zwischen den Variablen und den Kontrollparametern im System gekoppelter Gleichungen, da sie die Errechnung der Variablen und somit die Entwicklung des dynamischen Systems, also die Form seiner Trajektorie im Zustandsraum, entscheidend beeinflusst. Diese Relation kann als die *Struktur* des formalen Modells bezeichnet werden, da der mathematische Struktur-Begriff auf die Relationen der Elemente eines Systems referiert. *Die Struktur ist alles, was vom System der Gleichungen bleibt, wenn aus ihm alle Zeichen entfernt werden, die Variablen und Kontrollparameter repräsentieren.* Die

Struktur des oben vorgestellten Modells eines genetischen Netzwerks besteht also in der *Anordnung* aller im Formalismus enthaltenen Zahlen, Additions-, Subtraktions-, Divisions-, Gleichheits- und Zeitzeichen (dτ). Bei den gegenwärtig verwendeten Formalismen wird die Struktur eines solchen Systems von Gleichungen nur von den Modellierern bestimmt, denn sie errechnet die Systemdynamik, ohne von dieser durch Rückwirkungen variiert zu werden. Die Struktur ist folglich ein extrinsisches Constraint. Da sie eine Relation zwischen einfacheren Constraints ist, den Variablen und Kontrollparametern, kann sie als *extrinsisches Constraint zweiter Ordnung* bezeichnet werden. Derselben Logik folgend, können *die Variablen beziehungsweise die Kontrollparameter als intrinsische beziehungsweise extrinsische Constraints erster Ordnung* bezeichnet werden.

In den Formalismen der Physik und Systembiologie werden die extrinsischen Constraints erster und zweiter Ordnung von den Modellierern festgelegt und normalerweise während einer Computersimulation konstant gehalten. Wenn sie die Zahl der möglichen Entwicklungen des Systems stark einschränken, zeigen die errechneten intrinsischen Constraints beziehungsweise Variablen selbstorganisiertes Verhalten. Letzten Endes ist es verwunderlich und bis heute erstaunlich unhinterfragt, dass Selbstorganisation nur dann in den Modellen der Physik und Systembiologie vorkommt, wenn die Zahl der Kontrollparameter die der Variablen um das Mehrfache übertrifft.

Jetzt kann erläutert werden, inwiefern Modelle der Selbstorganisationstheorie und Systembiologie Versionen einer einzigen Art von Dynamik verkörpern. Beide exemplifizieren eine und dieselbe Constraints-Logik: Wegen der einseitigen Abhängigkeit der intrinsischen von den extrinsischen Constraints herrscht zwischen beiden Formen von Constraints eine scharfe logische Dichotomie. Diese Dichotomie kennzeichnet alle in der gegenwärtigen klassischen Physik verwendeten Modelle und überträgt sich somit auch auf die Theorie der Selbstorganisation und die darauf basierenden mathematischen Formalismen der Systembiologie. Diese in der klassischen Physik entstandene Logik widerspiegelt adäquat die Kausalität nicht-lebendiger Vorgänge. Physiker haben keinen Grund anzunehmen, dass die Bewegung der Erde um die Sonne die Masse der Sonne und den Wert der Gravitationskonstante beeinflusst, die im entsprechenden Formalismus extrinsische Constraints erster Ordnung sind. Nach allem, was wir heute wissen, haben sie auch keinen Grund darüber zu spekulieren, ob dieselbe Bewegung das Naturgesetz der gravitativen Anziehung auf einer

Weise variiert, deren Beschreibung die Variation der Form der Newtonschen Gravitationsgleichung, die ein extrinsisches Constraint zweiter Ordnung ist, verlangen würde.

Die Tatsache, dass die Systembiologie diese anorganischen Vorgängen angepasste Constraints-Logik auf Lebendiges ausgeweitet hat, garantiert natürlich nicht automatisch, dass diese Logik die essentiellsten Merkmale organismischer Dynamik einfangen kann. Wir sollten uns also die Frage stellen, ob sie dem Wesen des Lebendigen angemessen ist.

2.2 Zur organismischen Dynamik

Die in der letzten Sektion ausgehend von formalen Modellen vorgeschlagene Kategorisierung von Constraints kann auch auf wirkliche Organismen übertragen werden, wenn die Semantik der oben eingeführten Nomenklatur in einer Weise erweitert wird, die der grundsätzlichen Unterscheidung ‚System abhängig'–‚System unabhängig' gerecht wird. Intrinsische Constraints erster Ordnung sind solche materiellen und energetischen Größen innerhalb und außerhalb der räumlichen Grenze eines Organismus, die einerseits für seine Entwicklung relevant sind, andererseits aber rückwirkend vom Organismus generiert werden, wie z. B. die Konzentrationen von regulatorischen und Strukturproteinen, Hormonen sowie ATP Molekülen. Extrinsische organismische Constraints erster Ordnung sind alle in der Entwicklung eines Organismus beteiligten Faktoren, auf die er keinen Einfluss hat. Solche Faktoren sind z. B. die Intensität des Gravitationsfeldes, die Aktivität der Sonne, geologische Faktoren, das Vorhandensein bestimmter Formen von Materie und Energie in der Umgebung, die der Metabolismus eines Organismus braucht, aber nicht selbst synthetisieren kann, fundamentale Naturgesetze (wie die Hauptsätze der Thermodynamik) und die Anfangsbedingungen der Entwicklung des Organismus (z. B. die von den Vorfahren geerbte genetische Ausstattung).

Vor dem Hintergrund der in der letzten Sektion vorgeschlagenen Kategorisierung von Constraints fallen zwei essentielle Merkmale aller wirklichen Organismen auf, die von der oben ausgearbeiteten Constraints-Logik formaler Modelle nicht eingefangen werden können:

Erstens und im scharfen Gegensatz zu den Formalismen der klassischen Physik und Systembiologie, sind wirkliche Organismen in der Lage, den Wert von Größen zu beeinflussen, die in den gegenwärtigen Modellierungen als Kontrollparameter, d.h. als statische Größen behandelt und von den Theoretikern festgelegt werden. Die Constraints-Logik der oben vorgestellten Formalismen verfehlt geradezu die elementare Tatsache, dass jeder Organismus sich aktiv (und nicht bloß reaktiv) auf seine Umgebung bezieht, um die für seinen Metabolismus benötigte Energie und Materie zu gewinnen, d. h. um seine Randbedingungen selbständig zu erzeugen. Dieser autonom gestaltete Eingriff auf die Umgebung setzt aber notwendig voraus, dass die Werte der meisten Größen, die bei den systembiologischen Formalismen statisch sind, in einem wirklichen Organismus aufeinander abgestimmt werden können (finetuning). *Die meisten Größen, die bei den heutigen Modellierungen von Organismen als extrinsische Constraints erster Ordnung behandelt werden, sind bei wirklichen Lebewesen intrinsische Constraints erster Ordnung.* Um diese fundamentale Eigenschaft aller Lebewesen zu repräsentieren, müssten die meisten Kontrollparameter der gegenwärtig verwendeten Formalismen zu Variablen werden.

Zweitens ist jeder wirkliche Organismus in der Lage, die Relation zwischen den für ihn relevanten kausalen Faktoren zu variieren, die von ihm abhängig oder unabhängig existieren. Mit anderen Worten: Jeder Organismus bestimmt permanent die Relation zwischen seinen intrinsischen und extrinsischen Constraints erster Ordnung. Aber in den heutigen Formalismen wird diese dynamische Relation von einem statischen System gekoppelter Gleichungen repräsentiert. Im Gegensatz dazu stellt schon der Zellzyklus der einfachsten Zelle eine radikale Umstrukturierung dar. Ausführliche experimentelle Arbeiten belegen eindeutig, dass schon Bakterien physiologische Anpassungen an ihre Umwelt vollziehen, die ihre Struktur variieren, folglich die Relationen zwischen den intrinsischen und extrinsischen Constraints erster Ordnung verändern (Falkner & Falkner 2014). Dies gilt natürlich umso mehr für die Embryogenese, da sie in einer radikalen Umstrukturierung des Organismus besteht. Diese biologischen Vorgänge können nur von einem permanent umgebauten Gleichungssystem adäquat beschrieben werden, da einer bestimmten Relation zwischen allen Constraints erster Ordnung (intrinsischen und extrinsischen) ein bestimmtes System von Differentialgleichungen entspricht. Form und Zahl der gekoppelten Gleichungen müsste permanent variiert werden. *Das Wesen des Organismus besteht gerade in der permanenten Erzeugung seiner Struktur, d. h. in der Bestimmung seines Constraint zweiter Ordnung, das folglich notwendig intrinsisch ist. Daher kann die Kausalität wirklicher Organismen nur von Formalismen modelliert werden, die sich selbst umgestalten.*

3 Organismus als Prozess

Der zentrale Punkt der hier vorgestellten Problematik ist, dass die organismische Dynamik eine Art des Werdens darstellt, die die Kausalitätslogik der heutigen Physik und Systemtheorie transzendiert.[9] Diese Art des Werdens kann *nicht* auf Trajektorien reduziert werden, die von invariablen formalen Systemen errechnet werden, weil es die wichtigsten Bedingungen seiner eigenen Entfaltung selbst erzeugt. Die Reduktion von Organismen auf komplexe physikochemische dynamische Systeme ist ein deutlicher Fall von dem, was Whitehead als ‚Fehlschluss der unzutreffenden Konkretheit' (fallacy of misplaced concretness) beschreibt (1979, 7). Mit diesem Ausdruck warnt er vor der Missachtung wichtiger Unterschiede, die zwischen einer konkreten Tatsache und ihrer Beschreibung bestehen, weil dies zur Ignoranz essentieller Aspekte der Wirklichkeit führt.

Die organismische Art des Werdens ist Gegenstand verschiedener *Prozessontologien*. Ich schlage folgenden Prozess-Begriff vor, der von der Kausalitätslogik der Dynamik des Organismus diktiert wird: *Ein Prozess ist ein Akt, der* erstens *die meisten Faktoren, die seine Entwicklung kanalisieren (die Constraints erster Ordnung), selbst erzeugt und* zweitens *die Struktur der Relationen dieser Faktoren (das Constraint zweiter Ordnung) autonom umgestaltet.* Diese Definition von *Prozess* ist allgemein genug und weitgehend metaphysisch neutral, um verschiedenen Prozessontologien zugrunde zu liegen.[10]

Aus dieser Definition kann die für die hier behandelte biophilosophische Problematik wichtigste Eigenschaft von Prozessen abgeleitet werden, die sie von anderen Formen des Werdens unterscheidet: Prozesse sind Akte des Werdens, deren Kausalitätslogik die Constraints-Logik lebloser Systeme transzendiert. Das hier eingeführte Verständnis von ‚Prozess' weicht also deutlich von der alltäglichen Verwendung dieses Ausdrucks ab. Bewegungen physischer Objekte im dreidimensionalen Raum, wie z. B. die Planetenbewegungen und die Ausbreitung elektromagnetischer Wellen, und die Veränderungen physischer Objekte, wie z.B. die Abkühlung eines Behälters oder

---

[9] Koutroufinis 2014a, 107-116; 2013, 323-327; Deacon und Koutroufinis 2014; Koutroufinis und Wessel 2013.

[10] Jede Prozessontologie hat ihre eigene Art und Weise zu erklären, wie Prozesse sich vollziehen. Neben Alfred North Whitehead gelten als bedeutende Prozessphilosophen Henri Bergson, Charles Sanders Peirce, William James, John Dewey, Samuel Alexander, Friedrich Nietzsche, Susanne K. Langer, Dorothy Emmet, Charles Hartshorne, und Nicholas Rescher. In den letzten Jahren versuchen Gernot Falkner (2014, 2013), Spyridon Koutroufinis (2014a, 2014b, 2013, 2009, 2007), Terrence Deacon (2014, 2012) und John Dupré (2014, 2012) Prozessontologien für biologische Vorgänge zu entwickeln.

die Entzündung eines brennbaren Gases sind keine Prozesse im Sinne der hier vorgeschlagenen Definition.

In dem Grade, in dem ein Prozess die Relationen zwischen seinen intrinsischen und extrinsischen Constraints erster Ordnung, d. h. sein Constraint zweiter Ordnung variieren kann, vermag er sich autonom auf seine Umgebung zu beziehen. Umsonst wird man in der Theorie der Selbstorganisation nach einer solchen Autonomie suchen, da in den Modellen die Randbedingungen der Systeme, d. h. ihr Austausch von Energie und Materie mit ihrer Umgebung, von den Theoretikern durch die Vorgabe der entsprechenden Parameter festgelegt wird. Die dynamische Struktur des Organismus erlaubt ihm, gegenüber den extrinsischen Constraints erster Ordnung sich aktiv zu verhalten. Er reagiert nicht einfach auf sie, wie die Bénard-Konvektion auf die ihr extern zugefügte Wärme reagiert, sondern bezieht sie aktiv in sein Werden ein. Ein Organismus ist niemals passiv in einer Umgebung eingeschlossen, sondern vollzieht eine Unterscheidung zwischen sich selbst und seiner Umgebung. Zusätzlich dazu müssen alle Organismen permanent zwischen den relevanten und irrelevanten Teilen ihrer Umgebung unterscheiden. Die relevanten Aspekte der physischen Umgebung konstituieren das, was der Theoretische Biologe Jakob von Uexküll *Umwelt* nannte. Mit der Einführung dieses Terminus im Jahre 1909 unterschied er scharf zwischen Umwelt und Umgebung (1909, 117, 196, 249, 252; 1973, 320). Aus der Beziehung zu ihrer Umgebung stellen Organismen eine von ihnen erfahrbare Umwelt her. Die dynamische Struktur eines Organismus, das intrinsische Constraint zweiter Ordnung, enthält immer Information, in der die Umwelt präsent ist. Die unlösbare Verbindung zwischen Umwelt und dynamischer Struktur eines Organismus transzendiert die Kausalitätslogik der Physik, weil menschliche Subjekte, sowohl beim theoretischen als auch beim experimentellen Zugriff festlegen, was ein physikalisches System ist, welche Variablen für die Beschreibung seiner Dynamik wichtig sind und was als seine Umgebung betrachtet wird. *Organismen haben Umwelten aber physikalische Systeme Umgebungen.* Die dynamische Struktur der Organismen ermöglicht ihnen, von ihnen unabhängig existierende Faktoren (Gravitation, Sonnenlicht u.a.) zweckmäßig in die eigene Selbsterhaltung einzuspannen. Menschen und andere Tiere können sich *nicht trotz*, sondern gerade *wegen* der Gravitation fortbewegen – gehen, rennen, galoppieren, schwimmen, ja sogar fliegen wären undenkbar ohne die kreative Einspannung ausgerechnet derjenigen Kraft, die Lebloses unbeweglich macht.

4 Organismus als Subjekt

Die Formalismen der Physik und Systembiologie zeigen, wie ein Zustand im Zustandsraum zu einem anderen Zustand übergeht. Bei diesem Übergang dürfen nur solche dynamischen und statischen Größen eine Rolle spielen, die quantifizierbar sind. Größen, die in einem realen Raum extensiv oder in einem abstrakten Raum (Zustandsraum) lokalisiert sind, werden als *objektive* Faktoren betrachtet. Die Reduktion des Werdens auf die Interaktionen solcher Faktoren funktioniert in der klassischen Physik zufriedenstellend, wo die untersuchten Vorgänge nur einen kleinen Teil der Bedingungen herstellen, die ihr Werden kanalisieren. Das organismische Werden zeigt aber einen Grad der Selbstverursachung, der mit den quantitativen Mitteln der systembiologischen Mathematik der Gegenwart nicht beschreibbar ist. Die Kausalität des Organismus kann nicht auf seine objektivierbaren Relationen zwischen seinen materiellen und energetischen Elementen reduziert werden. Sie umfasst kausale Faktoren, die mit formalen Mitteln nicht objektivierbar sind. In diesem Sinne kann man von einer *subjektiven Seite des Organismus* reden.[11]

Die physikochemische Methode erfasst nur den objektivierbaren Aufbau des Organismus. Da alle Organismen so beschaffen sein müssen, dass sie einen physikalisch-chemisch wirksamen Einfluss auf die Umwelt ermöglichen, lässt sich ihr Aufbau auch mit den Methoden der Physik und Chemie objektivieren. Wenn aber der Organismus eine nicht reduzierbare subjektive Seite hat, *muss in die Biologie eine Subjekt-Objekt-Beziehung eingeführt werden, der zufolge der Organismus ein Subjekt ist, das sich objektiviert.*

Die Vorstellung, dass Organismen Subjekte sind, ist nicht neu. Sie ist ein essentieller Bestandteil der Prozessphilosophien Henri Bergsons und Alfred North Whiteheads, der Theoretischen Biologie Jakob von Uexkülls, der Biologie Adolf Portmanns und der Philosophie der Medizin Ulrich von Weizsäckers und Kurt Goldsteins. Sie wird auch von Hans Jonas implizit vertreten, da er in der Aufrechterhaltung der organismischen Form die Anfänge der Freiheit sieht.[12]

---

[11] Woanders habe ich die Idee des organismischen Subjekts mit der Prozessphilosophie Whiteheads verbunden (Koutroufinis 2014a, 119-126).
[12] Bergson 1967; Whitehead 1979, 1968; Uexküll 1973, 1909; Portmann 1960, Weizsäcker 1986; Goldstein 1934; Jonas 1997.

Literatur

Bergson, H. (1967). *Die Schöpferische Entwicklung*. Zürich: Coron.

Ciliberti, S.; Martin, O.C.; Wagner, A. (2007). „Robustness can evolve gradually in complex regulatory gene networks with varying topology". In: *PLoS Computational Biology* 3 (2): e15, S. 164-173.

Collier, J.; Monk, N., Maini, P.; Lewis, J. (1996). „Pattern Formation by Lateral Inhibition with Feedback: a Mathematical Model of Delta-Notch Intercellular Signaling". In: *Journal of theoretical Biology* 183 (4), S. 429-446.

Crick, F. (1970). „Central Dogma of Molecular Biology". In: *Nature* 227, S. 561-563.

Deacon, T. (2012). *Incomplete Nature*. New York: W. W. Norton & Company.

Deacon, T.; Koutroufinis, S. (2014). „Information, complexity, and dynamic depth".In: *Information* 5 (3), S. 404-423.

Descartes, R. (1996). *Description du corps humaine*. In: Adam, C.; Tannery, P. (Hg.) *Ouvres de Descartes* (11 Bde.), Bd. XI. Paris: Vrin.

Dupré, J. (2014). „The Role of Behaviour in the recurrence of biological processes". In: Vane-Wright, R. I. (Hg.). The Role of Behaviour in Evolution. In: *Biological Journal of the Linnean Society* 112 (2), S. 306-314.

Dupré, J. (2012). *Processes of Life. Essays in the Philosophy of Biology*. Oxford: University Press.

Elowitz, M.; Leibler, S. (2000). „A synthetic oscillatory network of transcriptional regulators". In: *Nature* 403 (6767), S. 335-338.

Falkner, G.; Falkner, R. (2014). „The *Experience* of Environmental Phosphate Fluctuations by Cyanobacteria: An Essay on the Teleological Feature of Physiological Adaptation". In: Koutroufinis, S. (Hg.). *Life and Process. Towards a New Biophilosophy*. De Gruyter: Berlin, S. 73-97.

– (2013). „On the incompatibility of the neo-Darwinian hypothesis with systems-theoretical explanations of biological development". In: Henning, B; Scarfe, A (Hg.) *Beyond Mechanism. Putting Life Back Into Biology*. Plymouth UK: Lexington Books, S. 93-114.

Ferrel, J.; Xiong, W. (2001). „Bistability in Cell Signaling: How to Make Continuous Processes Discontinuous, and Reversible Processes Irreversible". In: *Chaos* 11, No. 1, S. 227-236.

Gardner, T.; Cantor, C.; Collins, J. (2000). „Construction of a genetic toggle switch in Escherichia coli". In: *Nature* 403(6767), S. 339-342.

Goldstein, K. (1934). *Der Aufbau des Organismus*. Haag: Martinus Nijhoff

Goodwin, B. (1993). *How the Leopard Changed its Spots*. London: Phoenix.

Guidicelli, F.; Lewis, J. (2004). „The vertebrate segmentation clock". In: *Current Opinion in Genetics and Development* 14, S. 407-414.

Jonas, H. (1997). *Das Prinzip Leben. Ansätze zu einer philosophischen Biologie*. Frankfurt/M.: Suhrkamp.

Karr, J.; Sanghvi, J. et al. (2012). „A Whole-Cell Computational Model Predicts Phenotype from Genotype". In: *Cell* 150 (2), S. 389-401.

Kauffman, S. (1995). *At Home in the Universe: The Search for Laws of Self-Organization and Complexity*. New York: Oxford University Press.

– (1993). *The Origins of Order: Self-Organization and Selection in Evolution*. New York: Oxford University Press.

Koutroufinis, S. (2014a). „Beyond Systems Theoretical Explanations of an Organism's Becoming: A Process Philosophical Approach". In: Koutroufinis, S. (Hg.). *Life and Process. Towards a New Biophilosophy*. De Gruyter: Berlin, S. 99-132.

– (2014b). „Introduction: The Need for a New Biophilosophy". In: Koutroufinis, S. (Hg.). *Life and Process. Towards a New Biophilosophy*. De Gruyter: Berlin, S. 1-36.

- (2013). „Teleodynamics. A Neo-Naturalistic Conception of Organismic Teleology". In: Henning, B; Scarfe, A (Hg.) (2013). *Beyond Mechanism. Putting Life Back Into Biology*. Plymouth UK: Lexington Books, S. 309-342.
- (2009). *Organismus als Prozess*. Habilitation. S. 569. Das Manuskript kann von der Universitätsbibliothek der Technischen Universität Berlin ausgeliehn werden.
- (2007). „Jenseits von Vitalismus und Teleonomie – Whiteheads prozessuale Teleologie des Lebendigen". In: Koutroufinis, S. (Hg.) *Prozesse des Lebendigen*. Alber: Freiburg, München, S. 112-148.

Koutroufinis, S.; Wessel, A. (2013) „Toward a Post-Physicalistic Concept of the Organism". In: *Annals of the History and Philosophy of Biology* 16, S. 29-50.

Meinhardt, H. (2003). *The Algorithmic Beauty of Sea Shells*. Berlin, Heidelberg, New York: Springer.

Meinhardt, H.; Gierer, A. (2000). „Pattern formation by local self-activation and lateral inhibition". In: *BioEssays* 22, S. 753-760.

Murray, J. (1993). *Mathematical Biology*. New York, Berlin, Heidelberg: Springer.

Nijhout, F. (2003). „Gradients, Diffusion, and Genes in Pattern Formation". In: Müller, G; Newman, S. (Hg.). Origination of Organismal Form. Cambridge MA, London: The MIT Press, S. 166-181.

Noble, D. (2008). „Genes and causation". In: *Philosophical Transactions of the Royal Society of London* Series A, Mathematical, Physical and Engineering Sciences 366, S. 3001-3015.
- (2006). *The Music of Life: Biology beyond the Genome*. Oxford: Oxford University Press.

Panning, T.; Watson, L.; Shaffer, C.; Tyson, J. (2007). „A Mathematical Programming Formulation for the Budding Yeast Cell Cycle". In: *SIMULATION* 83, S. 497-514.

Pigliucci, M. (2014). „Between holism and reductionism: a philosophical primer on emergence". In: *Biological Journal of the Linnean Society* 112 (2), S. 242–260.

Portmann, A. (1960). *Die Tiergestalt*. Basel: Reinhardt.

Turing, A. M. (1952). „The Chemical Basis of Morphogenesis". In: *Philosophical Transactions of the Royal Society of London*, (Series B, No.641, Vol. 237), S. 37-72.

Tyson, J.; Chen, K.; Novak, B., (2003). „Sniffer, Buzzers, Toogles and Blinkers: Dynamics of Regulatory and Signaling Pathways in the Cell". In: *Current Opinion in Cell Biology* 15, S. 221-231.

Uexküll, J. v. (1973). *Theoretische Biologie*. Frankfurt/M.: Suhrkamp.
- (1909). Umwelt und Innenwelt der Tiere. Berlin: Springer.

Walsh Denis, 2014: The negotiated organism: inheritance, development, and the method of difference. In: Biological Journal of the Linnean Society 112 (2), S. 295-305.

Weizsäcker, V. v. (1986). *Der Gestaltkreis*. Stuttgart, New York: Georg Thieme.

Whitehead, A. N. (1979). *Process and Reality*. New York: Free Press.
- (1968). *Modes of Thought*. New York: Free Press.

Landschaftsarchitektur und Philosophie

Karsten Berr[1]

Gemäß dem Motto „Prolegomena", das dieser ersten Tagung von APHIN voransteht, sollten die folgenden Ausführungen als „Vorweggesagtes" bzw. als „Vorausgeschicktes" zu weiteren, bereits laufenden oder noch folgenden Forschungen verstanden werden. Ich werde daher im Folgenden einige Aspekte des Verhältnisses von Landschaftsarchitektur und Philosophie lediglich „anreißen" (um einen Begriff im Umkreis des Entwerfens zu benutzen), ohne hier und heute bereits Anspruch auf extensionale Vollständigkeit und intensional umfassende Bestimmtheit dieser Aspekte erheben zu wollen. Gleichsam in der Form eines „Werkstattberichts" werde ich auf einige hier interessierende Ergebnisse eingehen, die im Zuge des Verlaufs eines eigenen DFG-Forschungsprojektes bislang erzielt wurden.[2]

1 „Theoriedefizit"

In der Landschaftsarchitektur bemängeln Vertreter dieses, aber auch anderer landschaftsbezogener Fächer gelegentlich ein „Theoriedefizit". Diese These des „Theoredefizits" erweist sich bei genauer Betrachtung bezüglich ihres Sinns und der Differenzierung ihrer Beispiele als präzisierungsbedürftig – ohne solche Differenzierung bleibt der Vorwurf des Theoriedefizites pauschal, teils unberechtigt. So reicht das Spektrum dessen, was im Forschungszusammenhang als Beispiele für die Berechtigung dieses Vorwurfs dienen mag, von „ambitioniertem Theoriegewurstel" (Eisel 2003, 9), über theoretisierende Stellungnahmen von Praktikern und Wissenschaftlern ohne klaren Ausweis oder Reflexion des eigenen Standpunktes bis hin zu elaborierten Ansätzen mit spezifischen Aspekt-Vereinseitigungen. Auch unter „Theorie" kann ein weites Spektrum verschiedener Ansichten rekonstruiert werden. So kann Theorie als „konkrete Theorie" (Hahn 2008, 202) verstanden werden, die (etwa im

---

[1] APHIN e.V.
[2] Dieses DFG-Forschungsprojekt ist unter dem Titel „Operative Basis, Praxis, Theorie und Ethik landschafsbezogener Disziplinen" an der BTU Cottbus-Senftenberg angesiedelt. Es ist die Fortsetzung des DFG-Projektes „Anthropologische und kulturtheoretische Grundlagen für eine Theorie der Landschaftsarchitektur", das ich von 2012-2015 an der TU Dresden angesiedelt hatte.

Entwurf) nachvollziehbare Antworten auf Einzelfallprobleme liefert. Oder man versteht darunter indirekt auch „feuilletonistische Texte über Entwurfsresultate und Entwurfswissen in literarischer und poetischer Sprache", die der „Wissensvermittlung in den Entwurfsdisziplinen" dienen (Weidinger 2013, 19). Oder man beruft sich bei dem Versuch, eine Theorie der Landschaftsarchitektur zu fundieren, auf die „Wissenschaften des Komplexen" und auf eine „Modus 2-Wissensproduktion", um damit die Landschaftsarchitektur als eine „innovative Form von Wissenschaft" (Prominski 2004, 17) in die höheren Sphären der Wissenschaftlichkeit zu hieven. Die Beurteilung von Theorien als „defizitär" hat demnach auf solche Unterschiede in Zweckausrichtung, Reichweite und Geltungsanspruch Rücksicht zu nehmen. Das Höchstmaß an Theoriedefizit ist im Übrigen die glatte Theorieverweigerung als Folge einer gewissen „Theoriefeindlichkeit" (Selle 2010, 93) von Praktikern wie Wissenschaftlern, die jede außerdisziplinäre Argumentation und jede Reflexion auf das eigene Tun und Denken skeptisch bis argwöhnisch betrachten. Außerdem lässt sich zeigen, dass häufig disziplinexterne Motive, Anreize oder gar Zwänge die Theoriebildung oder die Kritik an der Theoriebildung beeinflussen. Hier sei etwa der hochschulpolitische Trend zur wissenschaftlichen Valorisierung des eigenen Faches (Ammon/Froschauer 2013, 17) bzw. die „verordnete Verwissenschaftlichung des Entwerfens" (Weidinger 2013) erwähnt, der gewiss zu einigen (Pseudo-)Verwissenschaftlichungsbemühungen in der Landschaftsarchitektur geführt hat. Sicherlich ist auch die erhoffte Aufwertung der eigenen wissenschaftlichen Position (Eisel 2003, 9) für manches „Theoriegewurstel" in der Landschaftsarchitektur und anderen architektonischen oder landschaftsbezogenen Disziplinen als starkes Motiv mitverantwortlich. Dieses Motiv mag auch für so manche überspitzte, teils polemische, teils strategisch motivierte Kritik am „Theoriedefizit" eine kaum zu unterschätzende Rolle spielen. Beispielsweise lässt sich die Diskussion um den Begriff der so genannten „Landschaft drei" (Jackson 1984, Prominski 2004, Eisel/Körner 2009), die auch mit der Frage nach dem wissenschaftlichen Status der investierten Theorien zusammenhing, in der Rückschau als Kampf um „Deutungshoheit über den landschaftsbezogenen Diskurs" (Kühne 2013, 196) und als (letztlich ergebnislose) wissenschaftspolitische Inszenierung (Rekittke 2007) entzaubern. Umso wichtiger scheint es daher zu sein, die „einheimischen Operationen" (Prange 2005, 20) und die „einheimischen" Begriffe (Kant 1993b: KU § 68) zu rekonstruieren, die einem Fach wie die Landschaftsarchitektur im gegenwärtigen Wissenschaftssystem einen eigenständigen Platz ohne überzogene oder gar unnötige Verwissenschaftlichungs-Strategien einräumen können.

2 Wissenschaftstheoretischer Charakter der Landschaftsarchitektur

Dieser Platz im Wissenschaftssystem hängt davon ab, wie der „wissenschaftstheoretische Charakter der Landschaftsarchitektur" (Körner 2006, 19) eingeschätzt wird. Martin Prominski fasst die Theorie der Landschaftsarchitektur am Leitfaden des Entwerfens als „hybrid", unterkomplex und daher defizitär, solange sie nicht im Medium so genannter „Wissenschaften des Komplexen" (Prominski 2004) neu konzeptualisiert werde. Mit Gerhard Hard (2003) setzt Stefan Körner (2006) gegen Prominskis Kritik am „hybriden" Entwurfswissen das Konzept der „diffusen" Disziplin bzw. Wissenschaft. Stephen Toulmin hatte solche „diffusen" Disziplinen gegen „kompakte" Disziplinen und Wissenschaften (wie etwa die Physik oder Biologie) abgehoben: In diffusen Disziplinen seien die „Erklärungsideale weniger deutlich oder allgemein anerkannt" (Toulmin 1978, 420). Am Beispiel der Geographie zeigt Hard darüber hinaus, dass in diffusen Disziplinen „disziplineigene Gegenstände", Methoden und „Tatsachen" von anderen Wissenschaften oder Alltagszusammenhängen nicht scharf zu trennen (Hard 2003, 178) sind. Im Gegensatz dazu besitzen kompakte Disziplinen einen „esoterischen, nur den Experten unmittelbar zugänglichen ‚disziplineigenen Gegenstand', und sie verfügen über einen bestimmten, ebenfalls nur expertenzugänglichen Typ der ‚Produktion wissenschaftlichen Wissens'" (ebd.). So teilt sich die Landschaftsarchitektur als Disziplin ihren Gegenstand „Landschaft" mit vielen anderen Disziplinen (etwa Landschaftsplanung, Landschaftsökologie, Landschaftsgeographie etc.) sowie als Praxis ihre hauptsächliche Methode „Entwerfen" mit der Architektur, den Designwissenschaften und weiteren Disziplinen. Versuche, die Landschaftsarchitektur dadurch gleichsam zu „härten" (Hard 2003, 180), dass man sich auf „disziplin*externe* Instanzen" (ebd.) beruft bzw. „auswärtige Begriffe" (Kant, KU § 68) aus anderen Wissenschaften importiert, verbleiben eher in der Diffusion als dass sie zur Klarheit beitragen. So hat – um zwei prominente Beispiele zu nennen – der Import der Begriffe „Komplexität" (Prominski 2004) aus der System- und Wissenschaftstheorie und „Syntax der Landschaft" (Weilacher 2008) aus der allgemeinen Semiotik nicht zum wissenschaftspolitischen Distinktionsgewinn und erhofften Durchbruch in der Theoriebildung geführt. Mit Hard und Körner ist die

Charakterisierung der Landschaftsarchitektur als diffuse Disziplin freilich auch nicht als Abwertung, sondern als realistische Einschätzung theoretischer Möglichkeiten innerhalb des Wissenschaftssystems zu verstehen. Das bedeutet dann aber auch, dass „Theoriebildung" in der Landschaftsarchitektur und anderen Entwurfsdisziplinen nicht am Maßstab „harter" oder „kompakter" Wissenschaften gemessen werden kann.

„Verwissenschaftlichung" und „Theorie" sind daher auch nicht einfachhin konvertibel, sondern Theoriebildung kann auch ohne Anspruch auf solche „Verwissenschaftlichung" sinnvoll betrieben werden. Dieser Sinn ergibt sich aus den Besonderheiten des Faches bzw. der Disziplin. Entscheidend für diesen Sinn ist beispielsweise, dass Landschaftsarchitekten ihre Gegenstände im Entwurf erst *herstellen* müssen, da sie noch nicht existieren (Schäffner 2013, 56), gleichzeitig aber auf natürliche, kulturelle, soziale und ökonomische *Vorgegebenheiten* im sittlich-politischen Raum der Öffentlichkeit Bezug nehmen müssen. Hier zeigt sich zum einen deutlich eine Verklammerung menschlicher Zwecksetzung und Widerfahrnisbewältigung (im Sinne von Kamlah 1973). Zum anderen ist damit das Entwerfen des Landschaftsarchitekten auf das „Allgemeininteresse" (Trepl 2009, 317) und damit auf die *praktische* und *politische* Frage nach der Gestaltung einer gemeinsam bewohnbaren Welt bezogen, die nicht wissenschafts- oder erkenntnistheoretisch, sondern kulturwissenschaftlich bzw. kulturtheoretisch zu beantworten ist. Theoretische „Fundierung" der Landschaftsarchitektur kann in diesem *kulturtheoretischen* Sinne nur eine „pragmatische Fundierung" als „Rekurs auf lebensweltlich ‚immer schon Gekonntes', auf ‚bewährte' Handlungsweisen" (C.F. Gethmann 2010, 26) sein – hier dem Entwerfen und Gestalten der Landschaftsarchitekten.

Die Kunstfertigkeit des Entwerfens teilt zwar als praktisches Können und Wissen (*téchne*) mit der Tätigkeit der Wissenschaftler den suchend-tentativen Ausgriff auf etwas vorläufig nur zu Erahnendes bzw. Antizipierbares. Der Entwurfsprozess allerdings ist keine Wissenschaft und das produzierte Entwurfswissen ist kein wissenschaftliches Wissen (vgl. Berr 2015). Es handelt sich beim Entwerfen vielmehr um ein lebenspraktisches Erfahrungswissen im Sinne der alten situations- und fallvarianten Bedeutung der „artes mechanicae", das auf Angemessenheit oder Stimmigkeit im Sinne pragmatischer Trefflichkeit hinsichtlich individuell einmaliger Fälle und Situationen in der Alltagswelt ausgerichtet ist. Mit Aristoteles (1970: Met. I, 1) steht solche

Kunstfertigkeit zwischen lebensweltlicher Erfahrung und wissenschaftlichem Wissen. Der *Übergang* von der *téchne* (Kunstfertigkeit) zur *epistéme* (Wissenschaft) ist sinnvoll zu fassen als „reflexive Entwurfsforschung", d.h. als „Forschung *über* das Entwerfen", nicht aber als „Forschung *durch* das Entwerfen" (Ammon/Froschauer 2013, 16; Hervorhebung: K.B.). Kunstfertigkeit und Wissenschaft stehen insofern im Verhältnis von Entwurfs*praxis* und Entwurfs*reflexion*. Verallgemeinerungs- und damit wissenschaftsfähig ist allenfalls eine *Methodologie* des Entwerfens als *ars inveniendi* (Leibniz), die Problemlösungswissen bereitstellende Heuristiken entwickeln kann (Poser 2013). Die für das Entwerfen charakteristische Kreativität selbst entzieht sich aber jeder Regelanwendung, bleibt regelrekursiv unfassbar (vgl. Berr 2015). Das Entwerfen zeigt sich somit als *vermeintlich* prekäre wahrheitsindefinite Kunstfertigkeit mit *Vorschlags*charakter, wobei sich gerade dieser prekäre Charakter als Quelle von Kreativität erweist (Farías 2013).

Dieser wahrheitsindefinite Vorschlagscharakter landschaftsarchitektonischer Entwürfe sowie Planungen im Rahmen eines „Baukünstlertums" (Selle 2010) verweist auf den auf Robert Musil zurückgehenden Begriff des „Möglichkeitssinns" (vgl. Berr 2013). Daher erweisen sich *Modaltheorien* als zielführender als die bislang angesprochenen Verwissenschaftlichungs-Anstrengungen. Dieser modaltheoretische Hintergrund kann im Anschluss an Überlegungen von G.W.F. Hegel, Georg Simmel, Martin Heidegger und Kurt Bauch (Theorien des „Rahmens" als Eröffnung eines Möglichkeitsraumes), an Hermann Schrödter und Konrad Ott (Architektur als „modale Transformation"), schließlich an Christoph Hubig und Hans Poser (Technik als „Raum des Möglichen") entfaltet werden. Sofern er in der Praxis Beachtung findet, sollte er Landschaftsarchitekten und Landschaftsplaner vor einem Gestaltungsdogmatismus und vor Machbarkeitsphantasien bewahren helfen (vgl. Berr 2014). „Möglichkeitssinn" (Musil), „Machbarkeit" (Weidinger 2013, 24f.), „Machbarkeitswahn" (Hans Freyer), „Dissonanzsinn" (Stark 2009; vgl. Berr 2015) und Realitätssinn (Berr 2013, 163) müssen sich hier dementsprechend die Waage halten.

3 Operative Basis

Wie ist, wie eingangs gefordert, eine „pragmatische Fundierung" der Landschaftsarchitektur möglich? In dieser Frage empfehle ich eine Anknüpfung an Grundgedanken von Paul Lorenzen. Lorenzen hatte gefordert, dass alles Denken zuerst einmal

„vom Leben, von der praktischen Lebenssituation des Menschen auszugehen" (Lorenzen 1974, 26) habe. Alles Denken, auch jede Theorie sei letztlich „eine Hochstilisierung dessen, was man im praktischen Leben immer schon tut" (ebd.). Es gehe demnach um die „Suche nach einem methodischen Anfang unseres Denkens" (ebd., 27) und unserer wissenschaftlichen Bemühungen. Dieser methodische Anfang im Sinne einer pragmatischen Fundierung kann in den „einheimischen Operationen" (Prange 2005, 20) gefunden werden, d.h. in den grundlegenden charakteristischen Handlungen der in einer Disziplin Tätigen oder der in denjenigen Praxen Tätigen, die einer solchen Disziplin zugehören. Diese Grundhandlungen können dann *sekundär* zu Grundbegriffen und wissenschaftlichem Wissen „hochstilisiert" (P. Janich) werden. So rekonstruierte z.B. Peter Janich als grundlegende Operation der Geometrie die Feldmesskunst, C.F. Gethmann als operative Basis der Ethik die alltagsweltliche Streitschlichtung (1992, 163f.), Heinrich Schipperges für die Medizin als „Urgebärde des handelnden und behandelnden Arztes" den „Eingriff" (1970, 7), Klaus Prange (2005) für die Pädagogik das „Zeigen". Die operative Basis der Landschaftsarchitektur als Disziplin und als Handlungsbereich praktisch Tätiger entfaltet sich auf mehreren Ebenen, von denen hier aus Platzgründen nur zwei angesprochen werden können.[3]

So kann die operative Basis für das *Phänomen* Landschaft in Anknüpfung an Überlegungen von Martin Heidegger (1994) und Jürgen Mittelstraß (2001a+2011b) erschlossen werden (vgl. Berr 2014a). Heidegger bestimmte als Sinn bzw. Zweck des Bauens das *Wohnen*. Das Bauen ist nichts von selbst Gegebenes wie die „wachstümlichen Dinge" (Heidegger 1994, 146), sondern ist als „*aedificare*" auf „Ver-ding-lichung" (Führ 2010, 3) angewiesen. Im Sinne von „colere, cultura" (Heidegger 1994, 141) bedeutet Bauen auch das Pflegen und Hegen (Schonen) des „Wachstums" der Pflanzen. Bauen entfaltet sich also als „*cultura*" und als „*aedificare*"; es ist für Heidegger aber auch „in sich selber bereits Wohnen" (ebd., 140). Bauen und Wohnen können daher im Sinne der Aristotelischen Unterscheidung von *poiesis* (herstellendes Handeln) und *praxis* (gemeinschaftsorientiertes Handeln) aufeinander bezogen werden, ohne aber in einer bloßen Zweck-Mittel-Beziehung aufzugehen. Das heißt, *poiesis* und

---

[3] Bislang ließen sich fünf Ebenen rekonstruieren: die operative Basis des 1) vortheoretischen Phänomens und 2) des wissenschaftlichen Begriffs „Landschaft", 3) landschaftsästhetischer Kategorien, 4) der Disziplin Landschaftsarchitektur, 5) der ethischen Dimension landschaftsarchitektonischer Gestaltung. Hier seien die Ebenen 1) und 4) erläutert. Ebene 2) findet eine Erläuterung gegen Ende des Textes.

praxis sind nicht extensional, sondern *intensional* als unterschiedliche *Aspekte* (grundlegend: Ebert 1976; ähnlich: Recki 2004, 23) an (landschafts-)architektonischen Handlungen zu unterscheiden. Herstellen und soziale Praxis sind somit aufeinander verwiesen, um letztlich dem Wohnen zu ‚dienen'.

Als methodischer Leitfaden für die Rekonstruktion der operativen Basis des Phänomens „Landschaft" kann nun auf zwei Äußerungen von Mittelstraß verwiesen werden. Die semantische Brücke von Heidegger zu Mittelstraß kann über den Begriff „*cultura*" geschlagen werden, den Heidegger zwar vornehmlich für den Aspekt des Schonens verwendet, gegenwärtig aber als Inbegriff sowohl des „*aedificare*" als auch der „*cultura*" verstanden wird (vgl. im Überblick: Busche 2001). Mittelstraß behauptet erstens, Gegenstand der Geisteswissenschaften sei „*die kulturelle Form der Welt*", der man sich „*in Wissenschaftsform zu vergewissern*" (Mittelstraß 2001a, 187f) habe. Zweitens definiert Mittelstraß den Begriff Kultur wie folgt: „Kultur ist in Wahrheit die bewohnte Welt selbst, die Welt bewohnbar gemacht, verwandelt in die Welt des Menschen" (Mittelstraß 2001b, 56). Entscheidend sind hier die Begriffe des „Wohnens", „Bewohnens" und der „Bewohnbarkeit". Diese Begriffe sind anschlussfähig an die erwähnten Überlegungen von Heidegger: „Operative Basis" heißt, dass das „Bauen" im erläuterten Sinne als eine grundlegende *poietische* Handlungsweise an den grundlegenden und allgemeinen *praktischen* Zweckaspekt des Wohnens *gebunden* ist.

Diese allgemeine Handlungsweise und Zweckausrichtung entfaltet sich in verschiedenen Formen, je nachdem, ob es um das Erbauen und Bewohnen von Gebäuden, den Anbau und die Ernte von Nahrungsmitteln, den Abbau organischer Ressourcen und anorganischer Bodenschätze, die Gestaltung, Pflege, Hege und ästhetische Betrachtung von Landschaft oder das Bebauen und Besiedeln von Räumen geht. Erst mit der neuzeitlichen *Ästhetisierung* der Natur zu Landschaft (Ritter 1974) rücken *nachträglich* die Handlungsaspekte der Gestaltung und Hege sowie der wesentliche Zweck von Gestaltung und Hege der Umwelt zu Landschaften ins Bewusstsein, nämlich das Sich-Einrichten in einer ursprünglich dem Menschen feindlichen und unbehaglichen Umgebung. „Landschaft" ist aber nicht nur „ästhetische Idee" (Hauck 2014; Trepl 2012), sondern hat zuvor eine regional-politische, später eine ontische, d.h. geographische Bedeutung, die nicht gegeneinander auszuspielen sind. Die theoretisch geforderte Verklammerung des poietischen mit dem praktischen Aspekt sollte in der Praxis daran erinnern helfen, dass der *Poiesis*-Aspekt als

Möglichkeits- und Machbarkeitsaspekt zwar viele Bau- und Gestaltungsoptionen offeriert, diese aber in Aushandlungsprozessen (*Praxis*-Aspekt) legitimiert werden können und müssen. Das heißt dann aber auch: Das *konkrete* Bauen und Gestalten kann nicht theoretisch, sondern nur *pragmatisch* entschieden und gerechtfertigt werden.

Die operative Basis der tätigen *Landschaftsarchitekten* ist das Entwerfen und Gestalten von Gärten, städtischen Freiräumen („Freiraumplanung") und Parkanlagen mit dem Zweck des Wohnlichmachens privater und öffentlicher Räume, insofern diese Gestaltungen auch als „wohnlich gemachte Natur" (Kluxen 1988) aufgefasst werden können. Hier ist an die Herkunft der Landschaftsarchitektur aus der Gartenkunst zu erinnern. Da der Herstellungs- als Gestaltungsaspekt (*poiesis*) mit dem Wohn- als Gebrauchsaspekt (*praxis*) verbunden ist, hat Landschaftsarchitektur sowohl technisches Herstellungs- bzw. „verlaufsgesetzmäßiges Erklärungswissen" als auch „hermeneutisches Verständniswissen" (Hartmann/Janich 1996, 42f.) zu berücksichtigen und zu integrieren. Wird die operative Basis ignoriert, kommt es bei der Landschaftsarchitektur möglicherweise entweder zu einem ästhetischen (vgl. Petrow 2013) bzw. Gestaltungsdogmatismus (vgl. Berr 2014) und zu unrealistischer Entwurfs- oder Planungseuphorie (vgl. Selle 2010) – dies mündet somit leicht in eine *Übergewichtung des Herstellungsaspektes*. Oder es kommt zu unrealistischen Partizipations-Modellen „sozialer Selbstorganisation" (C.F. Gethmann 2005) und zu Gestaltungsnivellierungen durch standardisierte „Nutzerbefragung" (Weidinger 2013, 21f.) – dies mündet somit leicht in eine *Übergewichtung des Gebrauchsaspektes*.

4 Integrative Theorie und transdisziplinäre Forschung

Der Versuch, sich der Landschaftsarchitektur philosophisch zuzuwenden, kann und muss zwar empirische Ergebnisse anderer Forscher aufnehmen, kann aber nicht selbst empirisch, sondern vorrangig nur begrifflich vorgehen. Insbesondere ist damit die klassische *Begriffsanalyse* angesprochen, die hier aus Platzgründen nur in Gestalt einer kritischen Bedeutungsanalyse (Hegel 1978+1981, Stekeler-Weithofer 1992) vorgestellt wird. Neben solche Begriffs*analysen* tritt die *Synthese*, hier als das „Ansinnen", disziplinäre Begriffe, Theorien und Forschungsziele im Rahmen einer Doppelstrategie sowohl disziplinär als integrative Theorie zu modellieren sowie transdisziplinär auf gemeinsame forschungspragmatische Perspektiven hin zu organisieren.

Angesichts einer kaum überblickbaren Theorienlandschaft der Landschaftsarchitektur und anderer landschaftsbezogener Disziplinen, die sich mit dem Phänomen und dem Begriff „Landschaft" befassen, legt sich solche Doppelstrategie für den Umgang mit dieser Theorien- und Disziplinen-Pluralität nahe. Zum einen geht es um den für diese Ausgangslage angemessenen Theorietypus, der – so meine These – als *integrative Theorie* zu modellieren ist. Zum anderen – so die Anschlussthese – korrespondiert diesem integrativen Theorietypus auf der organisatorischen Ebene des Wissenschaftssystems als angemessene „Organisationsform" (Mittelstraß 1998, 45) und als angemessenes „Forschungsprinzip" (ebd., 46) ein *transdisziplinärer* Ansatz. Des Weiteren empfiehlt es sich, eine Unterteilung der Theorieebenen vorzunehmen: in Theorien der Landschaftsarchitektur im engeren Sinne, Theorien der Landschaft im weiten Sinne und eine transdisziplinär organisierte Landschaftsforschung, die an einen Vorschlag von Hansjörg Küster anknüpfen könnte. Küster hat angesichts der Theorien- und Disziplinen-Pluralität mehrfach eine „Landschaftswissenschaft" (z.B. Küster 2009, 112ff. + 2012, 139ff., 307ff.; vgl. goutierend auch Kühne 2013, 267f.) als synthetisierende Wissenschaftsform gefordert. Damit ist eine weitere Unterscheidung verbunden, die auf den Begriff der „Disziplinarität" Rücksicht nimmt: Landschaftsarchitektur bleibt im Sinne der „institutionelle[n] Organisationsform" (Mittelstraß 1998, 45) disziplinär organisiert und sollte dies auch bleiben. Das weite Feld der Landschaftstheorien sollte inter- oder multidisziplinär rezipiert, verstanden und gewürdigt werden, ohne die Einzeldisziplinen in ihrer disziplinären Organisation anzuzweifeln. Transdisziplinäre Landschaftsforschung bzw. „Landschaftswissenschaft" (Küster) schließlich sollte als Einzelanalysen synthetisierendes „Forschungsprinzip" verstanden, organisiert und praktiziert werden.

5 Landschaftstheorien und integrative Theoriebildung

In diesem Theorienfeld potenziert sich die Uneinigkeit über den Gegenstand Landschaft in eine unübersehbare „Kakophonie" von Bestimmungen und Ansätzen. Es erweist sich gleichsam als „illusorisch", ohne begriffliche Vereinheitlichung (Jessel 1995, 7) oder Ausgriff auf ein „Superparadigma" Landschaft oder Kulturlandschaft „allgemeingültig zu definieren" (Gailing/Leibenath 2012, 58). „Landschaft" erscheint somit als „ein ‚schwieriger' Gegenstand" (Hasse 2013, 123) der Begriffsbildung bzw. als „unklares Konzept" (Hauser/Kamleithner 2006, 74). Diese Situation kann entweder zur Ablehnung des Landschaftsbegriffs für wissenschaftliche Zwecke führen (Trepl 2009, Hard 1970 + 2002) oder zu unterschiedlichen Ausweichstrategien. Eine gegenwärtig umfassend diskutierte Strategie besteht darin, die Extension des als zu „eng" behaupteten „arkadischen" Landschaftsbegriff auf unbebaute wie bebaute und auf naturnahe wie naturferne Räume zu „erweitern", damit diese Räume auch unabhängig von normativen oder qualitativen Festlegungen bestimmt werden können (vgl. Hokema 2009, 239). Der Kulturlandschafts-Diskurs ist eine Variation dieser Strategie und besteht darin, den Landschaftsbegriff durch den der „Kulturlandschaft" zu ersetzen und dadurch den vermeintlich obsoleten „klassischen alteuropäischen Landschaftsbegriff" (Krebs/Seifert 2012, 12) durch die Anbindung an den Gestaltungsauftrag des neugefassten Raumordnungsgesetzes von 2008 gleichsam aufzuwerten (Schenk/Overbeck 2012). Will man grundsätzlich auf jedwede normative Konnotationen des Landschaftsbegriffs verzichten, besteht die Strategie darin, etwa diskursanalytisch die „diskursive Konstituierung von Kulturlandschaft" zu rekonstruieren (Leibenath/Otto 2012) oder die verborgenen Machtverhältnisse der sozialen Konstruktion von Landschaft aufzudecken (Kühne 2013). Steht das vermittlungspragmatische Ziel der Aufklärungs- und Orientierungsleistung begrifflicher Ordnungsbemühungen im Vordergrund des theoretischen Interesses, um eine „Steigerung der konzeptionellen Sicherheit der Entwerfer und Planer" (Vicenzotti 2012, 272) durch Reflexion zu erreichen, bieten sich unterschiedliche Typologien der Landschaftsbegriffe und -theorien an. Die kulturhistorische Standardtypologie unterscheidet den ursprünglich politisch-regionalen von einem späteren ästhetischen und einem gegenwärtig dominierenden physischen Landschaftsbegriff. Kühne (2013) unterscheidet sozialkonstruktivistisch die „gesellschaftliche" Landschaft, die „individuell aktualisierte gesellschaftliche" Landschaft, den „externen Raum" und die „angeeignete physische" Landschaft. Eine häufig genutzte Variante ist die Idealtypen-Bildung (Kirchhoff/Trepl 2009; Trepl 2012; Vicenzotti 2011). Will man schließlich solche Typologisierungen ihrerseits auf einer „höheren" Reflexionsstufe ordnen, so kann man mit Leibenath/Gailing (2012, 61) „essentialistisch-ontologische" von „reflexiv-konstruktivistischen" Landschaftsbegriffen unterscheiden.

Mit solchem Vorgehen ist unter der Hand eine Unterscheidung mittransportiert, die man entweder – wie die Autoren – systemtheoretisch als „Beobachtungen erster Ordnung" gegenüber „Beobachtungen zweiter Ordnung, d.h. (…) Beobachtungen von Beobachtungen" (ebd.) einführen kann. Eine ältere, aber mindestens ebenso treffende Unterscheidung stammt von Hegel, die er in seiner *Logik* (Hegel 1978+1981) als kritische Bedeutungsanalyse (Stekeler-Weithofer 1992) entfaltet. Hegels Ausgangspunkt ist die Nichtbeachtung der Reichweite, der Grenzen und der

Legitimität spezifischer semantischer Reflexionsstufen in Theorien oder durch Begriffe. Hegels Grobgliederung seiner *Logik* mit der Unterteilung in „Sein" (objektstufige Begriffe und Theorien), „Wesen" (reflexionstheoretische Begriffe und Theorien) und „Begriff" (metastufige Beurteilung und „Synthesis" objektstufiger und reflexionstheoretischer Begriffe und Theorien) bietet einen praktikablen methodischen Leitfaden, den gesamten Diskurs um Landschaft im Sinne einer Unterteilung in objektsprachliche, reflexionstheoretische und begriffliche Analysen pragmatisch zu organisieren. Im Rahmen eines differenzierten Theoriebegriffes ist ja keineswegs zu bestreiten, dass es elaborierte Theoriearbeiten in der Landschaftsarchitektur und in anderen landschaftsbezogenen Disziplinen gibt. Allerdings ist bei diesen Arbeiten eine ganz spezielle Form von „Theoriedefizit" virulent – nämlich genau diese Nichtbeachtung der semantischen Reflexionsstufen. Hier erweist sich Hegels Unterscheidung insofern als hilfreich, als damit objektstufige und metastufige Begriffe und Theorien der Landschaftsarchitektur im Besonderen sowie Landschaftstheorien im Allgemeinen unterschieden und auf ihre spezifischen Einseitigkeiten hin untersucht und beurteilt werden können.

Objektstufige Begriffe und Theorien („Sein") greifen vermeintlich auf eine unmittelbare Wirklichkeit zu, ohne zu berücksichtigen, dass dieser Zugriff von vielen Voraussetzungen abhängig ist. So kommt es hier leicht zur „essentialistischen" (Kühne 2013, 131) *Reifikation* von Phänomeneigenschaften auf vermeintlich *unmittelbare Objektivitäten* (z.B. Identifikation von Landschaft mit „Ökosystemen" oder mit quantifizier- und messbaren „Schönheits"-Indikatoren). Objektstufig verschwindet „Landschaft" dann aber im Ontischen spezifischer Objektivitäten. Reflexionen im Sinne der „Wesenslogik" beziehen sich metastufig auf einen objektstufigen, bloß unmittelbaren Sprachgebrauch oder eine entsprechende Praxis, die ihre vermeintliche Selbstverständlichkeit durch Störungen, Fehlerhaftigkeit oder Zweifel eingebüßt haben und versuchen, das „Wesentliche" oder „Eigentliche" eines Phänomens im Gegensatz zur unmittelbaren Objektivität aufzudecken. Undurchschaut führt das leicht dazu, den relativen Erklärungsgewinn als den einzig richtigen dogmatisch misszuverstehen. Solche „Wesens"-Erklärungen führen dann zur *Reduktion* auf beispielsweise *Funktionalitäten* oder *Medien* wie etwa „Macht" (Kühne 2013), „Diskurs" (Leibenath/Otto 2012), „Komplexität" (Prominski 2004), „Heimat" (Piechocki et al. 2007), „Weltbilder" (Trepl 2012) etc., die allesamt auf spezifische Weise Landschaft *vermitteln*. Reflexionstheoretisch verschwindet „Landschaft" dann aber in solchen spezifischen Vermittlungsinstanzen. Metastufig („Begriff") ist daher ein Theorietypus anzustreben, der die unterschiedlichen objektstufigen und reflexionstheoretischen Aspekte *integriert*, indem diese auf ihre pragmatische Orientierung und Tauglichkeit für wissenschaftlich definierte Zwecke vor dem Hintergrund des historischen Entwicklungsstandes der Disziplinen hin beurteilt werden. Erst aus einer solchen Perspektive kann dann auch die Vielheit der Begriffe und Theorien in ihrer Aspekte akzentuierenden Differenziertheit überhaupt erst *verstanden* und *gewürdigt* werden.

6 Landschaftsdisziplinen und transdisziplinäre Landschaftsforschung

Neben und nach der Analyse und Integration der a) Theorien der Landschaftsarchitektur und b) der vielen Landschaftsbegriffe und -theorien ist c) eine „Synthese erforderlich, um Perspektiven für die Zukunft zu entwickeln" (Küster 2009, 115). Dies sollte Aufgabe einer transdisziplinären Landschaftsforschung bzw. „Landschaftswissenschaft" sein. Die in den Theorieanalysen gewonnenen aspekthaften Ergebnisse bleiben nicht „multi"- oder „interdisziplinär" in ihren disziplinären Sprachspielen und Organisationsformen forschungsstrategisch gebunden und bloß additiv nebeneinander gestellt, sondern diese Aspekte-Vielheit ist zu integrieren. Freilich ist die disziplinäre Aufspaltung des Gegenstandes Landschaft ein Gewinn, insofern die Vielfalt möglicher Aspekte und Perspektiven Landschaft erst als reichhaltige differenzierte Einheit erscheinen lässt (vgl. Trepl 1996, 24f.). Mit Gethmann (1991 und 2005a) und Mittelstraß (1992 und 1998) ist eine solche integrierende Wissenschaft keine kognitiv oder epistemisch motivierte enzyklopädisch verfasste „Einheitswissenschaft", sondern ein transdisziplinär organisiertes „pragmatisches Projekt" im Sinne einer „praktischen oder operationellen Einheit" (Mittelstraß 1998, 40) unterschiedlicher disziplinärer Zugänge zum Thema „Landschaft". Transdisziplinäre „Synthese" ist als „Kommunikation über Differenzen" (Eisel 1992) aufzufassen. Transdisziplinarität wird verstanden als „Forschungsprinzip", das sich drängenden aktuellen lebensweltlichen und theoretischen Problemen zuwenden soll. Disziplinäre Begriffe, Theorien und Forschungsziele sind in diesem Rahmen auf *gemeinsame forschungspragmatische Perspektiven* hin zu organisieren.

Theoretisch bedeutet dies, etwaige Reduktionismen (etwa Reduktion der Landschaft auf Ökosysteme) einzelner Landschaftsdisziplinen nicht einfachhin zu kritisieren, sondern in „übergeordnete Fragestellungen" zu überführen (hier z.B.: Welchen berechtigten und notwendigen Sinn hat die Berücksichtigung des Natur-

Aspektes von Landschaft für die zukünftige Gestaltung der Landschaft neben dem Gestaltungs-Aspekt und sozialen, politischen und kulturellen Aspekten?). Praktisch bedeutet dies, die einzelnen Landschaftsdisziplinen zu stärken und ihre Kompetenzen im Blick auf spezifische übergeordnete Problemstellungen zu koordinieren. Diese Koordinierung kann allerdings nur Ergebnis transdisziplinärer Zusammenarbeit sein.

An dieser Stelle rückt der kategoriale Status des *wissenschaftlichen Begriffs* „Landschaft" ins Blickfeld. „Landschaft" hat offensichtlich einen anderen kategorialen Status als beispielsweise der Begriff „Baum". Angesprochen ist der Unterschied zwischen einem Verstandesgebrauch, der seine Gebrauchs-Regeln transzendental auf die Bedingungen seiner Möglichkeit zurückführt, und einem solchen, der einen nach Begriffsregeln konstituierten Gegenstand bestimmt. In Anlehnung an Kants „Amphibolie der Reflexionsbegriffe" (Kant 1993a: KrV, B 316ff.) und technikphilosophische Überlegungen von Christoph Hubig (Hubig/Luckner 2006; Hubig 2011) empfiehlt es sich, den wissenschaftlichen Begriff „Landschaft" als Reflexionsbegriff zu modellieren. Dessen konkreter disziplinärer und/oder transdisziplinärer Gebrauch bemisst sich am Kriterium, welche Sachfragen in welchen wissenschaftlichen Kontexten beantwortet werden sollen. Es geht hier um eine „Regel des bestimmten Verstandes*gebrauches*" (Hubig/Luckner 2006, 291), gleichsam um die von Hegel vielfach beschworene „Arbeit des Begriffs" im Sinne einer Arbeit *an* Begriffen, statt *mit* (vorgegebenen oder aufgegriffenen) Begriffen. Die Bedeutung der Landschaftsbegriffe ist damit freilich an die Gründe gebunden, die jeweils für den Gebrauch eines solchen Begriffes gegeben werden können (vgl. Ott 1997, 101; Ros 1990, 31-34). Auf dieser Ebene ist z.B. zu begründen, für welche Zwecke und Ziele und in welchen Kontexten der politische, der ästhetische und/oder der geographische Landschaftsbegriff „gebraucht" werden kann und/oder soll.

Literatur

Ammon, Sabine/Froschauer, Eva Maria (2013), (Hg.): Wissenschaft Entwerfen, München
Aristoteles (1970): Metaphysik, Stuttgart
Berr, Karsten (2013): Wahrheit und „Möglichkeitssinn". Hegels Ästhetik im Kontext moderner Kultur, in: Kunst, Ästhetik, Philosophie. Im Spannungsfeld der Disziplinen. Hrsg. von Hans Friesen und Markus Wolf (mentis-Verlag) 2013, 129-168
Berr, Karsten (2014a): Landschaft, Kultur und Ethik. Zur operativen Basis einer Philosophie der bewohnten Welt. Konferenzveröffentlichung eines Sektionsbeitrages auf dem XXIII. Kongress der Deutschen Gesellschaft für Philosophie in Münster 2014, (veröffentlicht unter: http://nbn-resolving.de/urn:nbn:de:hbz:6-52329371926)

Berr, Karsten (2014b): Zum ethischen Gehalt des Gebauten und Gestalteten, in: Ausdruck und Gebrauch, ebd., 30-56

Berr, Karsten (2015): Rezension zu: Sabine Ammon und Eva Maria Froschauer (Hg.): Wissenschaft Entwerfen, München 2013, in: Jahrbuch Technikphilosophie, Zürich (diaphenes), 213-216

Berr, Karsten/Friesen, Hans (2014): Monistische Wirtschaftsethik und pluralistische Ethik, in: Friesen, H.; Wolf, M. (Hg.): Ökonomische Moral oder moralische Ökonomie? Positionen zu den Grundlagen der Wirtschaftsethik, München (Verlag Karl Alber), 87-133

Busche, Hubertus (2001): Was ist Kultur? 1. Teil: Die vier historischen Grundbedeutungen, in: Dialektik. Zeitschrift für Kulturphilosophie, 2000/1, 69-90

Ebert, Theodor (1976): Praxis und Poiesis. Zu einer handlungstheoretischen Unterscheidung des Aristoteles, in: Zeitschrift für philosophische Forschung 1976, Heft 30, 12-30

Eisel, Ulrich (1992): Über den Umgang mit dem Unmöglichen. Ein Erfahrungsbericht über Interdisziplinarität im Studiengang Landschaftsplanung, in: Das Gartenamt 9/92, 593-605; 10/92, 710-719

Eisel, Ulrich/Körner, Stefan (2009): Befreite Landschaft. Moderne Landschaftsarchitektur ohne arkadischen Ballast? Freising

Farías, Ignacio (2013): Epistemische Dissonanz. Zur Vervielfältigung von Entwurfsalternativen in der Architektur, in: Ammon, Sabine/Froschauer, Eva Maria (2013), 77-107

Friesen, H./Berr, K. (2004), (Hg.): Angewandte Ethik im Spannungsfeld von Begründung und Anwendung, Hamburg

Gethmann, Carl Friedrich (1991): Vielheit der Wissenschaften – Einheit der Lebenswelt, in: Akademie der Wissenschaften zu Berlin (Hg.): Einheit der Wissenschaften, Berlin, 349-371

Gethmann, Carl Friedrich (1992): Universelle praktische Geltungsansprüche. Zur philosophischen Bedeutung der kulturellen Genese moralischer Überzeugungen, in: Peter Janich (Hg.): Entwicklungen der methodischen Philosophie, Frankfurt am Main, 148-175

Gethmann, Carl Friedrich (2005a): Ist das Wahre das Ganze? Methodologische Probleme Integrierter Forschung, in: Wolters, Gereon/Carrier, Martin (Hg.): Homo Sapiens und Homo Faber, Berlin, 391-404

Gethmann, Carl Friedrich (2005b): Partizipation als Modus sozialer Selbstorganisation? Einige kritische Fragen, in: GAIA 14/1 (2005), 32-33

Gethmann, Carl Friedrich (2010): Die Aktualität des Methodischen Denkens, in: ders./Jürgen Mittelstraß (Hg.): Paul Lorenzen zu Ehren. Konstanzer Universitätsreden 241, Konstanz, 15-37

Gethmann, Carl Friedrich/Mittelstraß, Jürgen (1992): Maße für die Umwelt, in: GAIA 1, 16-25

Hahn, Achim (2008): Architekturtheorie. Wohnen, Entwerfen, Bauen, Wien/Konstanz

Hard, Gerhard (1970): Die „Landschaft" der Sprache und die „Landschaft" der Geographen. Semantische und forschungslogische Studien, Bonn

Hard, Gerhard (2002): Die „Natur" der Geographen, in: U. Luig/H.-D. Schultz (Hg.): Natur in der Moderne. Interdisziplinäre Ansichten (Berliner Geographische Arbeiten 93), Berlin, 67-86

Hard, Gerhard (2003): Studium in einer diffusen Disziplin, in: ders.: Dimensionen geographischen Denkens. Aufsätze zur Theorie der Geographie, Bd. 2, Göttingen, 173-230

Hartmann, Dirk/Janich, Peter (1996): Methodischer Kulturalismus, in: dies. (Hg.): Methodischer Kulturalismus. Zwischen Naturalismus und Postmoderne, Frankfurt, 9-69

Hasse, Jürgen (2013): Landschaft – Zur Konstruktion und Konstitution von Erlebnisräumen, in: Denkanstöße, Heft 10: Landschaftsperspektiven, Mainz, 22-34

Hauck, Thomas (2014): Landschaft und Gestaltung. Die Vergegenständlichung ästhetischer Ideen am Beispiel von „Landschaft", Bielefeld

Hauser, Susanne/Kamleithner, Ch. (2006): Ästhetik der Agglomeration, Wuppertal

Hegel, Georg Wilhelm Friedrich (1978): Wissenschaft der Logik. Erster Band: Die objektive Logik (1812/13). In: Gesammelte Werke. Bd. 11. Hrsg. von Friedrich Hogemann und Walter Jaeschke. Hamburg

Hegel, Georg Wilhelm Friedrich (1981): Wissenschaft der Logik. Zweiter Band: Die subjektive Logik (1816). In: Gesammelte Werke. Bd. 12. Hrsg. von Friedrich Hogemann und Walter Jaeschke. Hamburg
Heidegger, Martin (1994): Bauen Wohnen Denken, in: ders.: Vorträge und Aufsätze, Stuttgart, 139-156
Hokema, Dorothea (2009):Die Landschaft der Regionalentwicklung: Wie flexibel ist der Landschaftsbegriff, in: Raumforschung und Raumordnung 3, 239-249
Hubig, Christoph (2011): „Natur" und „Kultur". Von Inbegriffen zu Reflexionsbegriffen, in: Zeitschrift für Kulturphilosophie 5/2011/1, 97-119
Hubig, Christoph/Luckner, Andreas (2006): Zwischen Naturalismus und Technomorphismus. Möglichkeiten und (pragmatische) Grenzen der Reflexion, in: Dialektik 2006/2, Hamburg, 283-293
Jackson, J.B. (1984): Concluding with landscapes, in: ders.: Discovering the vernacular landscape, New Haven, 145-157
Janich, Peter/Hartmann, Dirk (1996), (Hrsg.): Methodischer Kulturalismus. Zwischen Naturalismus und Postmoderne, Frankfurt
Jessel, Beate (1995): Landschaft, in: E.-H. Ritter (Hg.): Handwörterbuch der Raumordnung, Hannover, 579-586
Kamlah, Wilhelm (1973): Philosophische Anthropologie, Frankfurt am Main
Kamlah, Wilhelm/Lorenzen, Paul (1967): Logische Propädeutik. Vorschule des vernünftigen Denkens, Mannheim/Wien/Zürich
Kant, Immanuel (1993a): Kritik der reinen Vernunft. In: Die drei Kritiken, Bd. 1: Nach der ersten und zweiten Original-Ausgabe hrsg. von Raymund Schmid. Mit einer Bibliographie von Heiner Klemme, Hamburg
Kant, Immanuel (1993b): Kritik der Urteilskraft (KU). In: Die drei Kritiken, Bd. 3: Hrsg. von Karl Vorländer. Mit einer Bibliographie von Heiner Klemme, Hamburg
Kirchhoff, Thomas, Trepl, L. (2009), (Hrsg.): Vieldeutige Natur. Landschaft, Wildnis und Ökosystem als kulturgeschichtliche Phänomene, Bielefeld
Kluxen, Wolfgang (1988): Landschaftsgestaltung als Dialog mit der Natur, in: W. Ch. Zimmerli (Hg.), Technologisches Zeitalter oder Postmoderne?, München, 73-87
Körner, Stefan (2006): Eine neue Landschaftstheorie? Eine Kritik am Begriff „Landschaft Drei", in: Stadt + Grün 10/2006, 18-25.
Krebs, Stefanie/Seifert, Manfred (2012): Multiple Perspektiven auf Landschaft. Zur Einführung, in: Stefanie Krebs et al. (Hg.): Landschaft Quer Denken, Hamburg u.a., 11-16
Kühne, Olaf (2013): Landschaftstheorie und Landschaftspraxis. Eine Einführung aus sozialkonstruktivistischer Perspektive, Wiesbaden
Küster, Hansjörg (2009): Schöne Aussichten. Kleine Geschichte der Landschaft, München
Küster, Hansjörg (2012): Die Entdeckung der Landschaft. Einführung in eine neue Wissenschaft, München
Leibenath, M./Otto, Antje (2012): Diskursive Konstituierung von Kulturlandschaft am Beispiel politischer Windenergiediskurse in Deutschland, in: Raumforschung und Raumordnung 70, 119-131
Leibenath, Markus/Gailing, Ludger (2012): Semantische Annäherungen an „Landschaft" und „Kulturlandschaft", in: W. Schenk, M. Kühn, M. Leibenath, S. Tzschaschel (Hrsg.): Suburbane Räume als Kulturlandschaften, Hannover, 58-79
Lorenzen, Paul (1987): Lehrbuch der Konstruktiven Wissenschaftstheorie, Mannheim/Wien/Zürich
Mittelstraß, Jürgen (1992): Auf dem Wege zur Transdisziplinarität, in: GAIA 1, no. 5, 250
Mittelstraß, Jürgen (1998): Interdisziplinarität oder Transdisziplinarität?, in: ders.: Die Häuser des Wissens: wissenschaftstheoretische Studien, Frankfurt am Main
Mittelstraß, Jürgen (2001a): Krise und Zukunft der Geisteswissenschaften, in: ders.: Wissen und Grenzen. Philosophische Studien, Frankfurt am Main, 180-195

Mittelstraß, Jürgen (2001b): Bauen als Kulturleistung, in: Beton- und Stahlbetonbau, Heft 1, 53-59
Piechocki, Reinhard et al. (2007): Die Vilmer Thesen zu „Heimat" und Naturschutz, in: Bundesamt für Naturschutz (Hg.): Heimat und Naturschutz: die Vilmer Thesen und ihre Kritiker, Bonn-Bad Godesberg, 9-18
Poser, Hans (2013): *Ars inveniendi* heute. Perspektiven einer Entwurfswissenschaft der Architektur, in: Ammon/Froschauer 2013, 135-166
Prange, Klaus (2005): Die Zeigestruktur der Erziehung. Grundriss der Operativen Pädagogik, Paderborn
Prominski, Martin (2004): Landschaft Entwerfen. Zur Theorie aktueller Landschaftsarchitektur
Recki, Birgit (2004): Kultur als Praxis. Eine Einführung in Ernst Cassirers Philosophie der symbolischen Formen, Berlin
Rekittke, Jörg (2007): Eliminationsversuch mit Kollateralschaden. Landschaft mit Ordnungsnummer ist längst Zwischenstadt, in: Stadt+Grün, 1/2007, 35-38
Ritter, Joachim (1974): Landschaft. Zur Funktion des Ästhetischen in der modernen Gesellschaft (1963), in: ders.: Subjektivität, Frankfurt am Main, 141-190
Ros, Arno (1990): Begründung und Begriff, 3 Bde., Hamburg
Schäffner, Wolfgang (2013): Vom Wissen zum Entwurf. Das Projekt der Forschung, in: Entwurfsbasiert Forschen, hrsg. von Jürgen Weidinger, Berlin, 55-64
Schenk, Winfried/Overbeck, Gerhard (2012): Suburbane Räume als Kulturlandschaften – Einführung, in: W. Schenk, M. Kühn, M. Leibenath, S. Tzschaschel (Hrsg.): Suburbane Räume als Kulturlandschaften, Hannover, 1-12
Schipperges, Heinrich (1970): Moderne Medizin im Spiegel der Geschichte, Stuttgart
Selle, Klaus (2010): Die letzten Mohikaner? Eine zögerliche Polemik, in: Soziologie in der Stadt- und Freiraumplanung: Analysen, Bedeutung und Perspektiven, hrsg. von Annette Harth und Gitta Scheller, Wiesbaden, 87-95
Stark, David (2009): The Sense of Dissonance, Princeton
Stekeler-Weithofer, Pirmin (1992): Hegels Analytische Philosophie. Die Wissenschaft der Logik als kritische Theorie der Bedeutung, Paderborn
Toulmin, Stephen (1978): Menschliches Erkennen I: Kritik der kollektiven Vernunft, Frankfurt a.M.
Trepl, Ludwig (1996): Die Landschaft und die Wissenschaft, in: W. Konold (Hg.): Naturlandschaft – Kulturlandschaft: die Veränderung der Landschaften nach der Nutzbarmachung durch den Menschen, Landsberg/Lech, 13-26
Trepl, Ludwig (2009): Landschaftsarchitektur als angewandte Komplexitätswissenschaft? In: U. Eisel, Stefan Körner (Hg.): Befreite Landschaft, 287-332
Trepl, Ludwig (2012): Die Idee der Landschaft. Eine Kulturgeschichte von der Aufklärung bis zur Ökologiebewegung, Bielefeld
Vicenzotti, Vera (2011): Der „Zwischenstadt"-Diskurs. Eine Analyse zwischen Wildnis, Kulturlandschaft und Stadt, Bielefeld
Vicenzotti, Vera (2012): Gestalterische Zugänge zum suburbanen Raum – Eine Typisierung, in: W. Schenk, M. Kühn, M. Leibenath, S. Tzschaschel (Hrsg.): Suburbane Räume als Kulturlandschaften, Hannover, 252-275
Weidinger, Jürgen (2013): Antworten auf die verordnete Verwissenschaftlichung des Entwerfens, in: ders. (Hg.): Entwurfsbasiertes Forschen, Berlin, 13- 34
Weilacher, Udo (2008): Syntax der Landschaft: Die Landschaftsarchitektur von Peter Latz und Partner, Basel

Philosophie der Landschaft
Versuch eines geophilosophischen Ansatzes

Sandro Gorgone[1]

Das Thema Landschaft ist seit Jahrzehnten nicht nur eine kulturelle Mode und eine wichtige politische Frage geworden, sondern es stellt eine entscheidende theoretische Herausforderung dar. Denn um die Landschaft zu denken und ihrem innewohnenden Zusammenhang von Natur und Kultur, Geographie und Geschichte, Ökologie und Symbolik entsprechen zu können, muss man versuchen, die verschiedenen fachwissenschaftlichen Ansätze zu überwinden und ihre vielfältige Sinneseinheit mit einer neuen Forschungsmethode zu denken.

Man hat neulich sogar von einer Hypertrophie der Landschaft in unseren Gesellschaften gesprochen[2]: Sie wird ikonisch überall zur Schau gestellt, wird umschmeichelt, behütet und bewahrt, vermarktet und touristisch verkauft, popularisiert und demokratisiert. Solche intensive Sinngebung, die die Landschaft in einen Fetisch der Postmoderne zu verwandeln droht, beruht einerseits auf der Krisis der Bauplanung der Nachkriegszeit und des daraus folgenden Verfalls der traditionellen Verteilungen des Territoriums (Stadt, Gewerbe- und Industriegebiet, Land, wilde Natur u.a.), und andererseits auf der philosophischen Voraussetzung der Vormacht des Bildes in unserer Zeit. Nur unsere heutige bildlich-ikonisch stark geprägte Kultur kann die universelle Bedeutung der Landschaftsbilder ermöglichen und fördern, die in weltweit berühmte *clichés* gerinnen.

1 Was ist eine Landschaft?

Versuchen wir zuerst, das Phänomen Landschaft in seinem geschichtlichen und theoretischen Sinn zu begreifen. Die Etymologie der verschiedenen Wörter, die in den indoeuropäischen Sprachen die Landschaft bezeichnen, reduziert sich auf zwei Wurzeln: die französische Redewendung *paysage* und die angelsächsische *landscape*, Landschaft. *Paysage* ist ein erstmals 1493 von dem Dichter Jean Molinet verwendeter Neologismus, dessen Bestandelemente sind: *pays* (Land) und *-age* (Überblick auf eine Ganzheit). Hingegen bezeichnete der schon vor Langem verwendete Ausdruck

---

[1] Universität Messina – Italien.
[2] Vgl. M. Jakob, *Le paysage*, Infolio, Gollion 2008.

Landschaft (*landscape*) die (lat.) regio, die Heimat, die darin wohnende Bevölkerung; erst später nahm er die heutige Bedeutung von Landschaft als Gesamtbild eines bestimmten Teils eines Territoriums an. *Paysage* deutet ursprünglich auf eine malerische Darstellung eines äußerst fernen Landes hin, in welcher menschliche oder tierische Figuren und die Bebauungen eine sekundäre Rolle spielen. Der moderne Begriff von ‚Landschaft' hat also einen echten künstlerisch-ästhetischen Ursprung: Dieser bezeichnet die Gestaltung des äußeren nicht ganz bebauten, aber auch nicht bloß wildnatürlichen Raumes. Wir können schon sagen, dass es keine reine Naturlandschaft gibt und dass jede Landschaft vom Anfang ihrer Geschichte immer eine Kulturlandschaft ist. Entscheidend ist dann, dass dieser Raum durch die im Humanismus entdeckte Perspektive dargestellt wird.

Die Perspektive erlaubt eben dem Maler, so wie später jedem Beobachter des Bildes, den rechten Abstand vom Inhalt der Darstellung zu halten und ihn zugleich durch die Linie des Horizontes und weitere Begrenzungen von dem räumlichen Kontinuum abzugrenzen. Horizont und Grenze sind daher die zwei gründenden „Transzendentalien", die die Landschaft als Teilphänomen eines weit umfassenderen Bereiches (die weite Natur) bestimmen. Demzufolge bleibt die Landschaft eindeutig ein moderner Begriff und die Landschaftswahrnehmung ein für das mit der Renaissance eröffnete moderne Zeitalter typisches Phänomen.

Innerhalb der flämischen Malereischule kommen die ersten Zeichen der Landschaftsmalerei in religiösen Gemälden als perspektivische Verkürzungen des äußeren Raumes mit Natur und Städtchen vor, die im Rechteck eines Fensters (emblematisches Sinnbild für die Perspektive und die Öffnung einer neuen räumlichen Tiefe) oder einer Loggia zu sehen sind. Solche Aussichten werden im Laufe der Zeit von immer wichtigerer Bedeutung, bis sie als autonome Themen in sehr geschätzten Gemälden dargestellt sind.

Die transzendentale Vorstellung der Landschaft ist also der Bildausschnitt des Malers (die später durch das photographische Objektiv und die Kinoeinstellung erzeugt wird): Die Natur zeigt sich als landschaftliches Schauspiel für einen Zuschauer.

Vom einfachen Hintergrund des Hauptthemas der Gemälde wird die Landschaft allmählich ein erfolgreiches Motiv der Malerei des XVII. und XVIII. Jahrhunderts, wie z.B. das noch rätselhafte Gemälde von Giorgione, *Das Gewitter* (1506-1508), sowie die Gemälde der Landschaftsmaler Patinier und Claude Lorrain anschaulich zeigen.

Solche Wahrnehmung der Landschaft als perspektivische Aussicht von außen auf die Natur vertieft die für die Neuzeit typische Spaltung zwischen Natur und abendländischer moderner Kultur immer mehr. In dem Gedicht *Der Spaziergang*[3] von Friedrich Schiller geht der gebildete Edelmann aus dem Alltag des Stadtlebens in die Natur, um dort Erholung, Schönheit und sogar Heimweh zu finden, aber er ist stolz auf das emanzipierte, arbeitsame und freie Leben der Stadt: Die Freiheit erfordert die Entfernung von der Natur, erzeugt aber, quasi als Ausgleich, ihre ästhetische Objektivierung, wie Joachim Ritter in seinem Aufsatz *Landschaft. Zur Funktion des Ästhetischen in der modernen Gesellschaft* (1963)[4] bemerkt hat. Ritter bezeichnet die Landschaft als Natur, die im Anblick für einen fühlenden und empfindenden Betrachter *ästhetisch* gegenwärtig ist. In der Landschaft kann das Subjekt die Natur mit kantischem ‚Desinteresse' genießen, weil es von ihr nicht abhängig ist und den Abstand der Freiheit halten kann. Die Natur gilt insofern als Landschaft, als sie vom Menschen gebändigt ist. Emblematisch sind in dieser Hinsicht die Gemälde von Caspar David Friedrich, mit dem die sogenannte Panoramamalerei beginnt, besonders der berühmte *Wanderer über dem Nebelmeer* (1818): Wir finden hier die typische romantische Verwandlung der Natur durch den ästhetischen Blick des Zuschauers, der seine Sehnsucht nach dem Unendlichen und der Überwindung aller Grenzen in die Natur hinein projiziert. Die Landschaft ist also die Kulisse, die die Gefühle des Zuschauers widerspiegelt. Seine Bilder stellen das moderne Subjekt dar, das sich jetzt der tragischen Entfernung von der Natur und zugleich ihrer unwiderstehlichen Anziehung (vor allem in ihren *sublimen* Aussichten) ganz bewusst ist.

Es besteht ein eigenartiger Zusammenhang zwischen einerseits dem faustischen Willen zur Macht[5], der Bändigung der Natur und dem Unterwerfungsanspruch über die ganze Erde über jede Grenze hinaus (später vom rechnenden technischen Denken völlig verwirklicht) und andererseits der nostalgischen Sehnsucht nach dem verlorenen Naturschoß, die sich im romantischen Kult der Natur zuspitzt.

---

[3] F. Schiller, *Der Spaziergang*, in Ders., *Gedichte*, Reclam, Stuttgart 2010, S. 138-142.
[4] J. Ritter, *Landschaft. Zur Funktion des Ästhetischen in der modernen Gesellschaft*, in: Ders., *Subjektivität. Sechs Aufsätze*, Suhrkamp, Frankfurt a.M. 1974, S.141-164.
[5] Oswald Spengler hat in seinem großartigen weltgeschichtlichen Gemälde *Der Untergang des Abendlandes: Umrisse einer Morphologie der Weltgeschichte* (1919-1922) die moderne westliche Kultur mit Vorbild des Hauptcharakters Goethes als geschichtliche Entfaltung des faustischen Geistes analysiert: vgl. O. Spengler, *Der Untergang des Abendlandes: Umrisse einer Morphologie der Weltgeschichte*, Albatros, Düsseldorf 2007.

Schon im Bericht des italienischen Dichters Petrarca über seine Besteigung des Mont Ventoux in der Provence scheint klar, dass die Natur nur für denjenigen zur Landschaft wird, der in die freie Natur *hinausgeht* und sich ihrer desinteressierten Betrachtung überlässt. Für die Bewohner des Landes existiert in diesem Sinne keine Landschaft, weil für sie die Natur in ihren produktiven und sozialen Tätigkeiten völlig integriert ist.

Auf dem eroberten Gipfel des *Mont Ventoux*[6] kann Petrarca den für die Moderne typischen Blick der Befreiung aus allen Bindungen und der Selbstbestimmung ausüben. Die bestürzende *Ekstase* des Gipfels und der erreichte Abstand der Welt gegenüber enthüllt die Entdeckungs-, Kenntnis- und Handlungsfreiheit des Subjekts. Mit Petrarcas Besteigung des Mont Ventoux eröffnet sich die Geschichte der modernen Subjektivität *in actu*.

In dem geschichtlichen Zeitalter, in welchem die Natur zum bevorzugten Objekt der sogenannten ‚exakten' Wissenschaften und später der technischen Verwendung und Abnutzung wird, nimmt die Dichtung und die Kunst die Aufgabe an, dieselbe Natur ästhetisch mit Ansprüchen an Allgemeingültigkeit zu belegen. Nicht zufällig entsteht gerade im XVIII. Jahrhundert eine spezifische philosophische Disziplin, die *Ästhetik*, die auf die Gewinnung der ästhetischen Wahrheit (*veritas aesthetica*) zielt[7].

2 Hermeneutik der Landschaft

Die erste vollendete philosophische und nicht nur ästhetische Bearbeitung des Themas Landschaft finden wir bei Georg Simmel in seinem Essay *Philosophie der Landschaft* (1913)[8]. Nach Simmel ist die Landschaft ein Ausschnitt aus dem unbegrenzten Kontinuum der Natur, der eine individuelle und kennzeichnende Relevanz gewinnt: „Landschaft, sagen wir, entsteht, indem ein auf dem Erdboden ausgebreitetes Nebeneinander natürlicher Erscheinungen zu einer besonderen Art von Einheit zusammengefasst wird"[9].

---

[6] F. Petrarca, *Die Besteigung des Mont Ventoux*, übers. und hrsg. von K. Steinmann, Reclam, Stuttgart 1996.
[7] Vgl. dazu L. Ferry, *Homo aestheticus: l'invention du goût à l'âge démocratique*, Grasset, Paris 1990.
[8] G. Simmel, *Philosophie der Landschaft*, in: Ders., *Jenseits der Schönheit – Schriften zur Ästhetik und Kunstphilosophie*, Suhrkamp, Frankfurt a.M. 2008.
[9] Ebd., S. 48.

Das für die Moderne typische perspektivische Vermögen des Blickes, das die Einzigartigkeit einer Landschaft erkennt, indem es sie aus dem Natur-Kontinuum isoliert, beruht – so Simmel – auf dem Zerreißen des Zugehörigkeitsgefühls von Menschen und Natur. Die Landschaft ist demzufolge von Simmel als *Gestalt* begriffen, die aus der unbestimmten Wahrnehmung der Natur hervortritt, und solche Gestalt wurde erst von der modernen Landschaftsmalerei ermöglicht und gebildet. In der modernen Landschaftswahrnehmung drückt sich dann die „Tragödie der Kultur" im Sinne der Spaltung von Individualität (der Landschaft) und Totalität (der Natur), von menschlichen und natürlichen Gestalten aus; aber die Entstehung der Landschaft gilt zugleich oft als nostalgischer und pathetischer Ausgleich dieses Risses zwischen Mensch und Natur.

Simmel findet das vereinigende Element der Landschaft in ihrer nicht genau bestimmbaren Grundstimmung, die keine subjektive Einstimmung, sondern die einzigartige Kennzeichnung einer Landschaft bezeichnet. Es bleibt aber bei Simmel sehr problematisch, der Landschaft eine von der Subjektivität unabhängige Geltung zuzuschreiben und die Frage bleibt offen, „inwieweit die Stimmung der Landschaft in ihr selbst, objektiv, begründet sei, da sie doch ein seelischer Zustand sei und deshalb nur in dem Gefühlsreflex des Beschauers, nicht aber in den bewusstlos äußeren Dingen wohnen könne"[10].

Der Kulturgeograph Herbert Lehmann treibt diese Frage noch weiter; ihm ist besonders bewusst, dass in der Landschaftswahrnehmung Formalerkenntnismuster und Maßstäbe von ästhetischer Wertschätzung gelten, die geschichtlich und kulturell bestimmt sind; der europäische Blick auf die Landschaft ist z.B. von den in der Malerei- und Literaturgeschichte erarbeiteten visuellen Vorbildern sehr abhängig. In einem Artikel aus dem Jahr 1950 *Die Physiognomie der Landschaft*[11] findet Lehmann eine Reihe von formellen Elementen (Morphologie, Klima, Licht- und Farbeneffekte, Niveau der Urbanisierung und Technisierung, u.a.) heraus, deren spezifische Kombination den einzigartigen Charakter der Landschaft bildet, der sich dann in dem subjektiven ästhetischen Gefühl widerspiegelt. Die Landschaft wird nun ein in die Konkretheit einer Ortschaft, eines Territoriums (und nicht in der Seele oder im Bewusstsein eines Subjekts) gelegtes expressives Phänomen.

---

[10] Ebd., S. 49.
[11] H. Lehmann, *Physiognomie der Landschaft*, jetzt in: Ders., *Essays zur Physiognomie der Landschaft*, hrsg. von A. Krenzlin und R. Muller, Steiner, Wiesbaden 1986.

Nach Lehmann besitzt jedes Territorium ein bestimmtes, in seiner ‚Geographie' begründetes Ausdruckspotential, das aber erst durch das ästhetische Verfahren der Landschaftswahrnehmung erkannt und verwirklicht werden kann. Solche physiognomische Hermeneutik der Landschaft überwindet die semantische und philosophische Zweideutigkeit der Landschaft und zugleich die moderne Spaltung zwischen subjektiver Wahrnehmung und objektiver Darstellung, weil sie den Inhalt der Landschaftserfahrung zu erklären versucht. Sie behandelt die Ideen und die Denkmuster, die die Landschaft als eine Sinntotalität sichtbar und vorstellbar machen, die formellen Kodexe, die eine sinnvolle Einsicht ermöglichen, ohne auf eine genaue deskriptive Analytik zu verzichten.

Der französische Geograph Eric Dardel behauptet in seinem Buch *L'Homme et la Terre: nature de la réalité géographique* (1952)[12], dass der Mensch auf der Erde ein Antlitz für sein soziales und symbolisches Leben sucht, das ihn zu empfangen vermag. Solches Antlitz kommt aus dem Zusammenhang von physischen und kulturellen Elementen, die einem Ort seinen existentialen Sinn verleihen, d.h. den symbolischen, für das menschliche Dasein erforderlichen Rahmen aufstellen.

Die Landschaft wird also bei Dardel als menschliches ‚Einbeschreiben' in die Erde, und die Geographie (oder besser die Geo-philosophie) hat die Aufgabe, den symbolischen und ausdrucksvollen Sinn solcher ‚Schrift' aufzufinden, die viel mehr als die bloße ästhetische Sichtbarkeit eines Territoriums enthält. Nicht nur die Landschaftswahrnehmung, sondern vielmehr die Landschaft selbst ist das Ergebnis einer hermeneutischen Auseinandersetzung mit der Natur, die die lange Geschichte der Wechselwirkungen zwischen einer Gemeinschaft und der Umwelt einbezieht. Im hermeneutischen Bezug zwischen dem Menschen und seinem Wohnort besteht die komplexe landschaftliche *Wahrheit der Erde*, die weder subjektiv noch objektiv zu betrachten ist[13].

Damit wird eine echte epistemologische Revolution vollzogen, indem die Landschaft als Ausdruckstotalität anerkannt wird und ihr eine ontologische und vollendete Geltung zugeschrieben wird. Das ‚Innere' einer Landschaft, ihre verborgenen

---

[12] E. Dardel, *L'Homme et la Terre: nature de la réalité géographique*, PUF, Paris 1952.

[13] Augustine Berque begreift die Landschaft als ein komplexes Interaktionssystem von Abdrücken (die Ordnungs- und Planungsweise des Territoriums) und Matrizen (die Schemata von Wahrnehmung und Interpretation der Umwelt), die einen morphologischen und stilistischen Ansatz erfordern: vgl. dazu A: Berque, *Le raisons du paysage: de la Chine antique aux environnements de synthèse*, Hazan, Paris 1995. Vgl. auch A. Roger, *Court traité du paysage*, Gallimard, Paris 1997 und J.-M. Besse, *Voir la Terre. Six essais sur le paysage et la géographie*, ESNP, Versailles 2000.

kulturellen, geschichtlichen und symbolischen Bedeutungen scheinen auf die sichtbare Oberfläche nur durch, wenn man eine physiognomische Logik anwendet und sie als eine bestimmte Sprache der Erde und des Menschen betrachtet.

3 Technik und Landschaft

Die von den neuen technischen Verkehrsmitteln, vom Kino, von den Experimentalerfahrungen der Avantgardekunst und von den künstlichen Rhythmen des Großstadtlebens verursachte Wahrnehmungszerlegung entfernen die europäische Kultur von der Landschaft und drohen jede Idee von Landschaft endgültig zu löschen, die hingegen langsame Rhythmen und eine Art ‚holistische' Wahrnehmung erfordert. Die Avantgarde des Futurismus verkörpert, besonders in Russland und Italien, solche dynamische Poetik, indem sie sich programmatisch nach der Zerstörung der alten Dichtung der Ferne und der Wildnis zugunsten des „tragischen Lyrismus der Geschwindigkeit" verzehrt.

Das futuristische Programm einer Zerstörung der Ästhetik der Landschaft – das provokante Motto des italienischen Futurismus war „Wir wollen den Mondschein erschießen" – verwirklicht sich in der Tat in den späteren Jahrzehnten durch eine fortschreitende Verminung dessen, was Walter Benjamin in einem für das Verständnis der Kunst in der technisierten Welt entscheidenden Text, *Das Kunstwerk im Zeitalter seiner technischen Reproduzierbarkeit* (1936)[14], die „Aura" nennt.

Die Landschaften sind in den Wirbel der Annäherung aller Wirklichkeitsaspekte durch die technische Reproduzierbarkeit (und wir würden heute sagen: durch die unbegrenzte Medienübertragbarkeit) unabwendbar verschlungen. Das Verfahren von Homogenisierung und künstlicher Ersetzung der Natur durch die Technik erzeugt die progressive Löschung der physiognomischen Identität der Landschaften und eröffnet die globale Zeit der räumlichen Gleichmäßigkeit. Das harmonische europäische Territorium wird bis zu dem kleinen Dorf in ein Netz von Industriegebieten, Infrastrukturen, Verkehrs- und Verbindungslinien gefangen, die seinen alten physiognomischen Sinn völlig verändern und oft nur funktionelle und produktive Bedeutungen hervorheben.

---

[14] W. Benjamin, *Das Kunstwerk im Zeitalter seiner technischen Reproduzierbarkeit*, hrsg. von B. Lindner, in: *Werke und Nachlaß. Kritische Gesamtausgabe*, Bd. 16, Suhrkamp, Frankfurt a.M. 2013.

Man könnte vielleicht behaupten, dass die Landschaft im Zeitalter der technischen Vormacht einerseits ins Freilichtmuseum (durch die Errichtung von Naturschutzgebieten) verwandelt ist, andererseits für verschiedene Ziele funktionalisiert ist: fördernde, touristische, erholungsartige, sportliche, gesundheitspflegende usw. Aber, in beiden Fällen wird ihre semantische Vielfältigkeit (geschichtliche, kulturelle und ästhetische) und physiognomische Komplexität vereinfacht oder sogar gelöscht zugunsten ihrer unmittelbaren Verwendbarkeit.

4 Genius loci und non-lieux

Der transzendentale Horizont des modernen Wohnens und Bauens scheint also eine radikale „Entortung"[15] zu sein, d.h. der Verlust des Ortes, im Sinne seiner Bestimmungs-, Erkennungs- und Orientierungsfähigkeit, der einen generellen Identitätsverlust verursacht. Die Zerstückelung und die Loslösung der landschaftlichen Zusammenhänge bedrohen die Möglichkeit jeder Ortszugehörigkeit. Was dadurch geschieht, ist nach dem norwegischen Architekturforscher Norberg-Schulz[16] das Zusammenbrechen der Sinntotalität der Landschaft, die aus drei Grundelementen besteht: Gedächtnis, Orientierung und Identifizierung. Sie erlauben, dass ein Ort nicht nur funktionalistisch, sondern als der bestimmte und mitbestimmende Rahmen des Wohnens, Bauens, Bebauens, Verschönerns, Verehrens, Besorgens begriffen sein kann (das lateinische Verb *colere* versammelt alle diese Bedeutungen).

Die Sinn- und Ausdruckintensität, die mit diesen verschiedenen Bedeutungen gemeint ist – der „Geist" eines Ortes – wurde in der lateinischen Kultur mit dem Ausdruck *genius loci* benannt. Damit ist die unverwechselbare Einzigartigkeit, der unwiederholbare physiognomische Zug eines Ortes gemeint. Jeder Ort hat seine eigene Identität unabhängig vom menschlichen ästhetischen oder zweckmäßigen Blick: Der Mensch sollte einfach daran mitwirken, dass solche vielfältige und dynamische Identität sich in geschichtlichen Werken und im Aussehen völlig verwirklicht. Die Landschaft entsteht also aus einer Art „Bildungsroman" jedes Ortes; sie kann daher als die „diachronische Sedimentation des Bühnenraumes unserer Geschichte"[17] begriffen werden.

---

[15] Vgl. C. Schmitt, *Land und Meer: eine weltgeschichtliche Betrachtung*, Klett-Cotta, Stuttgart 2001.
[16] C. Norberg-Schulz, *Genius loci: Landschaft, Lebensraum, Baukunst*, Klett-Cotta 1982.
[17] Vgl. C. Socco, *Il paesaggio imperfetto: uno sguardo semiotico sul punto di vista estetico*, Tirrenia, Torino 1998.

Der Verlust des *genius loci* führt zur Vermehrung der vom französischen Anthropologen Marc Augé so genannten *non-lieux* [Nicht-Orte][18]. In den Nicht-Orten vollzieht sich die Herabsetzung des Territoriums in die bloße Zweckmäßigkeit des Verkehrs von Menschen, Produkten, Diensten und Informationen. Der Ort löst sich in die Haltlosigkeit der Geschwindigkeit und Beschleunigung auf, und der Ursprung dieser Auflösung ist nach Augé in der fiktiven technischen Beziehung zwischen Subjekt und Landschaft zu finden, die schon der Idee von Landschaft als Darstellung innewohnend war. Das Wesentliche bei dieser Beziehung ist, dass der Mensch sich, besonders beim Reisen, als Zuschauer des Schauspiels Landschaft prüfen kann: Was er eigentlich schaut, ist nicht die äußere Landschaft, sondern sich selbst als betroffener Zuschauer der Landschaft. Der Raum des Reisenden wird also zum Archetypus der Nicht-Orte: „Die Nicht-Orte [sind] das Maß unserer Zeit, ein Maß, das sich quantifizieren lässt und das man nehmen könnte, indem man […] die Summe bildet aus den Flugstrecken, den Bahnlinien und den Autobahnen, den mobilen Behausungen, die man als „Verkehrsmittel" bezeichnet"[19].

Augé findet dann zwei Aspekte der Nicht-Orte heraus: die abstrakten Räume des Verkehrs, des Handels und der Freizeit und die sprachliche Beziehung, die die Individuen mit ihnen durch Funktionstexte (Gebrauchsanleitung in Form von Vorschriften, Verboten, Informationen, Kommentaren oder anziehenden Beschwörungen) unterhalten. Die Nicht-Orte funktionieren als Befreiungsvorrichtungen, in denen man – nach strengen Identifizierungskontrollen – die schwere Identität des Ortes und der Überlieferung ablegt und die leichte gleichförmige Identität von Kunden, Fahrgästen, Fahrern, Touristen, Dienstbenutzern annimmt. Während die symbolisierten Orte eine organische Sozialität schaffen, erzeugen die Nicht-Orte nur eine vertragliche Einsamkeit: Das Individuum ist einsam, aber sehr ähnlich allen anderen und mit dieser stummen Gemeinsamkeit heimlich zufrieden.

Die Nicht-Orte bilden daher keine U-topie; sie sind genau das Gegenteil des organischen und zukunftsorientierten utopischen Denkens und ähneln vielmehr den Heterotopien, die, nach Michel Foucault, Orte bezeichnen, deren Funktion es ist, weitere Räume miteinander in Verbindung zu setzen[20].

---

[18] M. Augé, *Nicht-Orte*, übers. von M. Bischoff, Beck, München 2012.
[19] M. Augé, *Nicht-Orte*, a.a.O., S. 94.
[20] Vgl. M. Foucault, *Die Heterotopien*, übers. von M. Bischoff und D. Defert, Suhrkamp, Frankfurt a.M. 2008.

5 Landschaft als Wohnort

Aber gibt es noch eine andere Möglichkeit, auch in unserer technisch-leistungsorientierten Zeit die Landschaft als das Gebiet des menschlich-gesellschaftlichen Lebens zu denken? In diese Richtung geht eine andere mögliche Etymologie des Wortes Landschaft: Aus dem lateinischen Verb *pangere* entstehen das französische Wort *pais* und das italienische *paese*, von denen die Ausdrücke *paysage*, *paesaggio* kommen. Das Verb *pangere* bezeichnet die Tätigkeit, einen Pfahl ins Erdreich zu rammen, um eine Grenze festzusetzen und damit ein Wohngebiet, ein Feld oder einfach einen Weg zu bestimmen.

Eine Grenze zu setzen, ist die Urhandlung der Raumgliederung und Differenzierung, durch die ein Territorium Form, Bewohnbarkeit, Erkennbarkeit und symbolische Kraft erhält. Solche Genealogie der Landschaft ist aber auch im angelsächsischem Sprachgebiet bestätigt: Schon in gotischer Epoche bestimmte das Wort *Land* in den angelsächsischen Sprachen ein von Grenzen bestimmtes Grundstück, das für die Bebauung oder als Wohnanlage verwendet wird.

Die Land-schaft – etymologisch die Versammlungen der so bestimmten Länder – deutet also auf denjenigen Palimpsest hin, der aus der geschichtlichen Sedimentation von Natur- und Kulturschichten gebaut ist und als Verwirklichung des menschlichen Wohnvermögens gilt. Die Landschaften sind, in dieser Hinsicht, eine riesige Kartographie der unzähligen geschichtlichen Wohnarten des Menschen auf der Erde; sie stellen das Einschreiben der Geistesgestalten auf die Erde dar.

Das Wohnen des Menschen, das nach Heidegger dem ursprünglich, obgleich verborgenen Sinn des Bauens gleicht[21], stellt die Weise dar, in der die Menschen als die Sterblichen auf der Erde *sind*: „Das alte Wort bauen, das sagt, der Mensch *sei*, insofern er *wohne*, dieses Wort bedeutet aber *zugleich*: hegen und pflegen, nämlich den Acker bauen, Reben bauen. Solches Bauen hütet nur, nämlich das Wachstum, das von sich aus seine Früchte zeitigt"[22].

Aber was heißt etymologisch „Wohnen"? Wohnen kommt – so Heidegger – aus dem gotischen *„wunian"*, das heißt: „zum Frieden gebracht sein [...]; eingefriedet bleiben in das Frye, d.h. in das Freie, das jegliches in sein Wesen schont. *Der Grundzug des Wohnens ist dieses Schonen*. Er durchzieht das Wohnen in seiner ganzen Weite. Sie

---

[21] Vgl. M. Heidegger, *Bauen Wohnen Denken*, in: Ders., *Vorträge und Aufsätze*, hrsg. von F.-W. von Herrmann, *Gesamtausgabe*, Bd. 7, Frankfurt a.M. 2000.
[22] Ebd., S. 149.

zeigt sich uns, sobald wir daran denken, dass im Wohnen das Menschsein beruht und zwar im Sinne des Aufenthalts der Sterblichen auf der Erde"[23].

Die Handlung des *pangere* ist also das Transzendentale jedes möglichen Wohnens; es macht einen Raum bewohnbar, indem es ihn durch solche Begrenzung befreit: „Ein Raum ist etwas Eingeräumtes, Freigegebenes, nämlich in eine Grenze, griechisch *péras*. Die Grenze ist nicht das, wobei etwas aufhört, sondern, wie die Griechen es erkannten, die Grenze ist jenes, von woher etwas *sein Wesen beginnt*. [...] Raum ist wesenhaft das Eingeräumte, in seine Grenze Eingelassene. [...] Dinge, die als Orte eine Stätte verstatten, nennen wir [...] Bauten"[24].

Die so verstandenen Orte ermöglichen einen Raum, in dem sich die symbolischen Grundelemente des menschlichen Daseins versammeln, auf die Heidegger mit der Figur des Gevierts (Die Kreuzung der vier symbolischen Dimensionen von Erde und Himmel, Göttlichen und Sterblichen[25]) hinweist. Bauen bedeutet also, solche ‚Orte' zu errichten, an symbolischer Kraft reiche Räume zu gründen und zu fügen, indem sie „Hut" für das Geviert anbieten. Sie sind im eigensten Sinn „Behausungen", obwohl sie im strengen Sinn nicht Haus sein dürfen, weil sie einen Wohnsitz für den menschlichen Aufenthalt auf der Erde bieten.

Man könnte also behaupten, den Ausdruck von Marc Augé wieder verwendend, dass das Bauen „Nicht-Orte" errichtet, wenn es Orte errichtet, die das Geviert nicht einräumen. Dagegen:

„Aus der Einfalt, in der Erde und Himmel, die Göttlichen und die Sterblichen zueinander gehören, *empfängt* das Bauen die *Weisung* für sein Einrichten von Orten. Aus dem Geviert *übernimmt* das Bauen die Maße für alles Durchmessen und jedes Ausmessen der Räume, die jeweils durch die gestifteten Orte eingeräumt sind. Die Bauten verwahren das Geviert. Sie sind Dinge, die auf ihre Weise das Geviert schonen."[26].

Das Bauen, in diesem Sinn, nimmt die Form eines echten Wohnen-Lassens an, eine Ermöglichung des Wohnens und versteht damit die Landschaft als Wohnort und nicht nur als ästhetisches und visuelles Wesen. *Locus* und Land (*pais*) bezeichnen

---

[23] Ebd., S. 151.
[24] Ebd., S. 156.
[25] Vgl. ebd., S. 151-153.
[26] Ebd., S. 161.

nämlich die gleiche Dimension des von Grenzen, Tätigkeiten, Symbolen, Beziehungen markierten Raumes, der daraus teilbar und erkennbar ist und in dem das Wohnen des Menschen überhaupt möglich ist. Um eine Landschaft zu erkennen und dann auch zu behalten, ist es also notwendig, eine *Topologie des Raumes* zu entfalten, die die verschiedenen *nomoi* eines Landes hervorhebt, durch die es aus der kulturellen Auslegung der bestehenden Naturelemente organisiert, gegliedert und geteilt wird; sie nimmt also Form und Tiefe an, indem sie *differenziert* in sich selbst und in Beziehungen mit anderen Ländern und Landschaften wird.

Die Identifizierbarkeit einer Landschaft besteht also darin, dass sie in einer morphologischen Hinsicht eine Identität und zugleich eine Differenz im Vergleich mit anderen Landschafts- und Wohnstilen darstellt. Um solche Landschaft zu bilden, ist es notwendig, dass eine Gestalt in einer ausreichenden Zeit ein Land prägen kann, so dass sie von der Bevölkerung als „eigen" und geschichtlich-kulturell sich bestimmend erkannt werden kann. Die Verwirklichung einer Landschaft als Wohnort braucht also Stabilität und Dauer; ihre eigentümliche Zeitlichkeit folgt den langsamen und für unsere heutige beschleunigte Zeit seltsamen Rhythmen, die nur mit den Naturrhythmen vergleichbar sind.

Wie die Europäische Landschaftskonvention[27] erkennt, ist die Landschaft keine ästhetische Kategorie, sondern ein Grundrecht der Person und der Gemeinschaft, indem sie die Wohnrahmen für die menschliche Existenz und die Grundlage für die Identität einer Gemeinschaft darbietet. Die Landschaft nimmt darauf auch eine echte politische und ethische Dimension an, im Sinne der Verwaltung ihrer sichtbaren und unsichtbaren Möglichkeiten und Ressourcen und mit Hinweisen auf den Schutz ihrer einzigartigen Physiognomie. Eine private und öffentliche Ethik der Landschaft soll denn, über jeden noch funktionalistischen und technischen Begriff von Umwelterhaltbarkeit hinaus, Landschaft in die territorialen, urbanistischen, gesellschaftlichen und wirtschaftlichen Planungen, in die Kultur- und Umweltpolitik integrieren.

6 Die Herausforderung der Geophilosophie

Das Auslegungsparadigma, das wir bis jetzt benutzt haben, um die Landschaft zu denken, beansprucht daher einen wesentlichen Ansatzunterschied im Bezug zu dem

---

[27] *European landscape convention* (Florence, 20.10.2000), Council of Europe, Strasbourg 2000. Vgl. dazu: *Europäische Landschaftskonvention: Tagungsdokumentation; 17. Fachtagung des Umweltamtes* (Landschaftsverband Rheinland), 2. bis 3. Mai 2006 in Altenberg, Landschaftsverband Rheinland, Köln 2007.

Umweltdenken, das sehr biologisch-naturwissenschaftlich geprägt ist; das ökologische Denken glaubt zu oft, die Schäden der Industrialisierungs- und Technisierungsprozesse auf die Umwelt und daraus auf die Landschaft, nochmals technisch wieder gut machen zu können. Das Umweltschutzdenken stellt sich daher nur die partielle Frage nach der Haltbarkeit der Naturressourcen eines Territoriums für die heutige und die künftigen Generationen, d.h. nach einer möglichen nachhaltigen wirtschaftlichen und gesellschaftlichen Entwicklung, geht aber die komplexe und harmonische Einheit der verschiedenen Aspekte eines Ortsgebiets nicht an.

Deswegen ist es erforderlich, einen breiteren ‚holistischen' Gesichtspunkt (und daher auch eine neue ethische und politische Haltung) einzunehmen, den ich, aufgrund einer sehr lebendigen Debatte im französischen und italienischen Sprachgebiet, „Geophilosophie" nennen möchte.

Der Ausdruck „Geophilosophie" entstammt einer Schrift von Deleuze und Guattari in den neunziger Jahren des XX. Jahrhunderts, in der er verwendet ist, um die notwendige Beziehung zwischen dem Denken und dem Raum, in dem es entsteht, zu bezeichnen[28]. Später hat sie aber eine etwas geänderte Bedeutung angenommen, indem sie die Überlegungen über die topologischen Grundentgegensetzungen der Moderne (Ortung und Entortung, Meer und Erde, Stadt und Land, lokale Verschlossenheit und Globalisierung) sowie die philosophiepolitischen Forschungen über die Geopolitik nennt, mit wichtigen Hinweisen auf das Denken von C. Schmitt, M. Heidegger und E. Jünger.

Ein qualitatives physiognomisches Denken des Ortes gegen die Nivellierung und die Gleichförmigkeit des technischen und wissenschaftlichen Raumes ist die theoretische Voraussetzung für solchen Versuch. Vor allem ist für diese Perspektive der Versuch kennzeichnend, die ganze Debatte über die Landschaft in einen neuen semantischen Raum zu versetzen; und das ist besonders anschaulich bei der Verwendung des Ausdrucks „Erde" statt Umwelt und Natur. Erde, ein Begriff, den die Geophilosophie vor allem aus dem Werk von Heidegger und Jünger herauszieht, meint ein symbolisches und komplexes Geflecht von Natur- und Kulturelementen, eine unerschöpfliche Quelle von geschichtlichen Sinnrichtungen und -Deutungen, die ein

---

[28] Vgl. G. Deleuze – F. Guattari, *Was ist Philosophie?*, übers. von B. Schwibs, Suhrkamp, Frankfurt a.M. 1996.

lebendiges und gemessenes Zuhause für die menschliche individuelle und gemeinsame Existenz in einem landschaftlichen Rahmen darbieten[29].

Auf der Erde kann eigentlich der Mensch wohnen und sich um die Landschaft sorgen. In dieser Hinsicht ist die Landschaft kein ästhetisches Optional, das touristisch fruchtbar sein kann und das die Bauplanung sowie die wirtschaftliche Territoriumsverschwendung leicht begrenzen kann. Was wir Landschaften nennen, sind einfach unsere Lebens- und Wohnorte, die wir mit unseren Vor- und Nachfahren teilen müssen.

Wir können den Begriff „Erde" mit Hilfe von Heideggers Aufsatz *Der Ursprung des Kunstwerkes*[30] zu erläutern versuchen, in dem er dieses Wort als Gegenpol zu „Welt" verwendet: „Die Erde ist das, wohin, das Aufgehen alles Aufgehende und zwar als ein solches zurückbirgt. Im Aufgehenden west die Erde als das Bergende"[31]. Die Erde ist daher als verborgene und unerschöpfliche Quelle aller Landschaften der Erde und Naturphänomene zu verstehen. Das Kunstwerk besteht – das ist die These Heideggers – gerade aus dem dynamischen Verhältnis von Welt und Erde.

Die Geophilosophie will ein Denken der Erde wiedererwecken, weil die moderne wissenschaftliche Denkweise ihre symbolische und unantastbare Bedeutung verloren hat, indem sie im Rahmen der instrumentellen Vernunft und dem technischen Willen zur Macht reduziert wurde. Die Erde löst sich in unserer Zeit in der nostalgischen Figuration einer idealisierten vor-industriellen und landwirtschaftlichen Welt auf oder verschwindet einfach im immer abstrakteren und entwurzelten Stadtleben der Postmoderne. Der Verlust der Erde heißt zugleich der Verlust jeder möglichen symbolischen Orientierung des Raumes, so dass jede Landschaft einer künstlichen technischen Vorstellung einer Wirklichkeit ähnelt, die nur in der Dynamik der photographischen Abbildung ihre übrige Geltung findet.

Schließlich versuche ich die Geophilosophie als Radikalphilosophie, Topologie, Idiomatik, Heimatologie und Geosymbolik zu erläutern.

Die Geophilosophie ist eine *Radikalphilosophie*; sie will keine neue Disziplin gründen, sondern ihre Absicht ist gerade, einen interdisziplinären Forschungsansatz zu

---

[29] Die wichtigsten Beiträge für diese Perspektive sind die zahlreichen, der Landschaft gewidmeten Werke der italienischen Philosophin Luisa Bonesio. Vgl. vor allem L. Bonesio, *Geofilosofia del paesaggio*, Mimesis, Milano 2001 und dies., *Paesaggio, identità e comunità tra locale e globale*, Diabasis, Reggio E. 2009.
[30] M. Heidegger, *Der Ursprung des Kunstwerkes*, in: ders., *Vorträge und Aufsätze*, a.a.O.
[31] Ebd., S. 28.

eröffnen, aus der Erkenntnis der einzigen *Wurzel* jeder menschlichen Erfahrung: dem Wohnen auf der Erde als praktisches Wesen des Menschseins. Die Geophilosophie will gegen die postmoderne Apologie des philosophischen Nomadismus eine gewurzelte Philosophie vorbereiten, im Sinne der zeitlichen, räumlichen, sprachlichen und landschaftlichen Bestimmung des Menschlichen: Die Welt ereignet sich immer *hic et nunc*, in einer Sprache, in einer Landschaft. Das bedeutet aber nicht, zur unheilvollen Mythologie von *Blut und Boden* zurück zu kehren, die aus einem ethnischen und biologistischen Verständnis des Menschen kommt. Keine ethnischen, sondern ethische Wurzeln erforscht die Geophilosophie. Hier ist *ethos* als Aufenthalt und Fürsorge für die Erde zu verstehen und muss als Übersetzung des schon oben erläuterten lateinischen Verbs *colere* verstanden werden, d.h. als symbolisches und geistiges Bebauen. Solche paradoxale entwurzelnde Verwurzelung ist anschaulich dargestellt in einem prächtigen Bild der vedischen und islamischen Symbolik (das auch in vielen anderen östlichen und westlichen Traditionen vorkommt): ein umgestürzter Baum, der seine Lymphe aus dem Himmel, d.h. aus der Differenz entnimmt.

Die Geophilosophie ist eine *Topologie*; sie bestreitet das von den meisten philosophischen abendländischen Traditionen eingeräumte Privileg der Geschichte und der Zeitlichkeit im Vergleich zur Räumlichkeit und der Örtlichkeit. Sie will eine Physiognomik sein, die den einzigartigen Ausdruck des Ortes, den *genius loci*, erkennen und erläutern kann. Um diese Aufgabe zu erfüllen, ist die Zusammenarbeit mit der anthropologischen und kulturellen Geographie sehr wertvoll.

Die Geophilosophie ist eine *Idiomatik*: Sie versucht, den Ort immer auch als sprachliches Ereignis zu erläutern und das Wort, besonders das dichterische Wort, immer auch als „Geläut der Stille"[32] der Natur auszudenken. Die Erde ist, in dieser Hinsicht, auch die Muttersprache im Sinne der Mutter der Sprache: der elementare Sprache spendende Ursprung, der in verschiedenen geschichtlichen Sprachen immer ‚gesagt' und gedichtet wird. Die lokalen Idiome, die alle geschichtliche Verwandlungen dieser Ursprache sind, sind also radikal unterschiedlich und fördern eine ständige und nie ganz vollkommene Übersetzungsarbeit; sie aber stellen das einzige kostbare Gegenmittel zur absoluten Vormacht der universellen Sprache der Technik und, vor allem, sie bewahren das Schweigen der Natur, in der einzig die Erde uns noch still anspricht.

---

[32] Vgl. dazu die Überlegungen Heideggers über die Sprache: M. Heidegger, *Unterwegs zur Sprache*, in *Gesamtausgabe*, Bd. 12, hrsg. von F.-W. von Herrmann, Klostermann, Frankfurt a.M. 1985.

Die Geophilosophie will eine neue Semantisierung der Ideen von Zugehörigkeit und Grenze über jede ethnische und Rassenideologie hinaus fördern. Ihre Herausforderung ist dann, die *Heimat* in einem nicht rückständigen, völkischen und nostalgischen Sinn zu denken, sondern, aus einer neuen Genealogie, sie als Schutz- und Bewahrungsort auszulegen. Die Geophilosophie denkt dann die Grenze nicht als kämpferische Front zwischen zwei entgegengesetzten Identitäten, sondern als ständiges Gespräch mit dem Anderen; das setzt die Entfaltung eines neuen Denkens der Differenz und des Identitätsbaus voraus.

Die Geophilosophie ist schließlich eine *Geosymbolik* und eine Geographie des *Imaginalen*: Sie will die symbolische Tiefe des Wirklichen herausfinden und gegen jeden totalisierenden, reduktionistischen und funktionalistischen Deutungsanspruch geltend machen. Sie ist Betrachtung des symbolischen und geistigen Charakters des vielfältigen Antlitzes der Erde, indem sie behauptet, dass die echte Erhaltung eines Ortes, einer Landschaft nur durch die Bewahrung und die Pflege seines symbolischen Reichtums möglich ist. Die Geophilosophie verfolgt das ‚imaginale' Entsprechen zwischen Seele und Erde. Die imaginale Dimension, die Dimension der *Imago*, ist nicht mit der Phantasie- oder Einbildungswelt zu verwechseln. Es geht nicht um eine irreale Welt, die als Fluchtort in der generellen Verwüstung der Erde gelten kann. *Imago* bezeichnet auch nicht nur, wie bei Jung[33], eine innere unbewusste Vorstellung, die die äußeren Projektionen beeinflusst und orientiert. Sie bezeichnet vielmehr einen Verwandlungsprozess, ähnlich zu der Embryoverwandlung der Insekten, deren letzte Phase genau ‚Imago' heißt. Die Imago-Geographie ist also eine Art ‚apokalyptische' Darstellung der Erde, die aus der symbolischen Unversehrtheit, die über die Abnutzung und Verwüstung noch durchscheint, die Orte und die Landschaften der Erde darzustellen versucht.

Nach einem Ausdruck der islamischen Mystik heißt das: die Dinge im Licht der *himmlischen* Erde von Hûrqaliâ zu schauen[34]. Solche geistige Vision der Erde könnte noch als faszinierendes Vorbild für ein erneutes hermeneutisches Verständnis der natürlichen und geschichtlichen Landschaften unserer Zeit gelten.

---

[33] Vgl. C.G. Jung, *Wandlungen und Symbole der Libido* (1912), jetzt in: Ders., *Gesammelten Werke*, Bd. 5, *Symbole der Wandlung*, Solothurn, Düsseldorf 1995.

[34] Vgl. dazu H. Corbin, *Corps spirituel et terre céleste: de l'Iran mazdéen à l'Iran shî'ite*, Buchet/Chastel, Paris 1979.